计算机类本科规划教材

数据库原理与 SQL Server 应用教程

张立新　徐剑波　主编

电子工业出版社
Publishing House of Electronics Industry
北京·BEIJING

内容简介

本书以 SQL Server 2012 中文版为背景，通过大量实例，深入浅出地介绍数据库的基本概念，SQL Server 2012 数据库管理系统的操作，以及数据库应用程序开发技术等内容。书中每章均附有典型习题。本书免费提供电子课件，可以登录华信教育资源网（www.hxedu.com.cn），注册后下载。另外，本书还提供配套的习题解答，对书中习题做了详细解答。

本书既可作为高等学校计算机专业、信息管理与信息系统专业及非计算机专业本科数据库应用课程的教学用书，也可作为从事信息领域工作的科技人员的自学参考书，对于计算机应用人员和计算机爱好者，本书也是一本实用的工具书。

未经许可，不得以任何方式复制或抄袭本书之部分或全部内容。
版权所有，侵权必究。

图书在版编目（CIP）数据

数据库原理与 SQL Server 应用教程 / 张立新，徐剑波主编. —北京：电子工业出版社，2017.8
ISBN 978-7-121-32161-0

Ⅰ. ①数… Ⅱ. ①张… ②徐… Ⅲ. ①关系数据库系统－高等学校－教材 Ⅳ. ①TP311.138

中国版本图书馆 CIP 数据核字（2017）第 165545 号

策划编辑：冉　哲
责任编辑：冉　哲　　特约编辑：杨永毅
印　　刷：北京虎彩文化传播有限公司
装　　订：北京虎彩文化传播有限公司
出版发行：电子工业出版社
　　　　　北京市海淀区万寿路 173 信箱　邮编　100036
开　　本：787×1 092　1/16　印张：22.25　字数：568 千字
版　　次：2017 年 8 月第 1 版
印　　次：2018 年 8 月第 2 次印刷
定　　价：48.00 元

凡所购买电子工业出版社图书有缺损问题，请向购买书店调换。若书店售缺，请与本社发行部联系，联系及邮购电话：（010）88254888，88258888。
质量投诉请发邮件至 zlts@phei.com.cn，盗版侵权举报请发邮件至 dbqq@phei.com.cn。
本书咨询联系方式：ran@phei.com.cn。

前　言

数据库技术是计算机科学技术中发展最快的领域之一，也是应用最为广泛的技术之一，它已经成为计算机信息系统与应用系统的核心技术和重要基础，广泛应用于各种领域，小到工资管理、人事管理、学籍管理，大到企业级的信息管理、银行系统管理等。同时，数据库技术及其应用也成为国内外高等学校计算机专业和许多非计算机专业的必修或选修内容。

本书以关系数据库系统为核心，全面系统地阐述了数据库系统的基本概念、基本原理和 SQL Server 2012 数据库管理系统的应用技术。通过大量的实例，本书全面、深入地介绍了 SQL Server 2012 数据库管理系统软件的安装、配置、操作，以及 SQL Server 2012 数据库操作，表和表数据操作，T-SQL 语言，数据的查询，数据的完整性、规则和索引，视图和用户定义函数，存储过程、触发器和游标，系统安全管理，事务、批、锁和作业，数据库的备份还原与导入/导出，最后介绍 VB 2015、C# 2015、ASP.NET、LINQ 等数据库应用程序的开发。

本书有下列特点：

1) 以 SQL Server 2012 数据库管理系统中文版为教学和开发平台。
2) 本书体系完整，内容丰富，符合大学计算机专业和非计算机专业对数据库知识的要求。
3) 本书首先介绍了数据库的基本概念，为以后的学习奠定了较好的理论基础。
4) 书中引用了大量的实例，更加突出实用性，并配以详细的操作步骤和抓屏图。
5) 本书提供配套的习题解答和电子课件，登录华信教育资源网（www.hxedu.com.cn），注册后免费下载。

本书作者从事大学本科计算机专业教学，不仅具有丰富的教学经验，还具有多年的数据库开发经验。作者依据长期的教学经验，深知数据库原理的主要知识点、重点与难点，以及读者对数据库应用中最感兴趣的方面，逐渐形成了本书严谨的、适合于学习的结构体系。

本书内容丰富、结构新颖、系统性与实用性强，注重理论教学和实践教学相结合，叙述准确而精练，图文并茂，具体而且直观。本书既可作为高等学校计算机专业、信息管理与信息系统专业及非计算机专业本科数据库应用课程的教学用书，也可作为从事信息领域工作的科技人员的自学参考书，对于计算机应用人员和计算机爱好者，本书也是一本实用的工具书。

本书由张立新、徐剑波主编，参加编写的有张立新、徐剑波、刘瑞新、田金雨、骆秋容、王如雪、曹媚珠、陈文焕、刘有荣、李刚、孙明建、李索、刘大学、刘克纯、沙世雁、缪丽丽、田金凤、陈文娟、李继臣、王如新、赵艳波、王茹霞、田同福、徐维维、徐云林等。全书由刘瑞新教授审阅统稿。

因编者水平有限，书中错误在所难免，敬请读者批评、指正。

作　者

目　录

第1章　数据库系统概述 ·················· 1
1.1　数据库系统简介 ·················· 1
1.1.1　数据库技术的发展历史 ········ 1
1.1.2　数据库系统的基本概念 ········ 4
1.2　数据库系统结构 ·················· 5
1.2.1　数据库系统的三级模式结构 ···· 5
1.2.2　数据库系统的二级映像 ········ 7
1.3　习题 ··························· 7

第2章　数据模型 ························ 8
2.1　信息的三种世界 ·················· 8
2.1.1　现实世界 ···················· 8
2.1.2　信息世界 ···················· 9
2.1.3　计算机世界 ·················· 9
2.1.4　三种世界的转换 ············· 10
2.2　概念模型 ······················ 10
2.2.1　概念模型的基本概念 ········· 11
2.2.2　概念模型的表示 ············· 12
2.3　数据模型 ······················ 15
2.3.1　数据模型的基本概念 ········· 15
2.3.2　常用的数据模型 ············· 16
2.4　关系数据库 ···················· 21
2.4.1　关系模型的组成 ············· 21
2.4.2　关系的数学定义 ············· 21
2.4.3　关系代数 ··················· 23
2.4.4　传统的集合运算 ············· 24
2.4.5　专门的关系运算 ············· 25
2.5　关系查询优化 ·················· 28
2.6　习题 ·························· 29

第3章　数据库设计 ···················· 31
3.1　规范化 ························ 31
3.1.1　函数依赖 ··················· 31
3.1.2　范式 ······················· 32

3.2　数据库设计概述 ················ 35
3.2.1　数据库设计的特点 ··········· 36
3.2.2　数据库设计的步骤 ··········· 37
3.3　需求分析阶段 ·················· 37
3.4　概念结构设计阶段 ·············· 37
3.4.1　概念结构设计的任务 ········· 37
3.4.2　概念结构设计的步骤 ········· 38
3.5　逻辑结构设计阶段 ·············· 39
3.5.1　逻辑结构设计的任务 ········· 39
3.5.2　逻辑结构设计的步骤 ········· 39
3.6　物理结构设计阶段 ·············· 40
3.6.1　物理结构设计的任务 ········· 40
3.6.2　物理结构设计的步骤 ········· 40
3.7　数据库实施阶段 ················ 41
3.8　数据库运行和维护 ·············· 41
3.9　数据库设计实例 ················ 41
3.9.1　学生成绩管理数据库设计 ····· 41
3.9.2　职工管理数据库设计 ········· 43
3.10　关系数据库管理系统 ··········· 45
3.11　习题 ························· 46

第4章　SQL Server 2012 基本知识 ······ 47
4.1　SQL Server 发展历史简介 ······· 47
4.2　SQL Server 2012 的版本 ········ 47
4.2.1　SQL Server 2012 版本的分类 ··· 47
4.2.2　SQL Server 2012 Standard
　　　　功能简介 ················· 48
4.3　SQL Server 2012 Standard 的
　　安装与配置 ···················· 49
4.3.1　安装 SQL Server 2012
　　　　Standard 的系统需求 ······· 49
4.3.2　SQL Server 2012 的安装 ······ 49
4.3.3　SQL Server 2012 的卸载 ······ 55

4.4 SQL Server 2012 组件和管理工具 ·············· 55
    4.4.1 服务器组件 ·············· 55
    4.4.2 管理工具 ·············· 56
    4.4.3 文档 ·············· 57
4.5 SQL Server 2012 服务器的管理 ·············· 57
    4.5.1 启动/停止服务器 ·············· 57
    4.5.2 服务器的注册 ·············· 60
4.6 习题 ·············· 62

第 5 章 数据库操作 ·············· 63

5.1 数据库的基本概念 ·············· 63
    5.1.1 物理数据库 ·············· 63
    5.1.2 逻辑数据库 ·············· 64
    5.1.3 SQL Server 2012 的系统数据库和用户数据库 ·············· 66
    5.1.4 报表服务器和报表数据库 ·············· 67
5.2 创建数据库 ·············· 67
    5.2.1 管理工具界面方式创建数据库 ·············· 67
    5.2.2 命令行方式创建数据库 ·············· 71
5.3 修改数据库 ·············· 76
    5.3.1 管理工具界面方式修改数据库 ·············· 76
    5.3.2 命令行方式修改数据库 ·············· 76
5.4 删除数据库 ·············· 79
    5.4.1 管理工具界面方式删除数据库 ·············· 80
    5.4.2 命令行方式删除数据库 ·············· 81
5.5 数据库的分离和附加 ·············· 81
    5.5.1 分离数据库 ·············· 81
    5.5.2 附加数据库 ·············· 83
5.6 数据库的收缩 ·············· 84
    5.6.1 手动收缩 ·············· 85
    5.6.2 自动收缩 ·············· 87
5.7 移动数据库 ·············· 87
5.8 数据库快照 ·············· 88
    5.8.1 数据库快照的优点 ·············· 88
    5.8.2 数据库快照的操作 ·············· 88
5.9 数据库镜像 ·············· 89
    5.9.1 数据库镜像简介 ·············· 89
    5.9.2 数据库镜像的优点 ·············· 90
    5.9.3 数据库镜像的操作 ·············· 90
5.10 习题 ·············· 91

第 6 章 表和表数据操作 ·············· 92

6.1 表概念 ·············· 92
    6.1.1 表结构 ·············· 92
    6.1.2 表类型 ·············· 92
    6.1.3 数据类型 ·············· 94
6.2 创建表 ·············· 98
    6.2.1 管理工具窗口方式创建表 ·············· 98
    6.2.2 命令行方式创建表 ·············· 102
6.3 查看表结构 ·············· 106
6.4 修改表结构 ·············· 106
    6.4.1 管理工具窗口方式修改表 ·············· 107
    6.4.2 命令行方式修改表 ·············· 107
6.5 删除表 ·············· 108
6.6 表数据操作 ·············· 109
    6.6.1 管理工具窗口方式操作表数据 ·············· 109
    6.6.2 命令行方式操作表数据 ·············· 110
6.7 习题 ·············· 114

第 7 章 T-SQL 语言 ·············· 116

7.1 SQL 语言基本概念 ·············· 116
    7.1.1 T-SQL 语言简介 ·············· 116
    7.1.2 T-SQL 语言的语法约定 ·············· 117
    7.1.3 标识符 ·············· 118
    7.1.4 常量和变量 ·············· 118
    7.1.5 注释 ·············· 121
    7.1.6 运算符 ·············· 121
    7.1.7 函数 ·············· 122
    7.1.8 表达式 ·············· 131
7.2 流程控制语句 ·············· 136
    7.2.1 SET 语句 ·············· 136
    7.2.2 BEGIN…END 语句 ·············· 137

	7.2.3	IF…ELSE 语句	137
	7.2.4	WHILE、BREAK、CONTINUE 语句	138
	7.2.5	CASE 语句	139
	7.2.6	RETURN 语句	140
	7.2.7	WAITFOR 语句	140
	7.2.8	GOTO 语句	141
	7.2.9	TRY…CATCH 语句	142
	7.2.10	GO 语句	143
	7.2.11	EXECUTE 语句	143
	7.2.12	T-SQL 语句的解析、编译和执行	143
7.3	数据定义语句		143
7.4	用户定义数据类型		144
7.5	用户定义表		146
7.6	习题		147

第 8 章 数据查询 148

8.1	数据查询语句		148
	8.1.1	投影列	149
	8.1.2	选择行	153
	8.1.3	连接	159
8.2	数据汇总		163
8.3	排序		163
8.4	分组		164
8.5	子查询		168
	8.5.1	无关子查询	169
	8.5.2	相关子查询	172
8.6	集合操作		174
8.7	存储查询结果		176
8.8	习题		178

第 9 章 数据完整性、规则和索引 179

9.1	数据完整性		179
	9.1.1	实体完整性	179
	9.1.2	域完整性	184
	9.1.3	引用完整性	187
9.2	规则		189
	9.2.1	规则的概念	189

	9.2.2	创建规则	190
	9.2.3	查看规则	190
	9.2.4	绑定规则	191
	9.2.5	解除规则	192
	9.2.6	删除规则	192
9.3	索引		192
	9.3.1	索引的分类	193
	9.3.2	创建索引	195
	9.3.3	查看索引	198
	9.3.4	修改索引	199
	9.3.5	删除索引	200
	9.3.6	其他类型索引	201
	9.3.7	优化索引	206
9.4	数据库关系图		208
9.5	习题		213

第 10 章 视图和用户定义函数 214

10.1	视图		214
	10.1.1	视图概述	214
	10.1.2	视图的类型	215
	10.1.3	创建视图准则	215
	10.1.4	创建视图	216
	10.1.5	查询视图	219
	10.1.6	可更新视图	219
	10.1.7	修改视图定义	220
	10.1.8	删除视图	222
10.2	用户定义函数		222
	10.2.1	标量值函数	223
	10.2.2	内嵌表值函数	225
	10.2.3	多语句表值函数	226
	10.2.4	修改和重命名用户定义函数	227
	10.2.5	删除用户定义函数	228
10.3	习题		229

第 11 章 存储过程、触发器和游标 230

11.1	存储过程		230
	11.1.1	存储过程概述	230
	11.1.2	存储过程的类型	231

		11.1.3	创建存储过程 …………… 232
		11.1.4	调用存储过程 …………… 235
		11.1.5	获取存储过程信息 ……… 236
		11.1.6	修改和重命名存储过程 … 237
		11.1.7	重新编译存储过程 ……… 238
		11.1.8	删除存储过程 …………… 238
	11.2	触发器 ………………………… 239
		11.2.1	触发器概述 ……………… 239
		11.2.2	触发器的类型 …………… 240
		11.2.3	触发器的设计规则 ……… 242
		11.2.4	使用触发器 ……………… 242
		11.2.5	启用、禁用和删除触发器 … 244
		11.2.6	嵌套触发器和递归触发器 … 245
	11.3	游标 …………………………… 246
		11.3.1	游标概述 ………………… 246
		11.3.2	游标的类型 ……………… 247
		11.3.3	游标的使用 ……………… 248
	11.4	习题 …………………………… 253
第12章	系统安全管理 ………………………… 255
	12.1	身份验证模式 ………………… 255
		12.1.1	身份验证概述 …………… 255
		12.1.2	身份验证方式设置 ……… 257
	12.2	账号和角色 …………………… 258
		12.2.1	账号 ……………………… 258
		12.2.2	角色 ……………………… 266
	12.3	授权的主体 …………………… 271
	12.4	授权的安全对象 ……………… 271
	12.5	权限操作 ……………………… 273
		12.5.1	在SQL Server Management Studio中设置权限 ……… 273
		12.5.2	T-SQL语句授权 ………… 276
	12.6	习题 …………………………… 280
第13章	事务、批、锁和作业 ………………… 281
	13.1	事务 …………………………… 281
		13.1.1	事务概述 ………………… 281
		13.1.2	事务的类型 ……………… 282
		13.1.3	事务处理语句 …………… 284
		13.1.4	事务和批 ………………… 287
		13.1.5	事务隔离级 ……………… 287
	13.2	锁 ……………………………… 289
		13.2.1	锁概述 …………………… 289
		13.2.2	锁的模式 ………………… 290
		13.2.3	锁的信息 ………………… 291
		13.2.4	死锁及处理 ……………… 293
	13.3	数据库优化 …………………… 294
		13.3.1	数据库引擎优化顾问概述 … 294
		13.3.2	数据库引擎优化顾问的使用 … 294
	13.4	作业 …………………………… 296
	13.5	习题 …………………………… 298
第14章	数据库的备份还原与导入/导出 …… 299
	14.1	数据库的备份还原 …………… 299
		14.1.1	备份还原概述 …………… 299
		14.1.2	恢复模式 ………………… 300
		14.1.3	数据库备份 ……………… 301
		14.1.4	数据库还原 ……………… 304
	14.2	数据库的导入/导出 …………… 307
		14.2.1	数据库表数据导出 ……… 308
		14.2.2	数据库表数据导入 ……… 311
	14.3	习题 …………………………… 313
第15章	VB 2015/SQL Server 2012开发 …… 314
	15.1	ADO.NET技术概述 …………… 314
		15.1.1	ADO.NET模型 …………… 314
		15.1.2	ADO.NET结构 …………… 315
		15.1.3	数据控件 ………………… 315
	15.2	ADO.NET数据访问操作 ……… 316
		15.2.1	数据源配置向导 ………… 316
		15.2.2	用户设置数据控件 ……… 319
		15.2.3	程序设计访问数据库 …… 320
	15.3	数据库应用程序设计实例 …… 321
	15.4	习题 …………………………… 325

第 16 章　C# 2015/SQL Server 2012 开发 ·················· 326

16.1　C#语言简介 ······················ 326
16.2　C#数据库访问 ··················· 326
16.3　数据库应用程序设计实例 ···· 326
16.4　习题 ································ 329

第 17 章　ASP.NET/SQL Server 2012 开发 ·················· 330

17.1　ASP.NET 简介 ·················· 330
17.2　数据库应用程序设计实例 ···· 331
17.3　习题 ································ 334

第 18 章　LINQ/SQL Server 2012 开发 ·················· 335

18.1　LINQ 简介 ······················· 335
18.2　LINQ 的组件及命名空间 ······ 335
18.3　LINQ 的查询表达式 ············ 336
18.4　LINQ 查询数组 ·················· 336
18.5　LINQ 查询数据库 ··············· 337
　　18.5.1　DataContext 类和实体对象 ····················· 337
　　18.5.2　LINQ 查询数据 ·········· 339
　　18.5.3　LINQ 添加数据 ·········· 340
　　18.5.4　LINQ 修改数据 ·········· 342
　　18.5.5　LINQ 删除数据 ·········· 343
　　18.5.6　LINQDataSource 控件 ··· 344
18.6　习题 ································ 345

参考文献 ·································· 346

第1章 数据库系统概述

数据库技术从 20 世纪 60 年代中期产生至今,已经发展成为计算机科学的重要分支,还带动了一个巨大的软件产业。数据库技术是信息系统的一个核心技术,是使用计算机对各种信息、数据进行收集、管理的必备知识,是计算机类学科,包括计算机科学与技术、软件工程、网络工程等专业的重要课程,也是许多其他非计算机类专业的必修或选修课程。数据库技术所研究的问题就是如何科学地组织和存储数据,如何高效地获取和处理数据。

本章主要介绍数据库的基本知识,包括数据库的发展历史、概念描述、体系结构等。

1.1 数据库系统简介

数据库技术是随着信息社会对数据处理任务的需要而产生的。随着社会对数据处理任务的要求不断提高,数据库也随之产生并不断发展。数据库的诞生和发展给计算机信息管理带来了一场巨大的革命。数据库技术从问世到现在,形成了坚实的理论基础、成熟的商业产品和广泛的应用领域,吸引了越来越多的研究者加入。对于一个企业、一个国家来说,数据库的建设规模、数据库信息量的大小和使用频度已经成为衡量这个企业、这个国家信息化程度的重要标志。

1.1.1 数据库技术的发展历史

在 20 世纪 60 年代,随着数据处理自动化的发展,数据库技术应运而生。在计算机应用领域中,数据处理越来越占主导地位,数据库技术的应用也越来越广泛。数据库是数据管理的产物。数据管理是数据库的核心任务,内容包括对数据的分类、组织、编码、储存、检索和维护。从数据管理的角度看,数据库技术到目前共经历了人工管理阶段、文件系统阶段和数据库系统阶段。

1. 人工管理阶段

人工管理阶段是指计算机诞生的初期,即 20 世纪 50 年代后期之前。这个时期的计算机主要用于科学计算。从硬件看,起初没有磁盘等直接存取的存储设备,后来出现了磁带;从软件看,没有操作系统和管理数据的软件,数据处理方式是批处理。那时的数据管理非常简单,通过大量的分类、比较和表格绘制的机器运行数百万穿孔卡片或读写磁带来进行数据的处理和存储。

这个时期的数据管理具有以下 4 个特点。

(1)数据基本不保存

该时期的计算机主要应用于科学计算,由于技术限制,一般不需要将数据长期保存,只是在计算某一课题时将数据输入,用完后不保存原始数据,也不保存计算结果。

(2)没有对数据进行管理的软件系统

程序员不仅要规定数据的逻辑结构,还要在程序中设计物理结构,包括存储结构、存取方法、输入/输出方式等。因此,程序中存取数据的子程序随着存储的改变而改变,数据与程序不具有一致性。卡片或磁带都只能顺序读取。

（3）没有文件的概念

数据的组织方式必须由程序员自行设计。数据是面向应用的，一组数据只能对应一个程序。即使两个程序用到相同的数据，也必须各自定义、各自组织，数据无法共享、无法相互利用和相互参照，从而导致程序与程序之间有大量重复的数据。因此，程序与程序之间有大量的冗余数据，数据不能共享。

（4）数据不具有独立性

当数据的逻辑结构或物理结构发生变化后，必须对应用程序做相应的修改，这就加重了程序员的负担。

人工管理阶段应用程序与数据之间的对应关系，如图 1-1 所示。

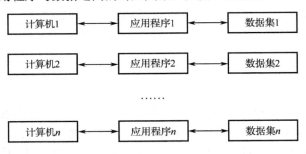

图 1-1　人工管理阶段应用程序与数据之间的对应关系

2．文件系统阶段

20 世纪 50 年代后期至 60 年代中期，这时在硬件方面，外存储器有了磁盘、磁鼓等直接存取的存储设备；在软件方面，操作系统中已经有了专门用于管理数据的软件，称为文件系统。处理方式上不仅有了批处理，还有能够联机的实时处理。

这个时期的数据管理具有以下 4 个特点。

（1）数据可以长期保存

由于计算机大量用于数据处理，经常对文件进行查询、修改、插入和删除等操作，因此数据需要长期保留在外存储器中，便于反复操作。

（2）由文件系统管理数据

操作系统提供了文件管理功能和访问文件的存取方法，程序与数据之间有了数据存取的接口，程序可以通过文件名和数据打交道，不必再寻找数据的物理存放位置。至此，数据有了物理结构和逻辑结构的区别，但此时程序与数据之间的独立性尚不充分。

（3）文件的形式已经多样化

由于已经有了直接存取的存储设备，文件也就不再局限于顺序文件，还有了索引文件、链表文件等，因而对文件的访问可以是顺序访问，也可以是直接访问。

（4）数据具有一定的独立性

文件系统中的文件是为某一特定应用服务的，因此，系统不容易扩充，仍旧有大量的冗余数据，数据共享性差，独立性差。

文件系统阶段应用程序与数据之间的对应关系，如图 1-2 所示。

3．数据库系统阶段

数据库系统的萌芽出现于 20 世纪 60 年代。当时的计算机开始广泛地应用于数据管理，对数据的共享提出了越来越高的要求。传统的文件系统已经不能满足人们的需要。能够统一管理

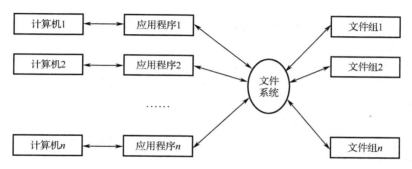

图 1-2 文件系统阶段应用程序与数据之间的对应关系

和共享数据的数据库管理系统便应运而生。

在这个阶段中,数据库中的数据不再是面向某个应用或某个程序,而是面向整个企业或整个应用的,处理的数据量急剧增长。这时在硬件方面,磁盘容量越来越大,读写速度越来越快;在软件方面,编制越来越复杂,功能越来越强大。处理方式上,联机处理要求更多。

这个时期的数据管理具有以下 4 个特点。

(1)采用复杂的结构化的数据模型

数据库系统不仅要描述数据本身,还要描述数据之间的联系。这种联系是通过存取路径来实现的。数据结构化是数据库与文件系统的根本区别。

(2)较高的数据独立性

数据与程序彼此独立,数据存储结构的变化尽量不影响用户程序的使用。数据与程序的独立把数据的定义从程序中分离出去,加上数据由数据库管理系统管理,从而简化了应用程序的编制,减轻了程序员的负担。

(3)最低的冗余度

数据库系统中的重复数据被减少到最低程度,这样,在有限的存储空间内可以存放更多的数据,并减少存取时间。数据冗余度低,共享性高,易于扩充。

(4)数据控制功能

数据库系统具有数据的安全性,以防止数据的丢失和被非法使用;具有数据的完整性,以保护数据的正确、有效和相容;具有数据的并发控制,避免并发程序之间的相互干扰;具有数据的恢复功能,在数据库被破坏或数据不可靠时,系统有能力把数据库恢复到最近某个时刻的正确状态。

数据库系统阶段的程序与数据之间的关系如图 1-3 所示。

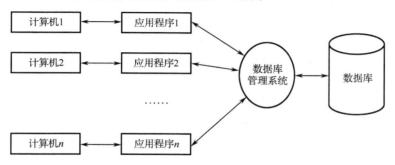

图 1-3 数据库系统阶段应用程序与数据之间的对应关系

事实上，只要有大量的信息需要处理，需要大量数据支持工作，就可以使用数据库技术。目前，数据库技术应用到了社会生活中几乎所有的领域，在金融业、航空业、学校、人力资源和军事等领域，数据库已经成为了不可或缺的组成部分。

随着科学技术的不断进步，各领域对数据库技术提出了更多的需求，现有数据库已经不能完全满足需求，于是新一代数据库孕育而生。新一代的数据库支持多种数据模型，并和诸多新技术相结合，广泛应用于更多领域。

总之，随着科学技术的发展，计算机技术不断应用到各行各业，数据存储不断膨胀，对未来的数据库技术将会有更高的要求。

1.1.2 数据库系统的基本概念

数据库系统作为信息系统的核心和基础，涉及一些常用的术语和基本概念。

1．数据

数据（Data）是数据库中存储的基本对象。数据在大多数人的头脑中的第一反应就是数字，例如 50、-1000、¥90 等。其实数字只是最简单的一种数据。广义数据的种类很多，不仅仅指的是具体的数字和文字，还包括图形、声音、人的身体状况记录、计算机运行情况等，这些形式的数据经过数字化后都可以存储到计算机中。因此，数据是人们用各种物理符号，把信息按一定格式记载下来的有意义的符号组合。

例如，学生王纯峰的计算机网络考试成绩为 95 分，95 就是数据。学生王纯峰还有学号、姓名、性别、出生日期、学院名称等信息。所以可这样来描述学生王纯峰：

（2017130215，王纯峰，男，1998-1-10，计算机学院）

这些描述也是数据，它们都可以经过数据化处理后被计算机识别。通过这些数据可以掌握该学生的基本信息，但无法正确理解数据的含义，例如，数据 2017130215 的含义是学号还是身份证号，从数据中无法知道。可见，数据的形式还不能完全表达其内容，需要解释。因此，数据和关于数据的解释是不可分的。数据的解释是指对数据含义的说明，称为数据的语义。数据与其语义是不可分的。

2．数据库

数据库（DataBase，简称 DB）即存放数据的仓库，这个仓库就是计算机存储设备。数据库中的数据并不是简单的堆积，数据之间相互关联。严格地讲，数据库是长期存储在计算机内、有组织的、可共享的大量数据的集合。数据库中的数据按照一定的数据模型组织、描述和存储，具有较小的冗余度、较高的数据独立性和易扩展性，并可为各种用户共享。

3．数据库管理系统

数据库管理系统（DataBase Management System，简称 DBMS）是专门用于管理数据库的计算机系统软件，介于应用程序与操作系统之间，是一层数据管理软件。数据库管理系统能够为数据库提供数据的定义、建立、维护、查询和统计等操作功能，并完成对数据完整性、安全性进行控制的功能。

现今广泛使用的数据库管理系统有微软公司的 Microsoft SQL Server、Access，甲骨文公司的 ORACLE、MySQL，IBM 公司的 DB2、Informix 等。

数据库管理系统的主要功能包括：数据库定义功能、数据库存取功能、数据库管理功能、数据库建立维护功能。

4．数据库系统

数据库系统（DataBase System，简称 DBS）是指在计算机系统中引入了数据库后的系统，由计算机硬件、数据库、数据库管理系统、应用程序和用户构成，即由计算机硬件、软件和使用人员构成。数据库系统是一个计算机应用系统。

计算机硬件是数据库系统的物质基础，是存储数据库及运行数据库管理系统的硬件资源，主要包括主机、存储设备、I/O通道等，以及计算机网络环境。

软件主要包括操作系统以及数据库管理系统本身。此外，为了开发应用程序，还需要各种高级语言及其编译系统，以及各种以数据库管理系统为核心的应用开发工具软件。

数据库管理系统是负责数据库存取、维护和管理的系统软件，是数据库系统的核心，其功能的强弱是衡量数据库系统性能优劣的主要指标。

数据库中的数据由数据库管理系统进行统一管理和控制，用户对数据库进行的各种操作都是由数据库管理系统实现的。

应用程序（Application）是在数据库管理系统的基础上，由用户根据应用的实际需要开发的、处理特定业务的应用程序。

用户（User）是指管理、开发、使用数据库系统的所有人员，通常包括数据库管理员（DBA）、应用程序员和终端用户。

综上所述，在数据库系统中，数据库中包含的数据是存储在存储介质上的数据文件的集合；每个用户均可使用其中的部分数据，不同用户使用的数据可以重叠，同一组数据可以为多个用户共享；数据库管理系统为用户提供对数据的存储组织、操作管理功能；用户通过数据库管理系统和应用程序实现数据库系统的操作与应用。数据库强调的是数据，数据库管理系统强调是系统软件，数据库系统强调的是系统。

数据库管理系统的地位如图 1-4 所示。

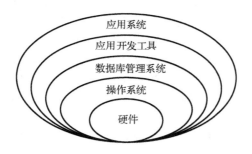

图 1-4 数据库管理系统的地位

1.2 数据库系统结构

数据库系统虽然是一个庞大、复杂的系统，但它有一个总的框架。虽然数据库系统软件产品众多，建立在不同的操作系统之上，但从数据库系统管理角度看，数据库系统通常采用三级模式结构，这是数据库管理系统内部的系统结构。

1.2.1 数据库系统的三级模式结构

数据库系统通常采用三级模式结构：外模式、模式和内模式，如图 1-5 所示。

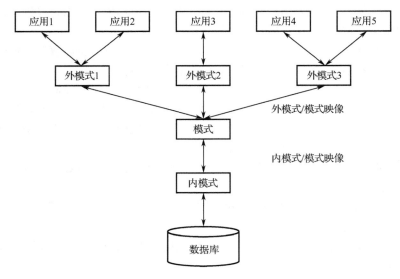

图 1-5 数据库系统的三级模式结构

1．模式

模式也称为逻辑模式，是对数据库中全体数据的逻辑结构和特征的描述，是所有用户的公共数据视图。

模式是数据库系统模式结构的中间层，既不涉及数据的物理存储细节和硬件环境，也与具体的应用程序和开发工具无关。模式实际上是数据库数据在逻辑级上的视图，一个数据库只能有一个模式。数据库模式以某一种数据模型为基础，综合考虑了所有用户的需求，并将这些需求有机地整合成一个逻辑整体。模式只是对数据库结构的一种描述，而不是数据库本身，是装配数据的一个框架。例如，数据记录由哪些数据项构成，数据项的名字、类型、取值范围等，而且要定义数据之间的联系，定义与数据有关的安全性、完整性要求。

数据库系统提供模式描述语言（模式 DDL）来严格地表示这些内容。

2．外模式

外模式也称为子模式或用户模式，是数据库用户看到的数据视图，是与某一应用有关的数据的逻辑表示。

外模式是模式的子集，它是每个用户的数据视图。由于不同的用户其需求不同，看待数据的方式不同，对数据的要求不同，使用的程序设计语言也不同，因此不同用户的外模式描述是不同的。即使是模式中的同一数据，在外模式中的结构、类型、保密级别等方面都可以不同。一个数据库可以有多个外模式。

数据库系统提供外模式描述语言（外模式 DDL）来描述用户数据视图。

3．内模式

内模式也称为存储模式，是数据在数据库系统内部的表示或底层描述，即对数据库物理结构和存储方式的描述。

一个数据库只能有一个内模式。例如，记录的存储方式是顺序存储、链式存储还是按哈希（Hash）方式存储；索引按照什么方式组织；数据是否压缩，是否加密等。

数据库系统提供内模式描述语言（内模式 DDL）来描述数据库的物理存储。

1.2.2 数据库系统的二级映像

数据库系统的三级模式是对数据的三个抽象级别,它把数据的具体组织留给 DBMS 管理,使用户能逻辑地、抽象地处理数据,而不必关心数据在计算机中的表示和存储。为了实现这三个层次上的联系和转换,数据库系统在这三级模式中提供了两层映像:外模式/模式的映像和模式/内模式的映像。

1. 外模式/模式的映像

模式描述的是数据的全局逻辑结构,外模式描述的是数据的局部逻辑结构。对于每一个外模式,数据库都有一个外模式/模式的映像,它定义并保证了外模式与数据模式之间的对应关系。这些映像定义通常包含在各自的外模式中。

当模式改变时(例如,增加新的关系、新的属性、改变属性数据类型等),外模式/模式的映像要进行相应的改变(由 DBA 负责),以保证外模式保持不变。应用程序是根据数据的外模式编写的,因此应用程序不必修改,保证了数据与程序的逻辑独立性,即数据的逻辑独立性。

2. 模式/内模式的映像

数据库的内模式依赖于它的全局逻辑结构,即模式。因为一个数据库只有一个模式,也只有一个内模式,所以模式/内模式的映像也是唯一的。它定义并保证了数据的逻辑模式与内模式之间的对应关系。

当数据库的存储结构改变了,模式/内模式的映像也必须进行相应的修改(仍由 DBA 负责),使得模式保持不变,保证了数据与程序的物理独立性,即数据的物理独立性。

正是由于上述二级映像功能,才使得数据库系统中的数据具有较高的逻辑独立性和物理独立性。二级映像保证了数据库外模式的稳定性,从而从底层保证了应用程序的稳定性。数据与程序之间的独立性使得数据的存取由 DBMS 管理,用户不必考虑存取路径等细节,从而简化了应用程序的编制,大大减少了应用程序的维护和修改。

1.3 习题

1. 数据库的发展历史分为哪几个阶段?各有什么特点?
2. 简述数据、数据库、数据库管理系统、数据库系统的概念。
3. 试述数据库系统的三级模式结构和二级映像的特点。
4. 什么是数据与程序的逻辑独立性?什么是数据与程序的物理独立性?
5. 举例说明,在实际工作生活中有哪些单位部门使用数据库?这些数据库所起的作用如何?

第 2 章 数 据 模 型

模型，特别是具体的模型，大家都不会陌生，如：一张地图、一个建筑模型等。数据库也有模型。数据库不仅反映数据本身所表达的内容，还反映数据之间的联系。由于计算机不能直接处理现实世界中的具体事物，因此人们必须事先将具体事物转换成计算机能够处理的数据。在数据库系统的形式化结构中如何抽象、表示、处理现实世界中的信息和数据呢？这就是数据库的数据模型。数据模型用来抽象、表示和处理现实世界中的信息和数据。

本章主要介绍信息的三种世界的概念，概念模型（E-R 图）和数据模型的组成，以及三种常用的数据模型。

2.1 信息的三种世界

在信息社会中，信息成为比物质和能源更重要的资源，在国民经济中占据主导地位，并构成社会信息化的物质基础。以计算机、微电子和通信技术为主的信息技术革命是社会信息化的动力源泉，从根本上改变了人们的生活方式、行为方式和价值观念。

信息（Information）就是通过各种方式传播的能被感受的声音、文字、图像、符号等。简单地说，信息就是新的、有用的事实和知识。

信息需要载体才能表示，例如，今天的温度信息用数字"28"表示，"28"就是数据。对每个人来说，"信息"和"数据"是两种非常重要的东西。"信息"可以告诉人们有用的事实和知识，"数据"可以更有效地表示、存储和抽取信息。信息和数据是数据库管理的基本内容和对象。信息是现实世界事物状况的反映，通过加工，它可以用一系列数据来表示。

不同的领域，数据的描述也有所不同。人们在研究和处理数据的过程中，常常把数据的转换分为三个领域——现实世界、信息世界、计算机世界。这三个世界间的转换过程就是将客观现实的信息反映到计算机数据库中的过程。

2.1.1 现实世界

现实世界（Real World）就是人们所能看到的、接触到的世界。信息的现实世界是指人们要管理的客观存在的各种事物、事物之间的相互联系及事物的发生、变化过程。客观存在的世界就是现实世界，它不依赖于人们的思想。现实世界存在无数事物，每个客观存在的事物都可以看作一个个体，每个个体都有属于自己的特征。例如，汽车有价格、品牌、型号、排气量等特征。而不同的人只会关心其中的一部分特征，并且一定领域内的个体有着相同的特征。用户为了某种需要，必须将现实世界中的部分需求用数据库实现。此时，数据库设定了需求及边界条件，这为整个转换提供了客观基础与初始启动环境。人们见到的客观世界中的划定边界的一个部分环境就是现实世界。现实世界主要涉及以下 3 个概念。

1. 实体（Entity）

现实世界中存在的可以相互区分的客观事物或概念称为实体。例如，计算机、电冰箱、大熊猫、人。

2. 实体的特征（Entity Characteristic）

每个实体都有自己的特征，利用实体的特征可以区别不同的实体。例如，电冰箱有大小、型号、颜色、外观形状等特征，人有性别、身高、体重、职业等特征。现实世界就是通过每个实体所具有的特征来相互区分的。

3. 实体集（Entity Set）及实体集间的联系（Relation）

具有相同特征或能用同样特征描述的实体的集合称为实体集。例如，所有电冰箱的实体集合就是电冰箱的实体集，所有人的实体集合就是人的实体集。

2.1.2 信息世界

信息世界（Information World）是现实世界在人们头脑中的反映，人们用思维以现实世界为基础，对事物进行选择、命名、分类等抽象工作之后，并用文字符号表示出来，就形成了信息世界。信息世界对现实世界的抽象重点在于数据框架性构造——数据结构，不拘泥于细节性的描述。信息世界主要涉及以下三个概念。

1. 实例（Example）

实体通过其特征的表示称为实例。实例与现实世界的实体相对应。例如，学生李泽新就是一个学生实体，这个学生实体就是一个学生的实例。

2. 属性（Attribute）

实体的特征在人们思想意识中形成的知识称为属性。一个实例可能拥有多个属性，其中能唯一标识实体的属性或属性集合称为码（Key）。每个属性的取值是有范围的，称为该属性的域（Domain）。属性与现实世界的特征相对应。例如，学生李泽新有学号、姓名、性别、出生日期等属性。其中学号能唯一标识该学生，则学号就是该学生实例的码。性别的取值不是男就是女，则该属性的域就是（男，女）。

3. 对象（Object）及对象间联系（Relation）

同类实例的集合称为对象，对象即实体集中的实体用属性表示得出的信息集合。实体集之间的联系用对象联系表示。对象及对象间联系与现实世界的实体集及实体集间的联系相对应。例如，所有学生实例的集合就是学生对象，即全体学生。每个学生之间都可能发生联系，例如，同班的学生，班干部和普通学生之间有管理联系。

按用户的观点对现实世界的抽象，即对现实世界的数据信息建模就称为概念模型（也称信息模型）。信息世界通过概念模型以及过程模型、状态模型反映现实世界，它要求对现实世界中的事物、事物间的联系和事物的变化情况能准确、如实、全面地表示。

2.1.3 计算机世界

计算机世界（Computer World）又称为数据世界（Data World），是将信息世界中的信息经过抽象和组织，按照特定的数据结构，即数据模型，将数据存储在计算机中。在现代计算机系统中，要用到大量的程序和数据，由于内存容量有限，且不能长期保存，故平时总是将数据存储到外存中。计算机世界主要涉及以下4个概念。

1. 字段（Field）

用来标记实体的一个属性就叫做字段，它是可以命名的最小信息单位。例如，学生有学号、姓名、性别、出生日期等字段。字段与信息世界的属性相对应。

2. 记录（Record）

记录是有一定逻辑关系的字段的组合。它与信息世界中的实体相对应，一个记录可以描述一个实体。例如，一个学生的记录由学号、姓名、性别、出生日期等字段组成。一个记录在某个字段上的取值称为数据项（Item）。

3．文件（File）

文件是同一类记录的集合，与信息世界中的对象相对应。文件的存储形式有很多种，如：顺序文件、链接文件、索引文件等。

4．文件集（File Set）

文件集是若干文件的集合，即由计算机操作系统通过文件系统来组织和管理。它与信息世界中的对象集相对应。

文件系统通过对文件、目录、磁盘的管理，可以对文件的存储空间、读写权限等进行管理。

2.1.4 三种世界的转换

信息的三种世界之间是可以进行转换的。人们常常首先将现实世界抽象为信息世界，然后将信息世界转换为计算机世界。也就是说，首先将现实世界中客观存在的事物或对象抽象为某一种信息结构，这种结构并不依赖于计算机系统，是人们认识的概念模型；然后将概念模型转换为计算机上某一具体的 DBMS 支持的数据模型。这一转换过程如图 2-1 所示。

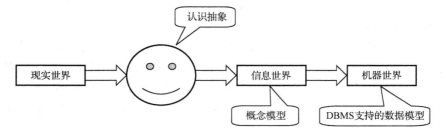

图 2-1 信息的三种世界之间的转换

信息的三种世界在转换过程中，每种世界都有自己对象的概念描述，但是它们之间又相互对应。信息的三种世界之间的对象对应关系见表 2-1。

表 2-1 信息的三种世界的对象转换过程

现 实 世 界	信 息 世 界	计算机世界
实体	实例	记录
特征	属性	数据项
实体集	对象	文件
实体间联系	对象间联系	文件集
	概念模型	数据模型

2.2 概念模型

在把现实世界抽象为信息世界的过程中，实际上是抽象出现实系统中有应用价值的元素及其关联。这时所形成的信息结构就是概念模型。这种信息结构不依赖于具体的计算机系统。

2.2.1 概念模型的基本概念

概念模型用于信息世界的建模，是对现实世界的抽象和概括。它应真实、充分地反映现实世界中事物和事物之间的联系，有丰富的语义表达能力，能表达用户的各种需求，包括描述现实世界中各种对象及其复杂联系、用户对数据对象的处理要求和手段。概念模型是现实世界到信息世界的第一层抽象，是数据库设计人员进行数据库设计的有力工具，也是数据库设计人员和用户之间进行交流的语言。

因此，概念模型一方面应该具有较强的语义表达能力，能够方便、直接地表达应用中的各种语义知识；另一方面，还应该简单、清晰，用户易于理解。概念模型应很容易向各种数据模型转换，易于从概念模式导出到 DBMS 中成为有关的逻辑模式。概念模型不是某个 DBMS 支持的数据模型，而是概念级的模型。概念模型中主要涉及以下概念。

1．实体（Entity）

客观存在并且可以互相区别的事物称为实体。实体可以是人，也可以是物，也可以是抽象的概念；可以指事物本身，也可以指事物之间的联系。例如，一名学生、一门课、一次选课行为、学生和课程的关系等，都是实体。实体是信息世界的基本单位。

2．属性（Attribute）

实体所具有的某一特征称为属性。一个实体可以由多个属性来刻画，每一个属性都有其取值范围和取值类型。例如，一个学生实体可以由学号、姓名、性别、出生日期、学院名称等属性组成，（2017210191，郭光明，男，1998-06-18，历史学院）这些属性值组合在一起表示了一个学生的基本情况。

3．码（Key）

能在一个实体集中唯一标识一个实体的属性称为码。码可以只包含一个属性，也可以同时包含多个属性。有多个码时，选择一个作为主码。最极端的一种情况就是所有属性组成主码，称为全码。

4．域（Domain）

某个（些）属性的取值范围称为该属性的域。例如，性别的域为（男，女），姓名的域为字符串集合，学院名称的域为学校所有学院名称的集合。

5．实体型（Entity Type）

具有相同属性的实体具有共同的特征和性质。用实体名及其属性名集合来抽象和刻画的同类实体称为实体型。例如，学生（学号，姓名，性别，出生日期，学院名称）是一个实体型。

6．实体集（Entity Set）

同类型的实体集合称为实体集。例如，全体学生就是一个实体集。

7．联系（Relation）

现实世界的事物之间是有联系的，这种联系必然要在信息世界中加以反映。这些联系在信息世界中反映为实体（型）内部的联系和实体（型）之间的联系。实体（型）内部的联系主要表现在组成实体的属性之间的联系。实体（型）之间的联系主要表现在不同实体集之间的联系。

两个实体之间的联系有三种：一对一联系、一对多联系、多对多联系。

（1）一对一联系（1∶1）

设对于实体集 A 中的每一个实体，实体集 B 中至多有一个实体与之联系，反之亦然，则称实体集 A 与实体集 B 具有一对一联系，记作 1∶1。例如，通常情况下，一个公司只能有一个总经理，一个总经理也只能在一个公司任职，所以公司与总经理之间的联系即为一对一的联系。

还有校长与学校、主教练与球队之间也都是一对一的联系。

（2）一对多联系（$1:n$）

设实体集 A 中的一个实体与实体集 B 中的多个实体相对应（相联系），反之，实体集 B 中的一个实体至多与实体集 A 中的一个实体相对应（相联系），则称实体集 A 与实体集 B 的联系为一对多的联系，记作 $1:n$。例如，一个公司可以有许多个职工，但一个职工只能属于一个公司，所以公司和职工之间的联系即为一对多的联系。还有学校和学生、球队和球员之间也都是一对多的联系。

（3）多对多联系（$m:n$）

设实体集 A 中的一个实体与实体集 B 中的多个实体相对应（相联系），而实体集 B 中的一个实体也与实体集 A 中的多个实体相对应（相联系），则称实体集 A 与实体集 B 的联系为多对多的联系，记作 $m:n$。例如，一个学生可以选修多门课程，一门课程可以被多个学生选修，所以学生和课程之间的联系即为多对多的联系；一个教师教过许多学生，一个学生也被许多老师教过，教师和学生之间的联系也是多对多的联系。

两个实体之间的联系可以用图形表示，如图 2-2 所示。

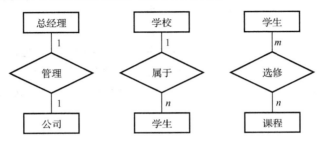

图 2-2　两个实体之间的联系

在现实世界，两个实体之间存在联系，多个实体之间也会存在联系。例如，课程、学生、教师三个实体之间存在联系。一门课程由多个教师讲解，一个学生可以选修多门课程，一个教师也可以讲授多门课，如图 2-3 所示。同一实体集内的各实体之间也可以有某种联系。例如，公司的职工实体集中有总经理，也有一般员工，具有领导和被领导的联系，即一个总经理可以领导多个职工，而一个职工只能被一个总经理领导，因此这是一对多的联系，如图 2-4 所示。

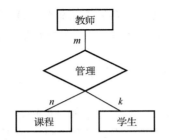

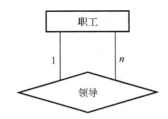

图 2-3　多个实体之间多对多的联系　　　图 2-4　多个实体之间一对多的联系

2.2.2　概念模型的表示

概念模型的表示方法有很多，常见的有实体-联系法、扩充实体-联系法、面向对象模型法、谓词模型法等。其中，最著名也最常用的是 P.P.S.Chen 于 1976 年提出的实体-联系法

（Entity-Relationship Approach）。该方法用 E-R（Entity-Relationship）图来描述现实世界的概念模型，E-R 方法也称为 E-R 模型。E-R 模型是抽象和描述现实世界的有力工具，是各种数据模型的共同基础。

E-R 图提供了表示实体、实体的属性以及实体之间（或内部）联系的方法。在 E-R 图中，用长方形、椭圆形、菱形分别表示实体、属性、联系，联系上还标注联系类型。

1．实体

实体用长方形表示，并在长方形中标注实体名。

例如，教师实体，课程实体，职工实体，如图 2-5 所示。

图 2-5　实体

2．实体的属性

实体的属性用椭圆形表示，并在椭圆中标注属性名，再用无向边将该属性与对应实体连接起来。在多个属性中，如果有一个（组）属性可以唯一表示该实体，则可以在该属性下边画出下画线，用来标识该属性，即主属性，也就是主码。

例如，学生实体有学号、姓名、性别、出生日期、学院名称等属性，其中学号为主属性。课程实体有课程号、课程名、学分等属性，其中课程号为主属性，学生和课程的实体及属性如图 2-6 所示。

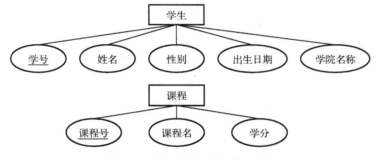

图 2-6　学生和课程的实体及属性

3．实体间的联系

实体间的联系用菱形表示，在菱形中标注联系名，再用无向边将该联系与联系实体连接起来，同时在无向边旁标注联系的类型。通常，如果实体之间有同名属性，并且同名属性表示的含义也相同，则实体之间有联系。

例如，学校实体与课程实体之间存在联系。因为每门课程都有许多学生选修，但一个学生也可以选修多门课程，所以课程实体和学生实体之间有联系，联系类型为 $m:n$（即多对多），如图 2-7 所示。

如果一个 E-R 图中的实体比较多，实体的属性也比较多，为了使 E-R 图简单明了，可以先分别绘制各实体的 E-R 图，最后只将所有实体联系起来。

【例 2-1】　用 E-R 图来描述一个简单的仓库管理系统的概念模型。一个简单的仓库管理系统由仓库实体、管理员实体、货物实体、供应商实体等组成。由于有的仓库可能需要多个管理员管理，但一个管理员只能管理一个仓库，因此仓库实体是全码，如图 2-8 所示。

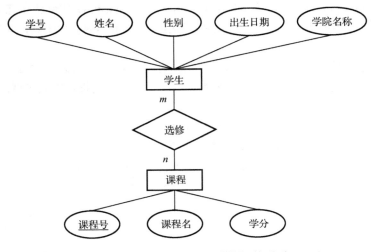

图 2-7 学校实体和课程实体间的联系

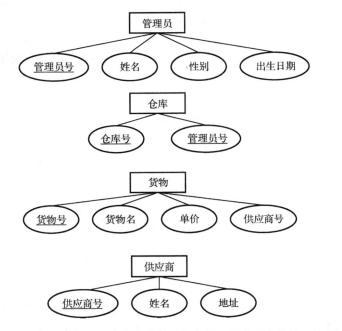

图 2-8 管理员实体、仓库实体、货物实体、供应商实体的 E-R 图

货物必须存储在仓库中,因此存储也可以是一个实体。由于有的仓库存储多种货物,也有的货物存放在多个仓库中,因此存储实体是全码。存储实体 E-R 图如图 2-9 所示。

图 2-9 存储实体 E-R 图

一个仓库可以有多个管理员,但一个管理员只能管理一个仓库,所以管理员实体与仓库实体之间是 $1:n$ 的联系。一个供应商可以供应多种商品,一种商品也可以有不同的供应商,所以供应商实体与商品实体之间是 $m:n$ 的联系。

将所有实体联系起来,组成完整的仓库管理系统 E-R 图,如图 2-10 所示。

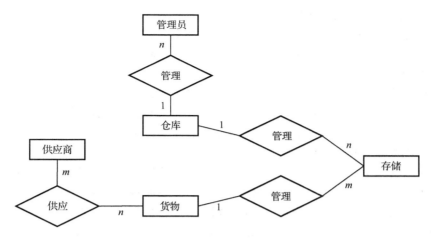

图 2-10 仓库管理系统 E-R 图

E-R 图是数据库设计人员根据自己观点,以及数据库用户的需求,对要设计的数据库系统的一种规划,所以不同的系统,E-R 图不尽相同。即使同一系统,由于设计人员的不同,观点不同,需求不同,甚至不同时期,也不会完全相同。

总之,E-R 方法是抽象和描述现实世界的有力工具,E-R 图为数据库设计提供了一个蓝图。用 E-R 图表示的概念模型与具体的 DBMS 所支持的数据模型相互独立,是各种数据模型的共同基础,因而比其他模型更一般、更抽象、更接近于现实世界。

2.3 数据模型

虽然概念模型不依赖于计算机系统,但现实世界的数据最终还是要存放到计算机的数据库中。这时就需要将概念模型转化为与计算机数据库相关的具体数据模型。

数据模型(Data Model)是严格定义的一组概念的集合。这些概念精确地描述了系统的静态和动态特性,是数据库中用来对现实世界进行抽象的工具,是数据库系统的核心和基础,是描述数据的结构以及定义在其上的操作和约束条件。

2.3.1 数据模型的基本概念

数据模型是对客观事物及联系的数据描述,是概念模型的数据化,即数据模型提供表示和组织数据的方法。数据库管理系统是建立在一定的数据模型之上的,根据数据模型实现在计算机上存储、处理、表示、组织数据,不同的数据模型对应不同类型的数据库管理系统。

从本质上讲,数据模型是确定逻辑文件的数据格式或数据组成。数据库技术在处理数据、组织数据时,从全局出发,对数据的内部联系和用户要求进行综合考虑。因此,数据模型通常由数据结构、数据操作和完整性约束三部分组成。

1. 数据结构

数据结构是相互之间存在一种或多种特定关系的对象元素的集合。在任何对象集合中,对象元素都不是孤立存在的,而是在它们之间存在着某种关系,这种对象元素相互之间的关系称为结构。

根据对象元素之间关系的不同特性,通常有 5 种基本结构:集合、线性结构、树状结构、图状结构（或网状结构）、关系结构。

这些对象元素是数据库的组成成分。数据结构刻画了数据模型中对象元素性质最重要的方面。因为，人们通常按照其对象的数据结构的类型来命名数据模型，是对系统静态特性的描述。

2．数据操作

数据操作是指数据库中各对象的实例允许执行的操作的集合，包括操作及有关的操作规则。数据库主要有检索和更新（包括插入、删除、修改）两大类操作。数据模型必须定义这些操作的确切含义、操作符号、操作规则以及实现操作的语言。数据操作是对系统动态特性的描述。

3．数据的完整性约束条件

数据的约束条件是一组完整性规则的集合。完整性规则是给定的数据模型中数据及其联系所具有的制约和依存规则，用以限定符合数据模型的数据库状态以及状态的变化，以保证数据的正确、有效、相容。数据模型应该反映和规定本数据模型必须遵守的基本的通用的完整性约束条件。此外，数据模型还应该提供定义完整性约束条件的机制，以反映具体应用所涉及的数据必须遵守的特定的语义约束条件。

2.3.2 常用的数据模型

在设计数据库全局逻辑结构时，不同的数据库管理系统对数据的具体组织方法不同。总的来说，当前实际的数据库系统中最常见的数据组织方法有 5 种：

- 层次模型（Hierarchical Model）。
- 网状模型（Network Model）。
- 关系模型（Relational Model）。
- 面向对象模型（Object Oriented Model）。
- 对象关系模型（Object Relational Model）。

其中，层次模型和网状模型统称为非关系模型，也统称为格式化模型。

1．层次模型（Hierarchical Model）

用树形结构来表示实体以及实体之间联系的模型称为层次模型。层次模型是数据库系统中最早出现的数据模型，在现实世界中有许多实体之间的联系就属于层次模型。例如，一个家族的家谱、一个单位的机构设置等。

（1）层次模型的定义及数据结构

数据库的数据模型如果满足以下两个层次联系，就称为层次模型：

1）有且仅有一个结点，没有双亲结点，这个结点称为根结点。

2）除根结点之外的其他结点有且只有一个双亲结点。

在层次模型中，每个结点表示一个实体集（或记录型），实体集之间的联系用结点之间的有向线段表示，以表示每个结点之间的联系。层次模型中的联系称为父子关系或主从关系，而且联系类型只能是一对多的联系。通常把表示对应联系"一"的结点放在上方，最上方的结点称为根结点；把表示对应联系"多"的结点放在下方，称为上级结点的子结点，没有子结点的称为叶结点。层次模型像一棵倒立的树，只有一个根结点，有若干个叶结点，如图 2-11 所示。

在层次模型中，实体集使用记录型（或记录）表示。记录描述实体，可以包含若干个字段；字段描述实体的特征，每个字段都必须命名，并且同一实体中的字段不能重名；记录值表示实体特征的具体数据；记录之间的联系使用基本层次联系表示。

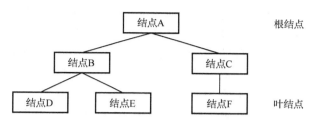

图 2-11 层次模型的数据结构

（2）层次模型的数据操作和完整性约束条件

层次模型的数据操作主要有查询、添加、修改和删除。在进行添加、修改和删除操作时要满足以下层次模型的完整性约束条件：

1）在进行插入记录值操作时，如果没有指明相应的父记录值，则不能插入子记录值。
2）在进行删除记录操作时，如果删除父记录值，则相应的子结点值同时被删除。
3）进行修改记录操作时，如果记录之间有关系，则应修改所有相应的记录，以保证数据的一致性。

（3）层次模型的优缺点

层次模型的优点有：

1）结构简单、清晰。
2）对于包含大量数据的数据库来说，采用层次模型来实现的效率很高。
3）提供了良好的完整性支持。

层次模型的缺点有：

1）由于现实世界非常复杂，层次模型表达能力有限，特别是不能表示多对多的联系。
2）数据冗余度增加，查询不灵活，特别是查询子女结点必须通过双亲结点。
3）对插入和删除操作的限制比较多。
4）编写应用程序比较复杂，程序员必须熟悉数据库的逻辑结构，开发效率较低。

2. 网状模型（Network Model）

在现实世界中，事物之间的联系并不能完全用层次模型表示，于是又产生了网状模型。

用网状结构来表示实体以及实体之间联系的模型称为网状模型。在现实世界中，更多的实体之间的联系呈现出网状结构。例如，一个局域网中计算机的设置、公路交通的设置等。

（1）网状模型的定义及数据结构

数据库的数据模型如果满足以下两个联系，就称为网状模型：

1）有一个以上的结点没有父结点。
2）结点可以有多于一个的父结点。

由于网状模型中实体之间的联系是多对多的联系（复合联系），因此基于网状模型的层次数据库联系表达方式比较复杂，如图 2-12 所示。

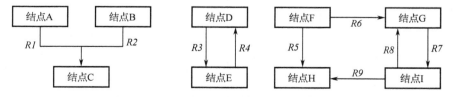

图 2-12 网状模型的数据结构

在网状模型中，实体集也使用记录型（或记录）表示。记录描述实体，可以包含若干个字段；字段描述实体的特征，每个字段都必须命名，并且同一实体中的字段不能重名；记录值表示实体特征的具体数据；记录之间的联系使用基本网状联系表示。实体集之间的联系用结点之间的有向线段表示，以表示每个结点之间的联系。因为联系不唯一，所以要为每个联系命名，并指出与该联系有关的父结点和子结点。

网状模型是一种比层次模型更具普遍性的结构，它去掉了层次模型的两个限制，允许多个结点没有父结点，允许结点有多个父结点，还允许两个结点之间有多种联系。因此，网状模型可以更直接地描述现实世界。

（2）网状模型的数据操作和完整性约束条件

网状模型的数据操作主要有查询、添加、修改和删除。在进行添加、修改和删除操作时要满足以下网状模型的完整性约束条件：

1）支持记录码的概念。码即唯一标识记录的数据项的集合。
2）保证一个联系中父结点记录和子结点记录之间是一对多的联系。
3）可以支持父结点记录和子结点记录之间的某种约束条件。

（3）网状模型的优缺点

网状模型的优点有：

1）能够更直接地描述现实世界，能够表示实体之间的多种复杂联系。
2）具有良好的性能，存取效率较高。

网状模型的缺点有：

1）网状模型结构比较复杂，不利于数据库的扩充。
2）操作复杂，不利于用户掌握。
3）编写应用程序比较复杂，程序员必须熟悉数据库的逻辑结构，开发效率较低。

3．关系模型（Relational Model）

关系模型是数据模型中最重要的模型。目前，几乎所有的数据库管理系统都支持关系模型。数据库领域中当前的研究工作也都是以关系方法为基础的。

关系模型把世界看成由实体和联系构成。在关系模型中，实体通常是以表的形式来表现的。表的每一行描述实体的一个实例，表的每一列描述实体的一个特征或属性。所谓联系，就是指实体之间的关系，即实体之间的对应关系。在现实世界中，几乎所有的实体和实体之间的联系都可以用关系模型表示。例如，学生、教师、课程信息等。

（1）关系模型的定义及数据结构

关系模型中主要涉及的概念有：

1）关系（Relation）。一个关系对应通常所说的一张二维表，学生表就是一个关系，表结构见表2-2。

表2-2 学生表的结构

学号	姓名	性别	出生日期	出生地	学院
2016021224	赵兰雅	女	1998-10-12	北京	体育学院
2016002406	张宇航	男	1998-11-02	上海	艺术学院
2016161336	刘峰勇	男	1997-09-12	广州	计算机学院
2016001203	李丰产	男	1997-01-23	成都	物理学院
2016021268	吴燕燕	女	1998-03-29	武汉	化学学院

2）元组（Tuple）。表中的一行称为一个元组。例如，学生（2016021268，吴燕燕，女，1998-03-29，武汉，化学学院）就是一个元组。

3）属性（Attribute）。表中的一列称为一个属性。例如，学号、姓名、性别就是属性的属性名，每个学生在属性上有具体的取值。

4）主码（Primary Key）。表中的某个属性或属性组，它们的值可以唯一地确定一个元组，且属性组中不含多余的属性，这样的属性或属性组称为关系的码或主码。

5）域（Domain）。属性的取值范围称为域。例如，性别的取值只能是男或女，出生日期的取值只能是日期时间数据，不能是字符数据。

6）分量（Element）。元组中的一个属性值称为分量，即行和列的交叉。例如，"李丰产"就是该学生在姓名属性列的分量。

7）关系模式（Relation model）。关系的型称为关系模式，关系模式是对关系的描述。
关系模式的一般表示是：关系名（属性1，属性2，…，属性n）。

8）关系模型由三部分组成：关系数据结构、关系操作集合和关系的完整性。

关系模型把所有的数据都组织到表中。表是由行和列组成的，行表示数据的记录，列表示记录中的域。表反映了现实世界中的事实和值。

由于现在数据库管理系统的数据模型大都是关系模型，因此关系名和属性名命名应该遵守数据库命名规则：尽量不用汉字，最好用英文，尽量采用有意义的英文单词（全拼或缩写）命名。

（2）关系模型的数据操作和完整性约束条件

关系数据模型的操作主要包括查询、添加、修改和删除数据。数据之间还存在联系。联系可以分为三种：一对一的联系、一对多的联系、多对多的联系。通过联系，就可以用一个实体的信息来查找另一个实体的信息。在进行添加、修改和删除操作时要满足关系模型的完整性约束条件。关系的完整性约束条件包括三类：实体完整性和用户定义的完整性。

关系中的数据操作可看成集合或关系的操作，操作对象和操作结果都是集合（关系），即操作的结果是由原表中导出的一个新表。关系操作通过关系操作语言完成。关系操作语言都是高度非过程的语言，它将数据的存取路径向用户隐蔽起来，用户只要指出"干什么"或"找什么"，不必说明"怎么干"或"怎么找"，从而大大地提高了数据的独立性，提高了用户的使用效率。

与非关系模型相比较，关系模型具有以下特点：

1）关系数据模型不同于非关系模型，它是建立在严格的数学基础之上的。

2）与非关系模型相比较，关系数据模型概念单一，结构清晰，容易理解。

3）关系数据模型的存取路径对用户是隐蔽的，但关系数据模型对用户是透明的，从而简化了用户的工作，提高了效率。实际上，关系数据模型的查询效率往往不如非关系模型，所以必须对关系数据模型的查询进行优化，这就增加了开发数据库的难度。

4）关系模型中的数据联系是靠数据冗余实现的。

（3）关系模型的优缺点

关系模型的优点有：

1）使用表的概念来表示实体之间的联系，简单直观。

2）关系数据库都使用结构化查询语句，存取路径对用户是透明的，从而提供了数据的独立性，简化了程序员的工作。

3）关系模型是建立在严格的数学概念基础上的，具有坚实的理论基础。

关系模型的缺点有：

关系模型的联结等查询操作开销较大，需要较高性能计算机的支持，所以必须提供查询优化功能。

4．面向对象模型（Object Oriented Model）

面向对象数据库系统（Object Oriented DataBase System，简称 OODBS）是数据库技术与面向对象程序设计方法相结合的产物。

现实世界中的事物都是对象，对象可以看成一组属性和方法的结合体。例如，学生、汽车、数学定理都是对象。属性则表示对象的状态与组成。例如，学生具有学号、姓名、身高等属性；汽车具有颜色、型号、价格等属性；数学定理具有含义等属性。对象的行为称为方法。例如，学生可以进行学习、运动等行为（方法）；汽车可以静止或运行等；数学定理可以运用等。在面向对象技术中，通过方法来访问与修改对象的属性。这样就将属性与方法完美地结合在一起。在现实世界中有许多对象来自于同一集合，例如，所有的学生都是人，则这些集合统称为类。类是对象的模板，它规定该类型的对象有哪些属性、哪些方法等。面向对象方法适于模拟实体的行为，核心是对象。

面向对象数据库系统支持的数据模型称为面向对象数据模型（OO 模型），即一个面向对象数据库系统是一个持久的、可共享的对象数据库，而一个对象是由一个 OO 模型所定义的对象的集合体。OO 模型中的主要术语有以下 3 个。

（1）对象（Object）

现实世界的任一实体都被称为模型化的一个对象，每一个对象有一个唯一的标识，称为对象标识。例如，学生王峰宇就是一个对象。

（2）封装（Encapsulation）

每一个对象都将其状态、行为封装起来，其中状态就是该对象的属性值的集合，行为就是该对象的方法的集合。例如，学生王峰宇封装有学号、姓名、性别等属性，还封装有选修课程等方法。

（3）类（Class）

具有相同属性和方法的对象的集合称为类。一个对象是某一类的一个实例。例如，全体学生就是学生类，每一个学生是学生类的一个实例。

面向对象数据库系统其实就是类的集合，它提供了一种类层次模型，如图 2-13 所示。

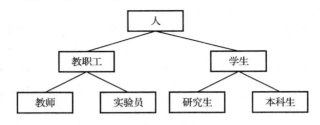

图 2-13　面向对象数据库的类层次模型

面向对象的类层次模型与层次模型是两个完全不同的概念。由于面向对象的类层次模型比较复杂，本书不详细讲解。

5．对象关系模型（Object Relational Model）

面向对象的方法和技术在计算机各个领域，包括程序设计语言、软件工程、信息系统的设计、计算机硬件设计等方面，都产生了深远的影响，也促进了数据库中面向对象数据模型的研究和发展。许多数据库厂商为了支持面向对象模型，对关系模型做了扩展，从而产生了对象关系模型。由于该模型比较复杂，本书不详细讲解。

综上所述，每种数据模型都有自己的特点，基于某种数据模型的数据库也都有自己的用途。当前最流行的是关系模型和基于关系模型的关系数据库，所以本书只详细讲解关系模型和关系数据库。

2.4 关系数据库

关系数据库是采用关系模型作为数据组织方式的数据库。关系数据库是应用数学的方法来处理数据库中的数据，也就是说，它是建立在严格的数学理论基础之上的。

2.4.1 关系模型的组成

关系模型由关系数据结构、关系操作集合和关系完整性约束三部分组成。

1. 关系数据结构

关系模型的数据结构简单清晰，关系单一。在关系模型中，现实世界的实体以及实体间的各种联系均可用关系来表示，从用户角度看，关系模型中数据的逻辑结构就是一张二维表，由行列组成。

2. 关系操作

早期的关系操作能力通常用代数方式或逻辑方式来表示，分别称为关系代数和关系演算，关系代数是用对关系的运算来表达查询要求的方式。关系演算是用谓词来表达查询要求的方式。关系演算又可按谓词变元的基本对象是元组变量还是域变量分为元组关系演算和域关系演算。关系代数、元组关系演算和域关系演算三种语言在表达能力上是完全等价的。

随着关系模型的不断完善，关系理论的不断发展，关系模型又产生了一种介于关系代数和关系演算之间的语言——SQL（Structure Query Language）。SQL不仅具有丰富的查询功能，还具有数据定义和数据控制功能，它充分体现了关系数据语言的特点和优点，是关系数据库的标准语言，还能够嵌入到高级语言中使用。

关系模型给出了关系操作的能力和特点，但不对DBMS的语言给出具体的语法要求。关系操作采用集合操作方式，即操作的对象和结构都是集合。这种操作方式也称为一次一集合（set-at-time）的方式。

关系模型中常用的关系操作包括：选择（Select）、投影（Project）、连接（Join）、除（Divide）、并（Union）、交（Intersection）、差（Difference）等查询（Query）操作和增加（Insert）、删除（Delete）、修改（Update）操作。其中，查询的表达能力是其最主要的部分。

3. 关系的三类完整性约束

关系模型提供了完备的完整性控制机制，定义了三类完整性约束：实体完整性、参照完整性和用户定义的完整性。其中，实体完整性和参照完整性是关系模型必须满足的完整性约束条件，应该由关系系统自动支持。用户定义的完整性是特定的数据库在特定的应用领域需要遵循的约束条件，体现了具体领域中的语义约束。

2.4.2 关系的数学定义

在关系模型中，数据在用户观点下是一个逻辑结构为二维表的数据模型。而关系模型是建立在关系（或集合）代数的基础之上的。

定义 1　域（Domain）是一组具有相同数据类型的值的集合。

例如，自然数、正整数、所有字符集合都是域。

定义 2　设 D_1，D_2，…，D_n 为任意域，定义 D_1，D_2，…，D_n 的笛卡儿积（Cartesian Product）为：

$$D_1 \times D_2 \times \cdots \times D_n = \{(d_1, d_2, \cdots, d_n) \mid d_i \in D_i, \mathrm{i} = 1, 2, \cdots, n\}$$

其中，每个元素（d_1，d_2，…，d_n）称为一个 n 元组（n-Tuple），简称为元组（Tuple）。元组中每个值 d_i 称为一个分量（Component）。若 $D_i(i=1，2，…，n)$为有限集，其基数（Cardinal Number）为 $m_i(i=1，2，…，n)$，则 $D_1 \times D_2 \times \cdots \times D_n$ 的基数为 $m=m_1 \times m_2 \times \cdots \times m_n$。

【例 2-2】　设 D_1 为学院名域，D_2 为姓名域，且 D_1={体育学院，物理学院，化学学院}，D_2={赵兰雅，李丰产，吴燕燕}，则 D_1，D_2 的笛卡儿积为：

$D_1 \times D_2$={（体育学院，赵兰雅），（体育学院，李丰产），（体育学院，吴燕燕），（物理学院，赵兰雅），（物理学院，李丰产），（物理学院，吴燕燕），（化学学院，赵兰雅），（化学学院，李丰产），（化学学院，吴燕燕）}。其中，（体育学院，赵兰雅）、（化学学院，吴燕燕）等都是元组。

笛卡儿积可以表示为一个二维表，表中的每一行对应一个元组，表中的每一列对应一个域，如图 2-14 所示。

D_1

学院
体育学院
物理学院
化学学院

×

D_2

姓名
赵兰雅
李丰产
吴燕燕

=

学院	姓名
体育学院	赵兰雅
体育学院	李丰产
体育学院	吴燕燕
物理学院	赵兰雅
物理学院	李丰产
物理学院	吴燕燕
化学学院	赵兰雅
化学学院	李丰产
化学学院	吴燕燕

图 2-14　笛卡儿积的二维表形式

定义 3　$D_1 \times D_2 \times \cdots \times D_n$ 的任意一个子集叫作 $D_1 \times D_2 \times \cdots \times D_n$ 上的一个关系（Relation），用 R（$D_1 \times D_2 \times \cdots \times D_n$）表示。这里 R 表示关系名，n 表示关系的目或度（Degree）。

每个元素是关系中的元组，通常用 t 表示。当 n=1 时，称为单元关系（Unary Relation）；当 n=2 时，称为二元关系（Binary Relation）。

关系是笛卡儿积的子集，而且是一个有限集，所以关系也可以用一个二维表表示。这个二维表是由关系的笛卡儿积导出的。表中的每一行对应一个元组，表中的每一列对应一个域。为了区分每一列，必须给它起一个名字，称为属性（Attribute）。n 目关系必有 n 个属性。如果关系中的某一属性组的值能唯一地标识一个元组，则称该属性组为候选键（Candidate Key）。若一个关系有多个候选键，则选定其中一个作为主码或主键（Primary Key）。主码的诸属性称为主属性（Prime Attribute）。

【例 2-3】 计算机学院关系是 $D_1 \times D_2$ 的一个子集，如图 2-15 所示。

综上所述，关系可以有三种基本类型：基本表、查询表和视图表。基本表就是实际存在的表，即物理表，是数据存储的逻辑表示。查询表是查询结果对应的表，是由基本表的笛卡儿积导出的。视图表是由基本表或其他视图表导出的表，是虚表，不存储数据。

学院	姓名
物理学院	赵兰雅
物理学院	李丰产
物理学院	吴燕燕

图 2-15 计算机学院关系

由此得出，关系具有以下性质：

1）列是同质的，即每列中的分量是同一类型的数据，来自同一个域。
2）不同的列可以出自同一个域，每列称为一个属性。在同一关系中，属性名不能相同。
3）列的顺序无关紧要，即列的顺序可以任意转换。
4）任意两个元组（行或记录）不能完全相同。
5）行的顺序也无关紧要，即行的顺序也可以任意转换。
6）行列的交集称为分量，每个分量的取值必须是原子值，即分量不能再分。

关系的描述称为关系模式。它包括关系名、组成该关系的各属性名、属性来自的域、属性向域的映像、属性间数据的依赖关系等。因此一个关系模式应当是一个 5 元组。

定义 4 关系的描述称为关系模式（Relation Schema）。它可以形式化地表示为：

$$R(U, D, \text{dom}, F)$$

其中，R 为关系名，U 为组成该关系的属性名集合，D 为属性组 U 中属性所来自的域，dom 为属性向域的映像，F 为属性间数据的依赖关系集合。

通常在不产生混淆的情况下，关系模式也可以称为关系。

2.4.3 关系代数

关系代数是一种抽象的查询语言，是关系数据操作语言的一种传统表达方式，它是用对关系的运算来表达查询的。

1. 关系代数的运算

关系代数的运算按运算符性质的不同可以分为两大类。

（1）传统的集合运算

传统的集合运算将关系（二维表）看成是元组（记录）的集合，其运算是以关系的"水平"方向即行的角度来进行运算的。传统的集合运算包括并、差、交、广义笛卡儿积。

（2）专门的关系运算

专门的关系运算将关系（二维表）看成是元组（记录）或列（属性）的集合。其运算不仅可以从"水平"方向，还可以从"垂直"角度来进行运算。比较运算符和逻辑运算符是用来辅助专门的关系运算符进行操作的，包括大于、大于等于、小于、小于等于、等于、不小于、与、或、非。专门的关系运算包括选择、投影、连接、除。

2. 关系代数用到的运算符

关系代数的运算对象是关系（或表），运算结果也是关系（或表）。

关系代数用到的运算符有：

1）传统的集合运算符：∪（并）、-（差）、∩（交）、×（笛卡儿积）。
2）专门的关系运算符：σ（选择）、π（投影）、⋈（连接）、÷（除）。
3）算术比较符：>（大于），⩾（大于等于），<（小于），⩽（小于等于），=（等于），≠（不等于）。

4）逻辑运算符：¬（非）、∧（与）、∨（或）。

2.4.4 传统的集合运算

传统的集合运算包括并（Union）、差（Except）、交（Intersection）、笛卡儿积（Cartesian Product）4 种运算。它们都是二目运算，即集合运算符两边都必须有运算对象。

设关系 R 和关系 S 都有 n 个属性，且相应的属性取自同一个域，t 是元组变量，$t \in R$ 表示 t 是 R 的一个元组。

可以定义并、差、交运算如下。

1. 并

关系 R 和关系 S 的并记作：

$$R \cup S = \{t | t \in R \vee t \in S\}$$

其结果仍为 n 个属性，由属于 R 或属于 S 的元组组成。

2. 差

关系 R 和关系 S 的差记作：

$$R - S = \{t | t \in R \wedge t \notin S\}$$

其结果仍为 n 个属性，由属于 R 而不属于 S 的所有元组组成。

3. 交

关系 R 和关系 S 的交记作：

$$R \cap S = \{t | t \in R \wedge t \in S\}$$

其结果仍为 n 个属性，由既属于 R 又属于 S 的所有元组组成。关系的交可以用差来表示，即

$$R \cap S = R - (R - R)$$

4. 笛卡儿积

关系 R 有 n 个属性，和关系 S 有 m 个属性，二者的笛卡儿积是具有 $n+m$ 个属性的元组的集合。元组的前 n 列是关系 R 的一个元组，后 m 列是关系 S 的一个元组。如果 R 有 k_1 个元组，S 有 k_2 个元组，则关系 R 和关系 S 的笛卡儿积有 $k_1 \times k_2$ 个元组，记作：

$$R \times S = \{t_r t_s | t_r \in R \wedge t_s \in S\}$$

现有两个课程关系表课程 1 和课程 2，分别见表 2-3、表 2-4。

表 2-3 课程 1

课程号	课程名	学分
126	数据库原理	4
102	编译原理	4
113	软件工程	4

表 2-4 课程 2

课程号	课程名	学分
126	数据库原理	4
202	中国近代史	3
301	高等数学	4

（1）并

【例 2-4】 课程 1 ∪ 课程 2，结果见表 2-5。

表 2-5 课程 1 ∪ 课程 2

课程号	课程名	学分
126	数据库原理	4
102	编译原理	4

续表

课程号	课程名	学分
113	软件工程	4
202	中国近代史	3
301	高等数学	4

（2）差

【例 2-5】 课程 1-课程 2，结果见表 2-6。

表 2-6 课程 1-课程 2

课程号	课程名	学分
126	数据库原理	4
102	编译原理	4

（3）交

【例 2-6】 课程 1∩课程 2，结果见表 2-7。

表 2-7 课程 1∩课程 2

课程号	课程名	学分
126	数据库原理	4

5．笛卡儿积

【例 2-7】 课程 1×课程 2，结果见表 2-8。

表 2-8 课程 1×课程 2

课程号	课程名	学分	课程号	课程名	学分
126	数据库原理	4	126	数据库原理	4
102	编译原理	4	202	中国近代史	3
113	软件工程	4	301	高等数学	4
126	数据库原理	4	126	数据库原理	4
102	编译原理	4	202	中国近代史	3
113	软件工程	4	301	高等数学	4
126	数据库原理	4	126	数据库原理	4
102	编译原理	4	202	中国近代史	3
113	软件工程	4	301	高等数学	4

2.4.5 专门的关系运算

仅依靠传统的集合运算还不能灵活地实现多样的查询操作，因此关系模型有一组专门的关系运算，包括选择（Selection）、投影（Projection）、连接（Join）、除（Division）。其中，连接又分为等值连接和自然连接两种。连接（用 θ 表示）为比较运算。当 θ 为"="运算时，连接称为等值连接。

1. 选择

选择又称为限制,它是在关系 R 中选择满足给定条件的诸元组,记为:

$$\sigma_F(R)=\{t|t\in R \wedge F(t)= '真'\}$$

其中,F 表示选择条件,它是一个逻辑表达式,取逻辑"真"或"假"。

逻辑表达式 F 的基本形式为

$$X_1\theta Y_1$$

其中,θ 表示比较运算符,可以是<、≤、>、≥、=或<>。选择操作是从行角度进行的运算。

2. 投影

关系 R 上的投影是从 R 中选择出若干属性列组成新的关系,记为:

$$\pi_A(R)=\{t[A]|t\in R\}$$

其中,A 为 R 中的属性列。投影操作是从列角度进行的运算。

3. 连接

连接是从两个关系的笛卡儿积中选取属性间满足一定条件的元组,记为:

$$R\underset{A\theta B}{\bowtie}S=\{t_r t_s|t_r\in R \wedge t_s\in S \wedge t_r[A]\theta t_s[B]\}$$

其中,A 和 B 分别为 R 和 S 上度数相等且可比的属性组。θ 是比较运算符,当 θ 为"="时,为等值连接。

除操作比较复杂,本书篇幅有限,这里不做介绍。

现有三个关系表:作者表、出版社表、出版表,分别见表 2-9、表 2-10、表 2-11。

表 2-9 作者表

作者号	姓名	性别
1130	张高力	男
2131	陈立风	男
3132	赵颖娜	女
2133	王娟宇	女

表 2-10 出版社表

出版社号	出版社名
21	电子出版社
22	水利出版社
23	教育出版社

表 2-11 出版表

作者号	出版社号	图书名
1130	21	计算机网络
1130	23	行政管理学
2131	21	旅游指南
3132	22	美术简史
2133	23	计算机组成

(1)选择

【例 2-8】 查询出版社编号为 21 的出版社信息。

$$\sigma_{出版社号=21}(出版社表)$$

结果见表 2-12。

表 2-12 编号为 21 的出版社信息

出版社号	出版社名
21	电子出版社

【例 2-9】 查询男作者的信息。

$$\sigma_{性别='男'}(作者表)$$

结果见表 2-13。

表 2-13 男作者的信息

作者号	姓名	性别
1130	张高力	男
2131	陈立风	男

（2）投影

【例 2-10】 查询所有作者的作者号和姓名。

$$\pi_{作者号,姓名}(作者表)$$

结果见表 2-14。

表 2-14 所有作者的编号和姓名

作者号	姓名
1130	张高力
2131	陈立风
3132	赵颖娜
2133	王娟宇

【例 2-11】 查询由 21 号出版社出版的图书信息。

$$\pi_{作者号,出版社号,图书名}(\sigma_{出版社号=21}(出版表))$$

结果见表 2-15。

表 2-15 21 号出版社出版的图书信息

作者号	出版社号	图书名
1130	21	计算机网络
2131	21	旅游指南

（3）连接

【例 2-12】 查询陈立风出版的图书信息。

$$\pi_{作者号,出版社号,图书名}(\sigma_{姓名='陈立风'}(作者表) \underset{作者表.作者号=出版表.作者号}{\bowtie} 出版表)$$

结果见表 2-16。

表 2-16 陈立风出版的图书信息

作者号	出版社号	图书名
2131	21	旅游指南

【例 2-13】 查询教育出版社出版的图书名和作者的姓名。

$$\pi_{姓名,图书名}(\sigma_{出版社名='教育出版社'}(出版社表) \underset{出版社表.作者号=出版表.作者号}{\bowtie} 出版表 \underset{出版表.作者号=作者表.作者号}{\bowtie} 作者表)$$

结果见表 2-17。

表 2-17 陈立风出版的图书信息

姓名	图书名
张高力	行政管理学
王娟宇	计算机组成

除操作比较复杂，限于本书篇幅有限，这里不做介绍。

2.5 关系查询优化

关系模型具有很多优点，也具有一些缺点，其中最主要的是查询效率问题。如果不采取有效的措施，查询的速度将会相当低。这是实现关系数据库的难点所在。

为什么会出现这个问题呢？这主要是在关系模型中采用了特殊的数据结构引起的。在关系模型中，各关系之间的联系是通过表中的数据建立起来的，而表间的联系是隐蔽的，这种联系的实现通常是靠连接和笛卡儿乘积这两个关系运算来完成的。另外，由于在关系数据库中往往给用户提供非过程化的数据库语言，在这种语言中，用户只要指出"做什么"，不需要指出"怎么做"，因此对用户来说确实很方便，但是系统的负担较重，从而导致效率降低。查询优化的基本思想就是尽量提高关系数据库的存取效率，而又保证关系数据库用户性能好和数据独立性高等优点。

查询优化是必要的。但用户应当认识到，进行优化的工作还将耗费系统的资源。一般说来，优化做得越细，系统的开销就越大。下面讲的优化是相对的，即不是在所有可能的路径任意挑选最节省时间的方法，而是进行各种操作的一般策略。

1）选择运算尽早进行。

对于含有选择运算的表达式，应优化成尽可能先执行选择运算的等价表达式，以得到较小的中间结果，减少运算量和从外存读块的次数。

2）合并笛卡儿乘积与其后的选择运算为连接运算。

在表达式中，当笛卡儿乘积后面是选择运算时，应将它们合并为连接运算，使选择和笛卡儿乘积一起完成，以避免在笛卡儿乘积运算之后，还需要再次扫描一个较大的笛卡儿乘积的关系进行选择运算。

3）把投影运算和选择运算同时进行。

以避免分开运算造成多次扫描文件，如果有一连串的投影运算和选择运算且只有一个运算对象，就可以在扫描表示该对象的文件过程中同时完成所有这些运算。这就避免了重复多次扫描文件，从而节省了操作时间。

4）把投影运算与其后的其他运算同时进行，以避免重复多次扫描文件。

5）事先处理文件。

在执行连接（或笛卡儿乘积后跟选择）运算之前，适当地处理一下文件是有用的。对需要的属性建立索引或进行排序，这两种方法都有助于快速、有效地找到应当连接的元组。

6）存储公用的子表达式。

对于有公用的子表达式的操作，应将公用的子表达式的结果存于外存，当从外存中读出它比计算它的时间少时就能节省操作时间，特别是当公用的子表达式出现频繁时效果更好。

2.6 习题

1. 信息有哪三种世界？分别具有什么特点？它们之间有什么联系？
2. 什么是概念模型？
3. 解释概念模型中常用的概念：实体、属性、码、域、实体型、实体集、联系。
4. 实体的联系有哪三种？
5. 试用 E-R 图来描述一个实际部门。要求该部门至少有三个实体，每个实体之间还有联系。
6. 数据模型通常由哪三部分组成？
7. 在实际的数据库系统中，用到哪些数据模型？比较关系数据模型与非关系数据模型的优缺点。
8. 试举出三个分别属于层次模型、网状模型和关系模型的实例。
9. 解释关系模型中常用的概念：关系、元组、属性、主码、域、分量、关系模式。
10. 解释在面向对象模型中的对象、封装和类的概念。
11. 关系模型中常用的关系操作有哪些？
12. 关系模型提供了完备的完整性控制机制，定义了哪三类完整性约束？
13. 关系具有哪些性质？
14. 关系代数的运算按运算符性质的不同可以分为哪两大类？它们分别包含了哪些运算？
15. 现有学生1和学生2表，见表2-18、表2-19，分别求：
    学生1∪学生2；学生1-学生2；学生1∩学生2；学生1×学生2

表2-18　学生1

姓名	性别	学院
王兰婷	女	计算机学院
吴广田	男	文学院
葛雨航	男	经济学院

表2-19　学生2

姓名	性别	学院
王兰婷	女	计算机学院
葛雨航	男	经济学院
秦燕丽	女	历史学院

16. 现有一个工程公司数据库，包括职工、部门、工程、客户共4个关系模式：
    职工（职工编号，姓名，性别，出生日期，部门编号）
    部门（部门编号，部门名称）
    工程（工程编号，工程名称，职工编号，客户编号）
    客户（客户编号，客户名称，地址）
每个关系模式中有如表2-20至表2-23所示的数据。

表 2-20 职工表

职工编号	姓名	性别	出生日期	部门编号
1129	赵新良	男	1981-02-10	1
3123	王晶晶	女	1978-03-19	1
1034	李庆庆	女	1074-02-10	2
2033	陈丽荣	女	1982-11-06	4
1381	陈建岭	男	1989-06-21	5

表 2-21 部门表

部门编号	部门名称
1	人事部
2	财务部
3	技术部
4	办公室
5	工程部

表 2-22 工程表

工程编号	工程名称	职工编号	客户编号
1	休闲广场	2033	101
2	都市花园	1381	201
3	梁苑广场	2033	201
4	大华商场	1034	302

表 2-23 客户表

客户编号	客户名称	地址
101	大兴公司	北京
201	新新公司	上海
302	金石集团	北京
405	锦华公司	广州

试用专门的关系运算选择、投影、连接求出以下结果：
1）查询所有女职工的信息。
2）查询在 1980 年之后出生的职工姓名、性别。
3）查询客户金石集团的工程信息。
4）查询人事部的职工姓名、性别、出生日期和部门名称。

第3章 数据库设计

数据库是数据库系统中最基本、最重要的部分。数据库性能的高低决定了整个数据库应用系统的性能。一个性能优良的数据库才能满足各方面对数据的需要。

本章主要介绍规范化概念、数据库设计的概念及方法。

3.1 规范化

规范化是数据库设计时必须要满足的要求，满足这些规范的数据库是简洁、结构明晰的。反之则是乱七八糟，不仅给数据库的设计人员制造麻烦，还可能存储了大量不需要的冗余信息。规范化是降低或消除数据库中冗余数据的过程。尽管在大多数的情况下冗余数据不能被完全清除，但冗余数据降得越低，就越容易维护数据的完整性，并且可以避免非规范化数据库中的数据更新异常。

1. 范式的种类

为了使关系模式设计的方法趋于完备，数据库专家研究了关系规范化理论。从1971年起，E.F.Codd相继提出了第一范式（1NF）、第二范式（2NF）、第三范式（3NF），Codd与Boyce合作提出了Boyce-Codd范式（BCNF）。在1976年至1978年间，Fagin、Delobe、Zaniolo又定义了第四范式（4NF）。到目前为止，已经提出了第五范式（5NF）。

所谓第几范式，是指一个关系模式按照规范化理论设计，符合哪一级别的要求。

2. 范式之间的关系及规范化

各范式之间的关系及规范化过程如下：

1）取原始的1NF关系模式，消去任何非主属性对关键字的部分函数依赖，从而产生一组2NF的关系模式。

2）取2NF关系模式，消去任何非主属性对关键字的传递函数依赖，产生一组3NF的关系模式。

3）取3NF的关系模式的投影，消去决定因素不是候选关键字的函数依赖，产生一组BCNF的关系模式。

4）取BCNF关系模式的投影，消去其中不是函数依赖的非平凡的多值依赖，产生一组4NF关系模式。

所以有：1NF⊃2NF⊃3NF⊃BCNF⊃4NF⊃5NF。

3.1.1 函数依赖

函数依赖（Functional Dependency）是关系模式中各个属性之间的一种依赖关系，是规范化理论中一个最重要、最基本的概念。

定义1 设 $R(U)$ 是属性集 U 上的关系模式，X 和 Y 均为 U 的子集。如果 $R(U)$ 的任意一个可能的关系 r 都存在着对于 X 的每个具体值，Y 都有唯一的具体值与之对应，则称 X 函数决定 Y，或 Y 函数依赖于 X，记为：$X \rightarrow Y$。称 X 为决定因素，Y 是依赖因素。

因此，函数依赖这个概念是属于语义范畴的，通常只能根据语义确定属性间是否存在函数依赖关系。例如，姓名→年龄，这个函数依赖只有在该班级没有同名人的条件下成立。如果允许有同名人，则成绩就不再函数依赖于姓名了。设计者也可以对现实世界作强制的规定。例如，规定不允许同名人出现，因而使姓名→年龄函数依赖成立。这样，当插入某个元组时，这个元组上的属性值必须满足规定的函数依赖，若发现有同名人存在，则拒绝插入该元组。

下面介绍一些术语和记号：

1）$X \rightarrow Y$，但 $Y \not\subset X$，则称 $X \rightarrow Y$ 是非平凡的函数依赖。若不特别声明，则总是讨论非平凡的函数依赖。

2）$X \rightarrow Y$，但 $Y \subseteq X$，则称 $X \rightarrow Y$ 是平凡的函数依赖。

3）若 $X \rightarrow Y$，则 X 叫作决定因素。

4）若 $X \rightarrow Y$，$Y \rightarrow X$，则记作 $X \leftarrow\rightarrow Y$。

5）若 Y 不函数依赖于 X，则记作 $X \not\rightarrow Y$。

定义 2 在 $R(U)$ 中，如果 $X \rightarrow Y$，并且对于 X 的任何一个真子集 X'，都有 $X' \not\rightarrow Y$，则称 Y 对 X 完全函数依赖，记作：$X \xrightarrow{F} Y$。

若 $X \rightarrow Y$，但 Y 不完全函数依赖于 X，则称 Y 对 X 部分函数依赖，记作：$X \xrightarrow{P} Y$。

定义 3 在 $R(U)$ 中，如果 $X \rightarrow Y$（Y 不属于 X），$Y \not\rightarrow X$，$Y \rightarrow Z$，则称 Z 对 X 传递函致依赖。

3.1.2 范式

关系数据库中的关系是满足一定要求的，满足不同程度要求的为不同的范式。满足最低要求的叫第一范式。在第一范式中满足进一步要求的为第二范式，其余以此类推。

1. 第一范式（1NF）

第一范式是关系模式满足所要遵循的最基本的条件，是所有范式的基础，即关系中的每个属性必须是不可再分的简单项，不能是属性组合。

定义 4 如果关系模式 R，其所有的属性均为简单属性，即每个属性都是不可再分的，则称 R 属于 1NF，记为 $R \in 1NF$。不满足 1NF 条件的关系模式称之为非规范化关系。在关系数据库系统中只讨论规范化的关系，凡非规范化关系模式必须化成规范化的关系。在非规范化的关系中去掉组属性和重复数据项，即让所有的属性均为原子项，就满足 1NF 的条件，变为规范化的关系。

【例 3-1】 职工表存储了员工的基本信息，见表 3-1。

表 3-1 职工表

姓名	性别	出生日期	薪水	
			基本工资	奖金
刘子峰	男	1975-12-10	4000	1900
赵凌莉	女	1980-06-19	3500	1500

职工表中的"薪水"属性列又细分为"基本工资"、"奖金"两个列，所以不是 1NF，更不是关系表。所有的关系表都必须符合 1NF。

可以将表 3-1 转换为符合 1NF 的关系表，见表 3-2。

表3-2 转换后的职工表

姓名	性别	出生日期	基本工资	奖金
刘子峰	男	1975-12-10	4000	1900
赵凌莉	女	1980-06-19	3500	1500

2. 第二范式（2NF）

定义5 设有关系模式 R 是属于 1NF 的关系模式，如果它的所有非主属性都完全函数依赖于码，则称 R 是 2NF 的关系模式，记为 $R \in 2NF$。

【例3-2】 学生_课程表存储了学生选修课程的信息，见表3-3。

表3-3 学生_课程表

学号	姓名	课程号	课程名
2016021224	张兰婷	202	中国古代史
2016002406	刘雨航	203	世界史
2015161336	王峰宇	102	数据库原理
2016001203	赵广田	101	计算机网络
2015021268	秦燕菲	203	世界史

学生_课程表的码（即关键字）是"学号"和"课程号"的属性组合。对于非码属性"姓名"来说，只函数依赖于"学号"，而不依赖于"课程号"，所以不是 2NF。可以将表3-3分解为两个表，见表3-4和表3-5。

表3-4 课程表

课程号	课程名
101	计算机网络
102	数据库原理
202	中国古代史
203	世界史

表3-5 学生表

学号	姓名	课程号
2016021224	张兰婷	202
2016002406	刘雨航	203
2015161336	王峰宇	102
2016001203	赵广田	101
2015021268	秦燕菲	203

经过分解后，这两个关系的非主属性都完全函数依赖于码了，所以它们都是 2NF。

3. 第三范式（3NF）

定义6 关系模式 $R<U, F>$ 中若不存在这样的码 X，属性组 Y 及非主属性 Z（Z 不是 Y 的子集），使得 $X \rightarrow Y$, $(Y \nrightarrow X) Y \rightarrow Z$ 成立，则称 $R<U, F> \in 3NF$。由定义可以证明，若 $R \in 3NF$，则每

一个非主属性既不部分依赖于码,也不传递依赖于码。

【例 3-3】 图书表存储了图书的信息,见表 3-6。

表 3-6 图书表

图书号	图书名	类型号	类型名
201310225	计算机网络	18	计算机类
201310079	数据库原理	18	计算机类
201000205	中国古代史	06	历史类
201300096	世界史	06	历史类
201230328	电磁学	15	物理类
201450200	艺术概论	21	艺术类
201070201	有机化学	09	化学类

图书表中图书号为关键字,对于非码属性类型号、类型名来说,它们传递依赖于关键字,所以不是 3NF。可以将表 3-6 分解为两个表,见表 3-7 和表 3-8。

表 3-7 图书表

图书号	图书名	类型号
201310225	计算机网络	18
201310079	数据库原理	18
201000205	中国古代史	06
201300096	世界史	06
201230328	电磁学	15
201450200	艺术概论	21
201070201	有机化学	09

表 3-8 类型表

类型号	类型名
18	计算机类
06	历史类
15	物理类
21	艺术类
09	化学类

经过分解后,这两个关系都不存在传递函数依赖关系,所以它们都是 3NF。

一个关系达到 3NF 后,基本解决了异常问题,但不能彻底解决数据冗余问题。

4. Boyce-Codd 范式(BCNF)

BCNF 是由 Boyce 和 Codd 提出来的,通常认为 BCNF 是修正的 3NF,有时也称为扩充的 3NF。

定义 7 关系模式 $R<U, F>$ 是 1NF,若 $X \rightarrow Y$,且 Y 不是 X 的子集时,X 必含有码,那么称 $R<U, F>$ 是 BCNF 的模式。

【例 3-4】 学生_教师_课程表存储了学生选课的基本信息,见表 3-9。

表 3-9 学生_教师_课程表

学号	教师号	课程号
2016021224	10506	1012
2016002406	15252	2123
2015161336	13628	1053

学生_教师_课程表中如果规定每位教师只教一门课,但一门课可以由多位教师讲授,对于

每门课，每位学生只由一位教师讲授。即"学号"属性、"课程号"属性函数依赖于"教师号"属性，"教师号"属性函数依赖于"课程号"属性，"学号"属性、"教师号"属性函数依赖于"课程号"属性，所以不是 BCNF。可以将表 3-9 分解为两个表，见表 3-10 和表 3-11。

表 3-10 学生_课程表

学号	课程号
2016021224	1012
2016002406	2123
2015161336	1053

表 3-11 学生_教师表

学号	教师号
2016021224	10506
2016002406	15252
2015161336	13628

经过分解后，这两个关系都是 BCNF。

5. 第四范式（4NF）

定义 8 关系模式 $R<U, F> \in 1NF$，如果对于 R 的每个非平凡多值依赖 $X \rightarrow Y$（$Y \nsubseteq X$），X 都含有码，则称 $R<U, F> \in 4NF$。

【例 3-5】 兴趣表存储了学生的爱好信息，见表 3-12。

表 3-12 兴趣表

学号	运动	水果
2016076224	足球	
2016018406	篮球	苹果
2016167836		橘子

在兴趣表中，"学号"属性为主关键字，但是"学号"属性与"运动"属性、"水果"属性是一个一对多的关系，使得表数据冗余，有大量的空值存在，并且不对称，不是 4NF。可以将表 3-19 分解为两个表，见表 3-13 和表 3-14。

表 3-13 兴趣_运动表

学号	运动
2016076224	足球
2016018406	篮球

表 3-14 兴趣_水果表

学号	水果
2016018406	苹果
2016167836	橘子

经过分解后，这两个关系都是 4NF。

有关第五范式的知识本节不予介绍。

其实关系的规范化就是将一个不规范的关系表分解为多个规范化的关系表的过程。

关系规范化理论为数据库设计提供了理论指南和工具，但这些指南和工具在结合应用环境和现实世界具体实施数据库设计时应灵活掌握，并不是规范化程度越高，模式就越好。规范化程度越高，做综合查询时付出的连接运算的代价越大。在实际设计关系模式时，分解进行到 3NF 就可以了。至于一个具体的数据库关系模式设计要分解到第几范式，应综合利弊，全面衡量，依实际情况而定。

3.2 数据库设计概述

数据库中的数据不是相互孤立的，数据库在系统中扮演着支持者的角色，而通常把使用数据库的各类信息系统都称为数据库应用系统。数据库设计广义地讲，是数据库及其应用系统的设计，即设计整个数据库应用系统；狭义地讲，就是设计数据库本身。本书主要介绍狭义的数据库设计。

数据库设计是指对于一个给定的应用环境，构造最优的数据库模式，建立数据库，使之能够有效地存储数据，满足各种用户的应用需求。

3.2.1 数据库设计的特点

大型数据库的特点是数据量庞大、数据保存时间长、数据关联比较复杂、用户要求多样化。因此，数据库设计既是一项涉及多学科的综合性技术，又是一项庞大的工程项目。

1．数据库设计人员应该具备的技术和知识

要设计一个性能优良的数据库，数据库设计人员应该具备的技术和知识包括数据库的基本知识和数据库设计技术，计算机科学的基础知识和程序设计的方法和技巧，软件工程的原理和方法，还应有相关应用领域的知识。

2．数据库设计的方法

数据库设计应该和应用系统设计相结合，也就是说，整个设计过程要把结构（数据）设计和行为（处理）设计密切结合起来，这是数据库设计的特点之一。结构（数据）设计用于设计数据库框架或数据库结构，行为（处理）设计用于设计应用程序、事务处理等。

数据库设计有两种不同的方法：

1）以信息需求为主，兼顾处理需求，这种方法称为面向数据的设计方法。

2）以处理需求为主，兼顾信息需求，这种方法称为面向过程的设计方法。

3．数据库设计的评定

对于什么样的数据库是一个好的数据库，事实上并没有一个严格、规范的标准来判定。因为每个数据库都有其自身的用途，用途不同，设计角度就不同，设计方法也不同，最后的数据库也不同。

（1）好的数据库特征

一个好的数据库应该满足以下特征：

1）便于检索所需要的数据。

2）具有较高的完整性、数据更新的一致性。

3）使系统具有尽可能良好的性能。

（2）不好的数据库特征

有些具体的特征可以帮助用户判断什么是设计得不好的数据库。

1）需要多次输入相同的数据，或需要输入多余的数据。

2）返回不正确的查询结果。

3）数据之间的关系难以确定。

4）表或列的名称不明确。

在数据库的设计中，应尽量保证设计的数据库具有好的特征，同时应尽量避免具有上述一些不好的特征。

4．数据库设计的基本规律

数据库设计具有 3 个基本规律。

（1）反复性（Iterative）

一个性能优良的数据库不可能一次性地完成设计，需要经过多次、反复的设计。

（2）试探性（Tentative）

一个数据库设计完毕，并不意味着数据库设计工作完成，还需要经过实际使用的检测。通过试探性的使用，再进一步完善数据库设计。

（3）分步进行（Multistage）

由于一个实际应用的数据库往往都非常庞大，而且涉及许多方面的知识，所以需要分步进行，最终满足用户的需要。

3.2.2 数据库设计的步骤

数据库设计其实就是软件设计，软件都有软件生存期。软件生存期是指从软件的规划、研制、实现、投入运行后的维护，直到它被新的软件所取代而停止使用的整个期间。数据库设计方法有多种。

按照规范化设置的方法，考虑数据库及其应用系统开发的全过程，通常将数据库设计分为6个阶段：需求分析阶段、概念设计阶段、逻辑设计阶段、物理设计阶段、数据库实施阶段、运行和维护阶段。

一个完善的数据库应用系统不可能一蹴而就，而是上述6个阶段的不断反复。在设计过程中，把数据库的设计和对数据库中数据处理的设计紧密结合起来，将这两方面的需求分析、抽象、设计、实现在各个阶段同时进行，相互参照，相互补充，以完善两方面的设计。

3.3 需求分析阶段

需求分析就是分析用户对数据库的具体要求，是整个数据库设计的起点和基础。需求分析的结果直接影响以后的设计，并影响到设计结果是否合理和实用。需求分析阶段是数据库设计的第一步，也是最困难、最耗时的一步。

需求分析就是理解用户需求，询问用户如何看待未来的需求变化。让用户解释其需求，而且随着开发的继续，还要经常询问用户保证其需求仍然在开发的目的之中。了解用户业务需求有助于在以后的开发阶段节约大量的时间。同时，应该重视输入/输出，增强应用程序的可读性。需求分析主要考虑"做什么"，而不考虑"怎么做"。

需求分析的结果是产生用户和设计者都能接受的需求说明书，作为下一步数据库概念结构设计阶段的基础。

3.4 概念结构设计阶段

需求分析阶段描述的用户需求是面向现实世界的具体要求。将需求分析得到的用户需求抽象为信息结构即概念模型的过程就是概念结构设计，是整个数据库设计的关键。

3.4.1 概念结构设计的任务

概念结构设计就是将需求分析得到的信息抽象化为概念模型。概念结构设计应该能真实、充分地反映现实世界，包括事物和事物之间的联系，能满足用户对数据的处理要求；同时，要易于理解、易于更改，并易于向各种数据模型转换。概念结构具有丰富的语义表达能力，能表达用户的各种需求。不但反映现实世界中各种数据及其复杂的联系，而且应该独立于具体的DBMS，易于用户和数据库设计人员理解。

概念结构设计的工具有多种，其中最常用、最有名的就是 E-R 图。概念结构设计的任务其实就是绘制数据库的 E-R 图。

3.4.2 概念结构设计的步骤

概念结构设计分为 3 步，即设计局部概念模式、综合成全局概念、评审。

1．设计局部概念模式

局部设计概念模式，即设计局部 E-R 图的任务是根据需求分析阶段产生的各个部门的数据流图和数据字典中的相关数据，设计出各项应用的局部 E-R 图。具体步骤为：

1）确定数据库需要的实体。

2）确定各个实体的属性（包括每个实体的主属性）以及与实体的联系。

3）画出局部 E-R 图。

例如，一个数据库需要多个实体，每个实体都有自己的属性（包括主属性），如图 3-1 所示。

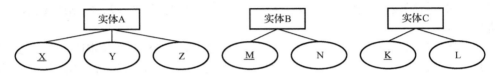

图 3-1　局部 E-R 图

2．综合成全局概念

全局设计概念模式，即将局部 E-R 图根据联系，综合成一个完整的全局 E-R 图。具体步骤为：

1）确定各个实体之间的联系。哪些实体之间有联系，联系类型是什么，需要根据用户的整体需求来确定。

2）画出联系，将局部 E-R 图综合。

例如，将图 3-2 所示的局部 E-R 图联系起来，综合成一个完整的全局 E-R 图，结果如图 3-2 所示。

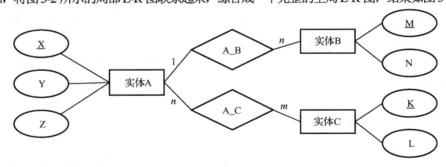

图 3-2　完整的全局 E-R 图

3．评审

将局部 E-R 图根据联系，综合成一个完整的全局 E-R 图，这并不是只是简单的整合，还需要评审。评审哪些数据或联系冗余，将冗余数据与冗余联系加以消除。在整合时，哪些数据冗余，哪些联系冗余，也需要根据用户的整体需求来确定。

总之，经过评审，消除属性冲突、命名冲突、结构冲突、数据冗余等，最终形成一个全局 E-R 图。

3.5 逻辑结构设计阶段

概念结构设计是独立于任何一种数据模型的信息结构。而逻辑结构设计的目的是把概念设计阶段设计好的基本 E-R 图转换为与选用的具体机器上的 DBMS 所支持的数据模式相符合的逻辑结构（包括数据库模式和外模式）。

3.5.1 逻辑结构设计的任务

逻辑结构设计的任务就是把概念结构设计好的基本 E-R 图转换为与指定 DBMS 产品所支持的数据模型相符合的逻辑结构。

从理论上讲，设计逻辑结构应该选择最适用于相应概念结构的数据模型，然后对支持这种数据模型的各种 DBMS 进行比较，从中选出最合适的 DBMS。但实际情况往往是用户已经指定好了 DBMS，而且现在的 DBMS 一般都是关系数据库管理系统（RDBMS），所以数据库设计人员没有什么选择余地。数据库设计人员只有按照用户指定的 RDBMS，将概念结构设计的 E-R 图转换为符合 RDBMS 的关系模型。

3.5.2 逻辑结构设计的步骤

逻辑结构设计一般分为以下两个步骤。

1. 将 E-R 图转换为关系模型

将 E-R 图转换为适当的模型。因为现在常用的 DBMS 都是基于关系模型的关系数据库，所以，通常只需要将 E-R 图转换为关系模型即可。

将 E-R 图转换为关系模型一般应遵循的原则是：一个实体转换为一个关系模式，实体名转换为关系名，实体属性转换为关系属性。

由于实体之间的联系分为一对一、一对多和多对多三种，因此实体之间的联系转换时，则有不同的情况：

1）一个一对一联系可以转换为一个独立的关系模式，也可以与任意一端对应的关系模式合并。如果转换为一个独立的关系模式，则与该联系相连的各实体的码以及联系本身的属性均转换为关系的属性。如果与某一端实体对应的关系模式合并，则需要在该关系模式的属性中加入另一个关系模式的码和联系本身的属性。

2）一个一对多联系可以转换为一个独立的关系模式，也可以与 n 端对应的关系模式合并。合并转换规则与一对一联系一样。

3）一个多对多联系转换为一个独立的关系模式。与该联系相连的各实体的码以及联系本身的属性均转换为关系的属性。

三个或三个以上实体间的一个多元联系可以转换为一个关系模式，但是较为复杂。

原则上，合并码相同的关系模式。

这一阶段还需要设计外模式，即用户子模式。根据局部应用需要，结合具体 DBMS 的特点，设计用户子模式。利用关系数据库提供的视图机制、目标，方便用户对系统的使用（例如命名习惯、常用查询），满足系统对安全性的要求（例如安全保密）。

例如，将图 3-2 的 E-R 图转换为关系模型：

  关系 A(<u>X</u>，Y，Z)

  关系 B(<u>M</u>，N)

关系 C(<u>K</u>，L)

2．数据模型优化

数据库的逻辑设计结果不是唯一的。为了进一步提高数据库应用系统的性能，还应该根据应用需求适当地修改、调整数据模型的结构。这就是数据模型优化。规范化理论为数据库设计人员提供了判断关系模式优劣的理论标准。

3．数据库命名规则

在概念结构设计阶段，实体和属性的命名，可以比较随意。而在逻辑结构设计阶段，关系和属性要求尽量规范化命名。通常，尽量不用汉字，最好采用有意义的汉语拼音或英文来命名。可以是全拼，也可以是缩写，也可以是连写，通常第一个单词的字母都大写，例如 Xs、Student、Stu、TeacherName 等。如果一个关系是由多个其他关系的属性组合而成，则可以使用其他关系名加下画线连接来命名，例如 cj、Student_Score 等，但注意不要起太长的名字。如果多个表里有多个同一类型的字段，例如 FirstName，最好用特定表的前缀，来帮助标识字段，例如 StuFirstName。

为了读者用户输入方便，本书中数据库以及数据库对象等都使用有意义的汉语拼音首字母来命名，而且一律小写。

3.6 物理结构设计阶段

物理结构设计阶段用于为逻辑模型选取一个最适合应用环境的物理结构，包括数据库在物理设备上的存储结构和存取方法。

3.6.1 物理结构设计的任务

物理结构设计根据具体 DBMS 的特点和处理的需要，将逻辑结构设计的关系模式进行物理存储安排，建立索引，形成数据库内模式。设计人员都希望自己设计的数据库物理结构能满足事务在数据库上运行时响应时间少、存储空间利用率高和事务吞吐率大的要求。为此，设计人员需要对要运行的事务进行详细分析，获得所需的参数，并全面了解给定的 DBMS 的功能、物理环境和工具。

3.6.2 物理结构设计的步骤

物理结构设计通常分为以下两步。

1．确定数据库的物理结构

根据具体 DBMS 的特定要求，将逻辑结构设计的关系模式转化为特定存储单位，一般是表。一个关系模式转换为一个表，关系名转换为表名。关系模式中的一个属性转换为表中的一列，关系模式中的属性名转换为表中的列名。

为了提高物理数据库读取数据的速度，还可以设置索引等。为了保证物理数据库的数据完整性、一致性，还可以设置完整性约束等。

2．对物理结构进行评价

数据库物理结构设计的过程中，需要确定数据存放位置、计算机系统的配置等，还需要对时间效率、空间效率、维护代价和各种用户需求进行权衡，其结果也可以产生多种方案。数据库设计人员必须从中选择一个较优的方案作为物理数据库的物理结构。

3.7 数据库实施阶段

完成数据库物理结构设计之后,数据库设计人员就要用 DBMS 提供的数据定义语言和其他实用程序,将数据库逻辑设计和物理设计结果严格地描述出来,成为 DBMS 可以接受的源代码,再经过调试产生目标模式。然后组织数据入库,这就是数据库的实施阶段。

对数据库的物理设计初步评价完成后,就可以开始实施建立数据库。数据库实施主要包括:定义数据库结构、组织数据入库、编制与调试应用程序、数据库试运行。

1. 定义数据库结构

确定了数据库的逻辑结构与物理结构后,就可以用所选的 DBMS 提供的数据定义语言来严格描述数据库的结构。

2. 组织数据入库

数据库结构建立好后,就可以向数据库中装载数据了。组织数据入库是数据库实施阶段最主要的工作。数据入库可以人工入库,也可以通过计算机辅助入库。

3. 编制与调试应用程序

数据库应用程序的设计应该与数据设计并行。当数据库结构建立好后,就可以开始编制与调试数据库的应用程序,也就是说,编制与调试应用程序是与组织数据入库同步进行的。

4. 数据库试运行

应用程序调试完成,并且已有一小部分数据入库后,就可以开始数据库的试运行。试运行需要对数据库进行功能测试和性能测试。如果功能或性能测试指标不能令用户满意,需要进行局部修改,有时甚至需要返回逻辑设计阶段,重新调整或设计。

3.8 数据库运行和维护

数据库试运行合格后,数据库开发工作就基本完成,即可以投入正式运行了。数据库投入运行标志着开发任务的基本完成和维护工作的开始。由于应用环境在不断变化,数据库运行过程中物理存储会不断变化,因此,对数据库设计进行评价、调整、维修等维护工作是一个长期的任务,也是设计工作的继续和提高。

在数据库运行阶段,对数据库还要进行经常性的维护,维护工作主要由 DBA 完成。这一阶段的工作主要包括数据库的转储和恢复,数据库的安全性、完整性控制,数据库性能的监督、分析和改进,数据库的重组织和重构造等。

3.9 数据库设计实例

本节以两个简单的数据库学生成绩管理和职工管理数据库为例,介绍数据库设计的具体方法。

3.9.1 学生成绩管理数据库设计

按照数据库设计的 6 个阶段,设计步骤如下:

1. 需求分析阶段

学生成绩管理数据库是一个用来管理学生成绩的数据库,必须满足学校对学生成绩管理工作的需求。既然是管理学生成绩的数据库,那么学生、学院、课程等信息是必不可少的。学生拥有学号、姓名、性别、出生日期、所属学院编号等特征，学院拥有学院号、学院名称等特征，课程也拥有课程号、课程名、学分等特征，以及每个学生每门课程的成绩信息。

2．概念结构设计阶段

首先，根据需求分析得出，该系统应该包括学生、学院、课程、成绩 4 个实体。学生实体有学号、姓名、性别、出生日期、学院号等属性，学号为主属性。学院实体有学院号、学院名等属性，学院号为主属性。课程实体有课程号、课程名、学分等属性，课程号为主属性。成绩实体有学号、课程号、分数等属性，学号、课程号为主属性。然后画出局部 E-R 图，即每个实体的 E-R 图，如图 3-3 所示。

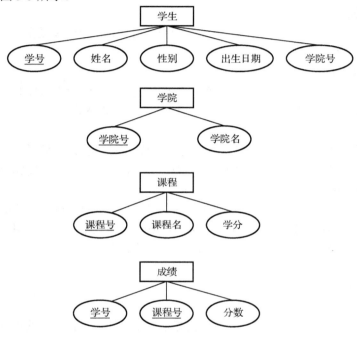

图 3-3 每个实体的局部 E-R 图

再根据全局设计概念模式，将局部 E-R 图综合成一个完整的全局 E-R 图。学生实体和成绩实体之间有联系，学生实体和学院实体之间有联系，课程实体和成绩实体之间有联系。由于各个实体属性比较多，因此全局 E-R 图只联系实体，如图 3-4 所示。

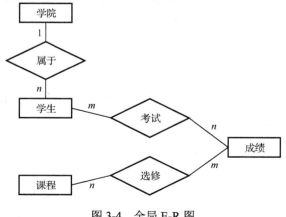

图 3-4 全局 E-R 图

3．逻辑结构设计阶段

将图 3-4 的 E-R 图转换为关系模型并规范命名如下：

学生(<u>学号</u>, 姓名, 性别, 出生日期, 学院编号)

学院(<u>学院编号</u>, 学院名)

课程(<u>课程号</u>, 课程名, 学分)

成绩(<u>学号, 课程号</u>, 分数)

4．物理结构设计阶段

将逻辑结构设计的关系模型转换为物理数据库，即具体的数据库管理系统中支持的关系数据模型——表。本书使用的是 SQL Server 2012 数据库管理系统，所以在 SQL Server 2012 中创建"学校"数据库，在该数据库中创建学生表、学院表课程表、成绩表，还要对表设置完整性约束，创建索引等。

5．数据库实施阶段

在 SQL Server 2012 中创建表后，向表中添加数据。然后使用 T-SQL 语言对数据库进行操作。再选择其他数据库开发工具或语言（例如 VB、C#等）设计数据库应用程序。数据库应用程序的设计应该与数据设计并行。

6．数据库运行和维护阶段

最终完成数据库的设计后，交付用户，进行售后服务，并继续对数据库进行维护、调整。

3.9.2 职工管理数据库设计

按照数据库设计的 6 个阶段，设计步骤如下。

1．需求分析阶段

职工管理数据库是一个公司用来管理职工的数据库，必须满足公司对职工信息、科室信息、工资信息、职务信息等管理。职工信息应该包括职工编号、姓名、性别、出生日期、科室编号、工资级别编号、职务编号等特征，科室信息应该包括科室编号、科室名、科室地址等特征，工资级别信息应该包括工资级别编号、工资数额等特征。职务信息应该包括职务编号、职务名称等特征。

2．概念结构设计阶段

首先，根据需求分析得出，该系统应该包括职工、科室、工资级别、职务等 4 个实体。职工实体有职工编号、姓名、性别、出生日期、工资级别、科室编号、职务编号等属性，职工编号为主属性。科室实体有科室编号、科室名、科室地址等属性，科室编号为主属性。工资级别实体有工资级别编号、工资数额等属性，工资级别编号为主属性。职务信息应该包括职务编号、职务名称等特征，职务编号为主属性。然后画出局部 E-R 图，即每个实体的 E-R 图，如图 3-5 所示。

再根据全局设计概念模式，将局部 E-R 图综合成一个完整的全局 E-R 图。职工实体与其他实体之间有联系，如图 3-6 所示。

3．逻辑结构设计阶段

将图 3-6 的 E-R 图转换为关系模型并规范命名如下：

职工（<u>职工编号</u>，姓名，性别，出生日期，工资级别，科室编号，职务编号）

科室（<u>科室编号</u>，科室名，科室地址）

工资级别（<u>工资级别编号</u>，工资数额等属性）

职务（<u>职务编号</u>，职务名称）

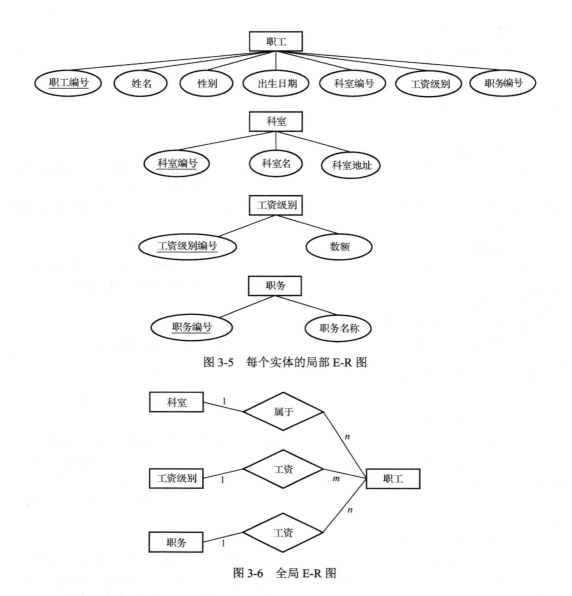

图 3-5 每个实体的局部 E-R 图

图 3-6 全局 E-R 图

4．物理结构设计阶段

将逻辑结构设计的关系模型转换为物理数据库，即具体的数据库管理系统中支持的关系数据模型——表。本书使用的是 SQL Server 2012 数据库管理系统，所以在 SQL Server 2012 中创建图书出版管理数据库，在该数据库中创建职工表、科室表、工资级别表、职务表，还要对表设置完整性约束，创建索引等。

5．数据库实施阶段

在 SQL Server 2012 中创建表后，向表中添加数据。然后使用 T-SQL 语言对数据库进行操作。再选择其他数据库开发工具或语言（例如 VB、C#等）设计数据库应用程序。数据库应用程序的设计应该与数据设计并行。

6．数据库运行和维护阶段

最终完成数据库的设计后，交付用户，进行售后服务，并继续对数据库进行维护、调整。

3.10 关系数据库管理系统

目前，商品化的数据库管理系统以关系型数据库为主导产品，技术比较成熟，主要有：SQL Server、Oracle、Sybase、Informix 和 DB2 等。

1. SQL Server

SQL Server 是 Microsoft 公司推出的 SQL Server 数据库管理系统。SQL Server 作为 Microsoft 在 Windows 系列平台上开发的数据库，凭借着 Microsoft 在操作系统和配套软件方面的绝对垄断地位，一经推出，就以其易用性得到了很多用户的青睐。SQL Server 上手容易、兼容性良好，特别是针对电子商务和 Web 数据库方面，提供了对可扩展标记语言（eXtensible Markup Language，XML）的核心支持以及在 Internet 上和防火墙外进行查询的能力，具有高效的数据分析性能、灵活的业务扩展性和与操作系统集成的安全性。

2. Oracle

Oracle 是 Oracle 公司的产品。Oracle 可全面完整地实施从前台办公的客户关系管理应用到后台办公管理应用及平台基础结构，为用户提供完整、先进的电子商务解决方案。Oracle 的软件可运行在 PC、工作站、小型机、主机、大规模并行计算机，以及 PDA 等各种计算设备上。

Oracle 数据库产品具有良好的兼容性、可移植性、可联结性、高生产率、开放性等特性，并且提供了完整的电子商务产品和服务，包括：用于建立和交付基于 Web 的 Internet 平台； 综合、全面的具有 Internet 能力的商业应用；强大的专业服务，可帮助用户实施电子商务战略，以及设计、定制和实施各种电子商务解决方案。

3. Sybase

Sybase 数据库是 Sybase 公司的产品。Sybase 不但在企业数据管理和应用开发方面具有强大的优势，在移动和嵌入式计算、数据仓库及 Web 计算环境领域也为用户提供端到端的解决方案。

Sybase 数据库主要有三种版本：一是 UNIX 操作系统下运行的版本，二是 Novell Netware 环境下运行的版本，三是 Windows 环境下运行的版本。对 UNIX 操作系统，目前广泛应用的为 Sybase 10 及 Sybase 11 for SCO Unix。

Sybase 数据库是基于客户/服务器体系结构的数据库，它支持共享资源且在多台设备间平衡负载，允许容纳多个主机的环境，可以充分利用企业已有的各种系统。Sybase 是真正开放的数据库，由于采用了客户/服务器结构，应用被分在了多台机器上运行。运行在客户端的应用不必是 Sybase 公司的产品。对于一般的关系数据库，为了让其他语言编写的应用能够访问数据库，提供了预编译。

4. Informix

Informix 是 Informix 公司的产品，它的产生是为 UNIX 等开放操作系统提供专业的关系型数据库产品。

Informix 关系数据库管理系统，包括 Informix-Online Dynamic Server、Informix-Online Extended Parallel Server 和 Informix-Universal Server。其中，Informix-Online Dynamic Server 是最常用的，被称为联机动态服务器，也就是常说的数据库服务器；Informix-Online Extended Parallel Server 适用于大型数据库应用；Informix-Universal Server 是专门为处理丰富而复杂的数据而设计的。目前，Informix 在保险业和银行用得比较多。

5. DB2

DB2 是 IBM 公司的产品，起源于 System R 和 System R*。它支持从 PC 到 UNIX，从中小型机到大型机；从 IBM 到非 IBM（HP 及 SUN UNIX 系统等）各种操作平台。它既可以在主机上以主/从方式独立运行，也可以在客户-服务器环境中运行。其中，服务平台可以是 OS/400，AIX，OS/2，HP-UNIX，SUN-Solaris 等操作系统，客户机平台可以是 OS/2 或 Windows，DOS，AIX，HP-UX，SUN Solaris 等操作系统。

DB2 数据库核心又称为 DB2 公共服务器，采用多进程多线程体系结构，可以运行于多种操作系统之上，并分别根据相应的平台环境作调整和优化，以便能够达到较好的性能。

3.11 习题

1. 简述概念：规范化，函数依赖，1NF，2NF，3NF，BCNF，4NF。
2. 简述各范式之间的关系及规范化过程。
3. 判断表 3-15 至表 3-17 中每个关系属于第几范式。如果不规范，将其规范化。

表 3-15 学生成绩表

学　号	姓　名	计算机网络	数据库应用	高等数学
20150105	蒙会宾	80	90	70
20160106	秦虎峰	86	90	85
20160107	樊继伟	70	65	80
20160111	张顺心	90	90	50

表 3-16 商品表

商品编号	名　称	数　量	仓库编号	仓库地址
204	电视	20	1	1号楼104
301	冰箱	15	1	1号楼104
220	计算机	20	2	1号楼105
509	微波炉	26	5	2号楼305

表 3-17 教师表

教师号	姓　名	性　别	院系编号	院系名称	院系负责人编号
2003	聂义乐	男	1	计算机	2006
1004	徐志华	女	4	中文	1004
1020	王跃州	女	6	体育	1029
2168	刘占超	女	9	艺术	1143

4. 按照规范化设置的方法，通常将数据库设计分为哪些阶段？
5. 数据库物理结构设计包括哪些内容？
6. 试用自底向上法设计一个超市管理系统的 E-R 图。超市管理系统包括商品实体、职工实体、生产厂家实体、销售实体。其中商品实体具有商品编号、商品名称、数量、单价、生产厂家编号等属性；职工实体具有职工编号、姓名、性别、出生日期、职务等属性；生产厂家实体具有厂家编号、厂家名称、地址、联系方式、负责人等属性；销售实体具有销售编号、销售时间、职工编号、商品编号、数量等属性。
7. 自己试完成一个完整的数据库设计。

第 4 章　SQL Server 2012 基本知识

Microsoft SQL Server 是一个关系数据库管理系统，简称 SQL Server，是微软公司在数据库管理系统上的主打产品。

本章主要介绍 SQL Server 2012 的基本知识，包括 SQL Server 的发展历史，功能简介，安装与配置，主要组件和管理工具，以及服务器的管理等。

4.1　SQL Server 发展历史简介

SQL Server 被公众所熟知是从 1998 年微软公司发布的 SQL Server 7.0 开始的。2000 年，微软公司成功推出了 SQL Server 2000，其具有使用方便，可伸缩性好，与相关软件集成程度高等优点，可跨越从运行 Windows 98 的普通计算机到运行 Windows 2000 的大型多处理器的服务器等多种平台使用，与甲骨文公司的 Oracle 等其他数据库管理系统抗衡就是从 2000 版本开始的。2005 年，微软公司又推出了 SQL Server 2005，对 SQL Server 系统进行了重大的升级改进，并且与.NET 架构的捆绑更加紧密。至此，SQL Server 在数据库管理系统市场占有率已经与 Oracle 旗鼓相当了。接下来，微软公司在 2008 年、2010 年又相继推出 SQL Server 2008、SQL Server 2008 R2、SQL Server 2010 等版本。2012 年，微软公司发布了 SQL Server 2012，标志着微软在数据库管理系统领域里的又一个突破。作为新一代的数据平台产品，SQL Server 2012 不仅延续原有数据平台的强大功能，全面支持云技术与平台，并且能够快速构建相应的解决方案实现私有云与公有云之间数据的扩展与应用的迁移。SQL Server 2012 提供对企业基础架构最高级别的支持，可以满足不同人群对数据以及信息的需求。针对大数据以及数据仓库，SQL Server 2012 提供从数 TB 到数百 TB 全面端到端的解决方案。2014 年，微软公司发布了 SQL Server 2014。2016 年，微软公司发布了 SQL Server 2016。

4.2　SQL Server 2012 的版本

根据应用程序的需要，安装要求会有所不同，因此 SQL Server 2012 有不同版本供用户选择。不同版本的 SQL Server 能够满足单位和个人独特的性能、运行时以及价格要求。

4.2.1　SQL Server 2012 版本的分类

SQL Server 2012 根据用户的不同需求，分为 6 个版本，SQL Server 2012 Enterprise（64 位和 32 位）、SQL Server 2012 Business Intelligence（64 位和 32 位）、SQL Server 2012 Standard（64 位和 32 位）、SQL Server 2012 Web（64 位和 32 位）、SQL Server 2012 Developer（64 位和 32 位）、SQL Server 2012 Express（64 位和 32 位）。

作为高级版本，SQL Server 2012 Enterprise 提供了全面的高端数据中心功能，性能极为快捷，虚拟化不受限制，还具有端到端的商业智能，可为关键任务工作负荷提供较高服务级别，支持最终用户访问深层数据。

SQL Server 2012 Business Intelligence 版提供了综合性平台，可支持组织构建和部署安全、可扩展且易于管理的 BI 解决方案。它提供基于浏览器的数据浏览与可见性等卓越功能、功能强大的数据集成功能，以及增强的集成管理。

SQL Server 2012 Standard 版提供了基本数据管理和商业智能数据库，使部门和小型组织能够顺利运行其应用程序并支持将常用开发工具用于内部部署和云部署，有助于以最少的 IT 资源获得高效的数据库管理。Standard 版也是高校学习数据库课程时通常采用的数据库管理系统版本，也是本书讲解 SQL Server 2012 所使用的版本。以后章节，如果没有特殊说明，SQL Server 2012 即是 SQL Server 2012 Standard。本书所有的实例、图解都是在 Windows 10 操作系统下的 SQL Server 2012 Standard 中完成的。

对于为从小规模至大规模 Web 资产提供可伸缩性、经济性和可管理性功能的 Web 宿主和 Web VAP 来说，SQL Server 2012 Web 版本是一项总拥有成本较低的选择。

SQL Server 2012 Developer 版支持开发人员基于 SQL Server 构建任意类型的应用程序。它包括 Enterprise 版的所有功能，但有许可限制，只能用作开发和测试系统，而不能用作生产服务器。SQL Server 2012 Developer 是构建和测试应用程序人员的理想之选。

SQL Server 2012 Express 是入门级的免费数据库，是学习和构建桌面及小型服务器数据驱动应用程序的理想选择。它是独立软件供应商、开发人员和热衷于构建客户端应用程序的人员的最佳选择。

4.2.2　SQL Server 2012 Standard 功能简介

SQL Server 2012 Standard 版本之所以被高校广泛使用，是因为其功能强大，使用简单易学，主要功能表现在：

1）在单个实例使用的最大计算能力方面，Standard 版本使用的最大计算能力限制为 4 个插槽或 16 核（取二者中的较小值），利用的最大内存为 64GB，最大关系数据库大小为 524PB。

2）在高可用性方面，支持日志传送、数据库镜像、备份压缩、数据库恢复等。

3）在安全性方面，支持基本审核、用户定义的角色、包含的数据库等。

4）在复制方面，支持 SQL Server 变更跟踪、合并复制、事务复制、快照复制、异类订阅服务器等。

5）在管理工具方面，支持 SQL 管理对象、SQL 配置管理器、SQL Server Management Studio、分布式重播、SQL Profiler、SQL Server 代理、数据库优化顾问等。

6）在 RDBMS 方面，支持专用管理连接、PowerShell 脚本、SysPrep、数据层应用程序组件操作（提取、部署、升级、删除）、策略自动执行、性能数据收集器，能够作为多实例管理中的托管实例注册、标准性能报表、计划指南和计划指南的计划冻结、自动的索引视图维护等。

7）在开发工具方面，支持 Microsoft Visual Studio 集成、SQL 查询编辑和设计工具等。

8）在可编程性方面，支持公共语言运行时（CLR）集成、本机 XML 支持、XML 索引、日期和时间数据类型、国际化支持、全文和语义搜索、查询中的语言规范、Web 服务（HTTP/SOAP 端点）等。

9）在数据挖掘方面，支持标准算法、数据挖掘工具（向导、编辑器、查询生成器）。

10）在 Business Intelligence 客户端方面，支持报表生成器、用于 Excel 和 Visio 2010 的数据挖掘外接程序、PowerPivot for Excel 2010、Master Data Services 用于 Excel 的外接程序。

4.3 SQL Server 2012 Standard 的安装与配置

如果需要用 SQL Server 2012 Standard 管理数据库，首先需要安装该系统。

4.3.1 安装 SQL Server 2012 Standard 的系统需求

系统需求是指系统安装时对计算机硬件环境和软件环境的要求。不同版本的 SQL Server 2012 对系统的需求都不尽相同。本书只介绍 SQL Server 2012 Standard。

1．硬件环境

硬件当然是性能越高越好。通常，处理器的速度至少要达到 1.4GHz，内存至少是 1GB。硬盘，特别是 C 盘至少有 6GB 以上的空闲空间。处理器类型，如果是 x64 处理器，应当是 AMD Opteron、AMD Athlon 64、支持 Intel EM64T Intel Xeon、支持 EM64T 的 Intel Pentium IV。如果是 x86 处理器，应当是 Pentium III 兼容处理器或更快。

2．软件环境

操作系统必须是微软的 Windows 操作系统，Windows XP/2003/Vista/2012/7/8/10 操作系统都可以顺利安装。建议在 NTFS 文件格式的系统上安装。

作为 C/S 数据库管理系统，客户端必须使用某一种网络协议通过网络连接到服务器。SQL Server 2012 支持网络协议包括共享内存协议、TCP/IP 协议、Name Pips 协议和 VIA 协议等。

特别需要注意的是，在安装 SQL Server 2012 之前，必须率先安装.NET Framework 3.5 SP1 或更高版本。

4.3.2 SQL Server 2012 的安装

下面具体介绍利用 SQL Server 安装向导安装 SQL Server 2012。

1）运行安装程序 setup.exe，显示"SQL Server 安装中心"安装向导的第一个对话框，如图 4-1 所示。在安装向导中显示的"SQL Server 安装中心"分为两部分，左边窗格是安装功能选项，右边窗格是该安装功能选项的详细内容。第一个对话框显示的是"计划"选项页，可以通过选择右边窗格中的选项，通过网络，查看相关信息。例如硬件和软件要求等信息。也可以浏览左边窗格中的选项各自对应的对话框。例如，选择左边窗格的"资源"选项，查看 SQL Server 系统资源等信息。如果对自己计算机的处理器性能不清楚，可以选择左边窗格中的"选项"，查看自己机器的处理器类型等信息。

2）在图 4-1 所示的左边窗格中单击"安装"选项。右边窗格显示"安装"选项页，如图 4-2 所示，可根据自己的要求，选择相应的选项。

3）如果是全新安装，在右边窗格中选择"全新安装或向现有安装添加功能"，显示"安装程序支持规则"页面，如图 4-3 所示。安装程序将对系统进行支持规则检查，可以单击"隐藏详细信息"按钮来显示详细的规则状态。如果一切顺利，安装程序会用"绿色对钩" 标识；如果有影响安装继续进行的事件发生，即有"红色叉号"标识出现或部分的"黄色感叹号"标识出现。通常，如果出现"红色叉号"标识，安装程序将不能继续；而"黄色感叹号"标识出现一般不会影响安装程序。一切顺利，单击"确定"按钮。

4）显示"产品密钥"页面，如图 4-4 所示，输入产品密钥，单击"下一步"按钮。

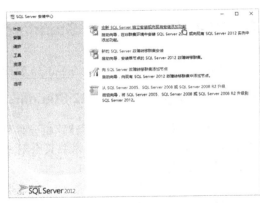

图 4-1 "计划"选项页　　　　　　　　图 4-2 "安装"选项页

图 4-3 "安装程序支持规则"页面　　　图 4-4 "产品密钥"页面

5）显示"许可条款"页面，如图 4-5 所示，选中"我接受许可条款"选项，单击"下一步"按钮。

6）显示"产品更新"对话框，如图 4-6 所示，直接单击"下一步"按钮。

图 4-5 "许可条款"页面　　　　　　　图 4-6 "产品更新"页面

7）显示"安装安装程序文件"页面，对需要更新的程序自动更新，如图 4-7 所示。

8)显示"安装程序支持规则"页面,如图4-8所示,如果一切顺利,安装程序会用"绿色对钩"标识。就算出现黄色警示,例如防火墙等,也不会影响接下来的安装。

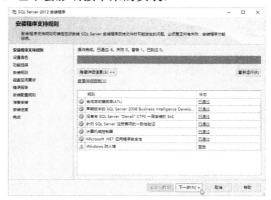

图4-7 "安装安装程序文件"页面　　　　图4-8 "安装程序支持规则"页面

9)下面正式进入SQL Server功能安装。首先显示"设置角色"页面,如图4-9所示,通常选择第一个选项"SQL Server功能安装",单击选择"下一步"按钮。

10)显示"功能选择"页面,如图4-10所示,可以根据需要,选择不同的功能,建议全选,然后单击选择"下一步"按钮。

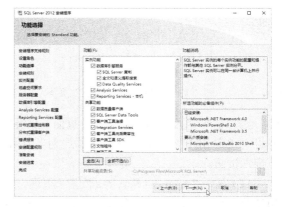

图4-9 "设置角色"页面　　　　图4-10 "功能选择"页面

11)显示"安装规则"页面,如图4-11所示,如果一切顺利,安装程序会用绿色对钩表示通过,然后单击"下一步"按钮。

12)然后显示"实例配置"页面,如图4-12所示,建议选择"默认实例",即本机,然后单击"下一步"按钮。

13)显示"磁盘空间要求"页面,如图4-13所示,直接单击"下一步"按钮。

14)然后显示"服务器配置"页面,如图4-14所示。初始安装状态时,"SQL Server代理"等服务的账户名为空,而这些服务系统要求在安装时就必须赋予账户名。因此,如果直接单击"下一步"按钮时,会提示错误,错误信息显示在对话框的列表框中,原因就是没有给这些SQL Server服务配置账户名,这样将影响SQL Server以后的安装运行。可以为所有的SQL Server服务分配相同的登录账户名,也可以单独配置各个服务账户名。还可以指定服务是自动启动、手动启动还是禁用。设置完成后单击"下一步"按钮。

图 4-11 "安装规则"页面　　　　图 4-12 "实例配置"页面

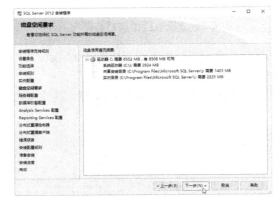

图 4-13 "磁盘空间要求"页面　　　　图 4-14 "服务器配置"页面

15）显示"数据库引擎配置"页面，如图 4-15 所示，建议选择"Windows 身份验证模式"，并将"指定 SQL Server 管理员"添加为当前用户，单击"添加当前用户"按钮，然后单击"下一步"按钮。

16）显示"Analysis Services 配置"页面，如图 4-16 所示，也建议添加为当前用户，单击"添加当前用户"按钮。配置成功后，单击"下一步"按钮。

图 4-15 "数据库引擎配置"页面　　　　图 4-16 "Analysis Services 配置"页面

17）显示"Reporting Services 配置"页面，如图 4-17 所示，建议选择"Reporting Services 本机模式"中的"安装和配置"选项，单击"下一步"按钮。

18）显示"分布式重播控制器"页面，如图 4-18 所示，也建议添加为当前用户，单击"添加当前用户"按钮，然后单击"下一步"按钮。

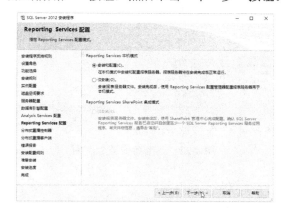 

图 4-17 "Reporting Services 配置"页面　　图 4-18 "分布式重播控制器"页面

19）显示"分布式重播客户端"页面，如图 4-19 所示。系统有默认值，建议不要修改，直接单击"下一步"按钮。

20）如果一切顺利，将显示"错误报告"页面，如图 4-20 所示，直接单击"下一步"按钮。

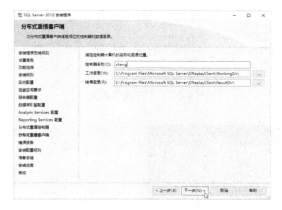 

图 4-19 "分布式重播客户端"页面　　图 4-20 "错误报告"页面

21）显示"安装配置规则"页面，如图 4-21 所示，直接单击"下一步"按钮。

22）至此，一切配置都顺利完成，安装程序对前面所有的配置进行一个正式安装前的总结，如图 4-22 所示，单击"安装"按钮。

23）接下来是较长时间等待的"安装进度"页面，如图 4-23 所示。

24）安装完成后，显示"完成"页面，如图 4-24 所示，至此 SQL Server 2012 数据库管理系统安装成功。

25）查看操作系统的"开始"菜单，其中显示 Microsoft SQL Server 2012 程序组，如图 4-25 所示。

图 4-21 "安装配置规则"页面

图 4-22 "准备安装"页面

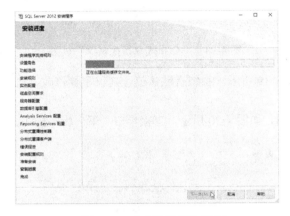

图 4-23 "安装进度"页面

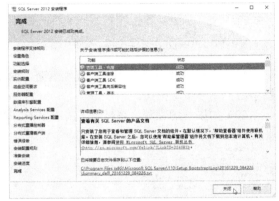

图 4-24 "完成"页面

图 4-25 Microsoft SQL Server 2012 程序组

4.3.3 SQL Server 2012 的卸载

安装 SQL Server 2012 比较麻烦，卸载 SQL Server 2012 更烦琐。不能直接删除 SQL Server 2012 系统在操作系统中的文件夹或文件。首先运行操作系统控制面板中的卸载程序，卸载相应的程序，如图 4-26 所示。

卸载 SQL Server 2012 系统，需要将 SQL Server 2012 安装的所有程序都删除。特别是其中的"Microsoft SQL Server 2012"程序的卸载，必须通过卸载工具的提示进行卸载，如图 4-27 所示，选择"删除"选项，就像安装 SQL Server 2012 一样，根据卸载向导提示卸载 SQL Server 2012。

图 4-26　卸载程序　　　　　　　　　　图 4-27　SQL Server 2012 卸载工具

所有程序卸载完毕，再进入操作系统目录下，删除安装时设置的文件夹，然后重启计算机。必要时，还需要修改系统注册表，否则将会影响下次的安装。

4.4　SQL Server 2012 组件和管理工具

SQL Server 2012 是庞大的、复杂的一系列服务器组件与管理工具，还包括文档的集合。

4.4.1　服务器组件

SQL Server 2012 服务器组件包括 SQL Server 数据库引擎、Analysis Services、Reporting Services、Integration Services、Master Data Services。SQL Server 2012 的服务器组件可由 SQL Server 系统控制启动、停止或暂停，并且在 Windows 操作系统上作为服务运行。

1．SQL Server 数据库引擎

SQL Server 数据库引擎包括数据库引擎（用于存储、处理和保护数据的核心服务）、复制、全文搜索、用于管理关系数据和 XML 数据的工具及 Data Quality Services（DQS）服务器。

2．Analysis Services

Analysis Services 包括用于创建和管理联机分析处理（OLAP）及数据挖掘应用程序的工具。

3．Reporting Services

Reporting Services 包括用于创建、管理和部署表格报表、矩阵报表、图形报表及自由格式报表的服务器和客户端组件。Reporting Services 还是一个可用于开发报表应用程序的可扩展平台。

4. Integration Services

Integration Services 是一组图形工具和可编程对象，用于移动、复制和转换数据，还包括 Data Quality Services（DQS）组件。

5. Master Data Services

Master Data Services（MDS）是针对主数据管理的 SQL Server 解决方案。MDS 可以用来管理任何领域（产品、客户、账户），MDS 中可包括层次结构、各种级别的安全性、事务、数据版本控制和业务规则，还可用于管理数据的、用于 Excel 的外接程序。

4.4.2 管理工具

SQL Server 2012 是通过一系列管理工具来进行管理的。主要的管理工具包括 SQL Server Management Studio、SQL Server 配置管理器、SQL Server Profiler、数据库引擎优化顾问、数据质量客户端、SQL Server 数据工具、连接组件等。

1. SQL Server Management Studio

SQL Server Management Studio 是用于访问、配置、管理和开发 SQL Server 组件的集成环境。SQL Server Management Studio 使各种技术水平的开发人员和管理员都能使用 SQL Server，是 SQL Server 中使用频率最高，最重要的一个管理工具。并且，SQL Server Management Studio 有许多子窗口，用户可以根据自己的需要设置窗口。

本书介绍的 SQL Server 2012 操作，绝大多数都是使用它操作的。使用 SQL Server Management Studio，需要安装 Internet Explorer 6 SP1 或更高版本。

2. SQL Server 配置管理器

SQL Server 配置管理器为 SQL Server 服务、服务器协议、客户端协议和客户端别名提供基本配置管理。

3. SQL Server Profiler

SQL Server Profiler 提供了一个图形用户界面，用于监视数据库引擎实例或 Analysis Services 实例。

4. 数据库引擎优化顾问

数据库引擎优化顾问可以协助创建索引、索引视图和分区的最佳组合。

5. 数据质量客户端

提供了一个非常简单和直观的图形用户界面，用于连接到DQS数据库并执行数据清理操作。它还允许集中监视在数据清理操作过程中执行的各项活动。数据质量客户端的安装需要 Internet Explorer 6 SP1 或更高版本。

6. SQL Server 数据工具

SQL Server 数据工具（SSDT）提供 IDE 以便为以下商业智能组件生成解决方案：Analysis Services、Reporting Services 和 Integration Services。SSDT 还包含"数据库项目"，为数据库开发人员提供集成环境，以便在 Visual Studio 内为任何 SQL Server 平台（无论是内部还是外部）执行其所有数据库设计工作。数据库开发人员可以使用 Visual Studio 中功能增强的服务器资源管理器，轻松创建或编辑数据库对象和数据或执行查询。SQL Server 数据工具安装需要 Internet Explorer 6 SP1 或更高版本。

7．连接组件

安装用于客户端和服务器之间通信的组件，以及用于 DB-Library、ODBC 和 OLE DB 的网络库。

8．连接组件

安装用于客户端和服务器之间通信的组件，以及用于 DB-Library、ODBC 和 OLE DB 的网络库。

4.4.3 文档

SQL Server 系列软件有一大优点，就是随安装程序都有详细的联机丛书。在操作系统菜单中可以看到"文档和社区"，包括 SQL Server 文档、管理帮助设置、社区项目与示例和资源中心选项。用户可以在本机上通过阅读"SQL Server 文档"来进一步详细了解 SQL Server 2012 的各项性能和操作，也可以通过网络学习，例如"资源中心"，如图 4-28 所示。

SQL Server 2012 与以前版本相比，引入了两处重要的文档更改：一是使用新的帮助查看器，改变了文档的安装和查看方式；二是对文档的结构进行调整，解决了早期版本的联机丛书中存在的问题。SQL Server 2012 联机丛书包含针对搜索有关如何完成某项任务的信息的用户优化的一小部分基础内容。

在 SQL Server Management Studio 的"帮助"菜单中，也有联机丛书，如图 4-29 所示。选择"帮助"菜单的"查看帮助"等选项即可。建议用户一定要用好 SQL Server 2012 文档和社区。

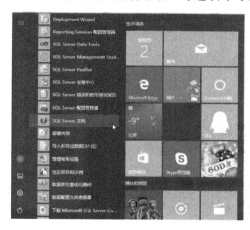

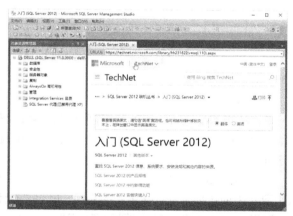

图 4-28　文档和社区　　　　　图 4-29　"帮助"菜单中的联机丛书

4.5　SQL Server 2012 服务器的管理

SQL Server 2012 服务器的管理包括启动/停止服务器和服务器的注册。

4.5.1　启动/停止服务器

SQL Server 启动是使用 SQL Server 的第一步。正常的 SQL Server 启动是一项复杂的活动，需要正确定位的 SQL Server 文件、为 SQL Server 和 Microsoft Windows 服务配置的注册表设置以及 SQL Server 服务使用域账户时的正确文件和注册表权限。

停止服务器是指从本地服务器或从远程客户端或另一台服务器停止 SQL Server。如果没有暂停 SQL Server 实例便停止它，所有服务器进程将立即终止。停止 SQL Server 可防止新连接并与当前用户断开连接。

SQL Server 2012 安装完毕即默认自动启动。如果用户需要控制 SQL Server 的启动和停止，也可以通过其他方式来操作。

1. 利用操作系统的组件服务启动/停止服务器

在操作系统"控制面板"的"系统和安全"里打开"管理工具"，运行"组件服务"，找到"SQL Server（MSSQLSERVER）"选项。通过右键快捷菜单中的选项来进行服务器的启动、停止、暂停、重新启动等操作，如图 4-30 所示。

也可以选择右键快捷菜单中的"属性"选项，在显示的 SQL Server 的属性对话框中进行操作，如图 4-31 所示。

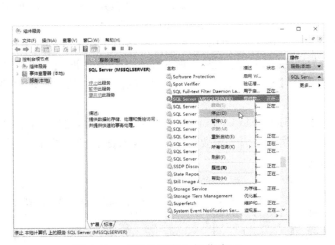
图 4-30 "组件服务"操作窗口

图 4-31 SQL Server 的属性对话框

2. 利用 SQL Server 配置管理器启动/停止服务器

利用 SQL Server 2012 自身的配置工具管理是最直接的方式。运行 SQL Server 配置管理器，如图 4-32 所示。

进入 SQL Server 配置管理器界面，找到"SQL Server（MSSQLSERVER）"选项，通过右键快捷菜单中的选项来进行服务器的启动、停止、暂停、继续、重新启动等操作，如图 4-33 所示。

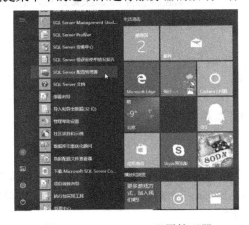
图 4-32 SQL Server 配置管理器

图 4-33 "SQL Server（MSSQLSERVER）"选项

也可以选择右键快捷菜单中的"属性"选项,在显示的 SQL Server 属性对话框中操作,如图 4-34 所示。

3. 利用 SQL Server Management Studio 启动/停止服务器

利用 SQL Server Management Studio 管理 SQL Server 2012 服务器,是最常用、最方便,也是最重要的方式。

运行"SQL Server Management Studio",首先显示"连接到服务器"对话框,如图 4-35 所示。用户可以通过选择"服务器类型"、"服务器名称"、"身份验证"模式选项,来设置连接时的各个选项。通常情况下,用户不需要修改系统的默认选项,直接单击"连接"按钮。

进入 SQL Server Management Studio,SQL Server 服务器也同时启动。连接成功后,用户也可用通过选择服务器名,使用右键快捷菜单中的选项来进行服务器的停止、暂停、重新启动其他操作,如图 4-36 所示。

图 4-34 SQL Server 属性对话框

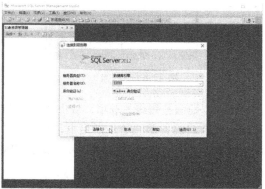

图 4-35 SQL Server Management Studio 连接

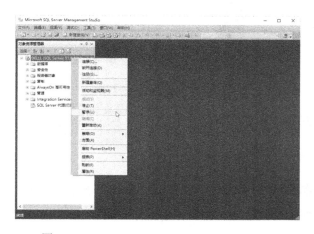

图 4-36 SQL Server Management Studio 设置

SQL Server Management Studio 是 SQL Server 2012 中最重要、最常用的管理工具，以后章节的操作基本上都是在 SQL Server Management Studio 中完成的。

4.5.2 服务器的注册

为了管理 SQL Server 2012 系统，必须使用 SQL Server Management Studio 注册服务器。首次启动 SQL Server Management Studio 时，将自动注册 SQL Server 的本地实例。如果需要在其他客户机上进行管理，就需要手工注册。

选择 SQL Server Management Studio "视图"菜单中的"已注册的服务器"选项，如图 4-37 所示。显示"已注册的服务器"子窗口，如图 4-38 所示，可以看到，"本地服务器组"选项下已有一个当前系统默认的服务器名，即连接的本机名。

图 4-37 "视图"菜单　　　　　　　图 4-38 已建服务器

右击"本地服务器组"选项，从快捷菜单中选择"新建服务器注册"选项，如图 4-39 所示。

显示"新建服务器注册"对话框，用户可以配置要注册的服务器名称、身份验证、网络协议等，如图 4-40 所示。如果配置成功，选择"测试"按钮检测配置是否成功。

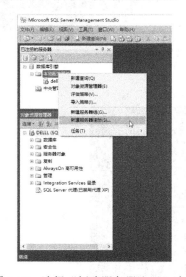

图 4-39 选择"新建服务器注册"选项　　　　图 4-40 "新建服务器注册"对话框

也可以在"已注册的服务器"子窗口中右击服务器名称，在快捷菜单中选择"服务控制"的子选项，来启动、停止、暂停等服务器操作，如图 4-41 所示。

另一种方式是直接在对象资源管理器中，右击当前服务器名，在快捷菜单中选择"注册"选项，效果与刚才配置一样。用户还可以对当前服务器或其他服务器进行"连接"或"断开连接"操作，如图 4-42 所示。

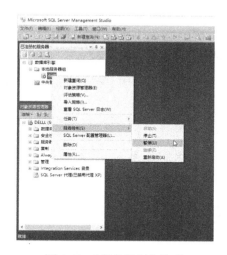 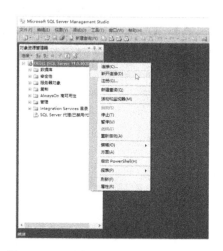

图 4-41 "服务控制"选项　　　　　　　　图 4-42 "连接"和"断开连接"选项

用户还可以进入当前注册的服务器，在对象资源管理器中，展开"服务器对象"的"链接服务器"选项，右击，从弹出的快捷菜单中选择"新建链接服务器"选项，如图 4-43 所示。

在显示的"新建链接服务器"对话框中，通过设置选项，链接注册的服务器，如图 4-44 所示。

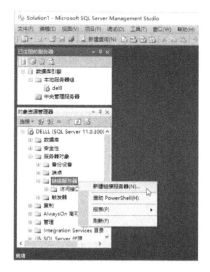 

图 4-43 "新建链接服务器"选项　　　　　　图 4-44 "新建链接服务器"对话框

4.6 习题

1. SQL Server 2012 数据库管理系统产品家族有哪些版本？
2. 练习安装、配置 SQL Server 2012。
3. 熟悉 SQL Server 2012 常用组件。
4. 熟悉 SQL Server Management Studio 环境。
5. 自习阅读 SQL Server 文档，熟悉 SQL Server 2012。

第 5 章　数据库操作

数据库是数据库管理系统中最重要、最基本的组成。SQL Server 的绝大多对象以及操作都是在数据库中进行的。

本章主要介绍 SQL Server 2012 数据库的概念、分类，以及数据库的创建、修改和删除等操作。

5.1　数据库的基本概念

如第 1 章所讲，SQL Server 2012 数据库管理系统的数据库就是存放、管理 SQL Server 2012 系统数据的仓库。对于 SQL Server 2012 系统的数据库有两种观点，即数据库管理员观点和用户观点，因此可以将数据库分为物理数据库和逻辑数据库两类。

5.1.1　物理数据库

数据库管理员观点认为，SQL Server 2012 和所有的数据库管理系统一样，将数据存储在操作系统的文件中，对于这些文件赋予一定的存储空间。用户可以在创建数据库的时候，或者在创建之后，对这些文件进行管理操作。

1．页和区

页是 SQL Server 中数据存储的基本单位。为数据库中的数据文件分配的磁盘空间可以从逻辑上划分成页（从 0 到 n 连续编号，1 页大小为 8K）。也就是说，SQL Server 读取或写入所有数据页。

区是八个物理上连续的页的集合，用来有效地管理页。所有页都存储在区中。区是管理空间的基本单位。一个区是 8 个物理上连续的页（即 64KB）。这意味着 SQL Server 数据库中每 16 个区占据 1MB 空间。

2．数据库文件

SQL Server 2012 将数据库映射到一组操作系统文件上，文件类型通常分为三种：主数据文件、次要数据文件和日志文件。也可以分为数据文件和日志文件两种。在 SQL Server 2012 中，将主数据文件、次要数据文件类型显示为行数据，将日志文件类型显示为日志。

1）主数据文件是数据库的基础，指向数据库中的其他文件。每个数据库都有且只有一个主数据文件。主数据文件的推荐文件扩展名是.mdf。

2）除主数据文件以外的所有其他数据文件都是次要数据文件。某些数据库可以不含有任何次要数据文件，而有些数据库则含有多个次要数据文件。次要数据文件的推荐文件扩展名是.ndf。

3）日志文件包含着用于恢复数据库的所有日志信息。每个数据库必须至少有一个日志文件，当然也可以有多个。日志文件的推荐文件扩展名是.ldf。

SQL Server 2012 不强制使用.mdf、.ndf 和.ldf 文件扩展名，但使用它们有助于标识文件的各种类型和用途，如图 5-1 所示。

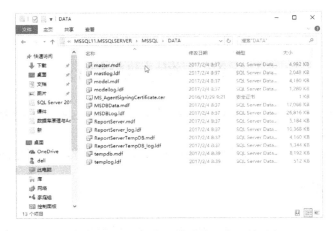

图 5-1　SQL Server 2012 的数据库及其对象

因此,创建一个数据库后,该数据库中至少包含一个主数据文件和一个日志文件。这些文件的名字是操作系统文件名,它们不是由用户直接使用的,而是由数据库管理系统使用的。

采用多个或多种数据库文件来存储数据的优点体现在:

1)数据库文件可以不断扩充,而不受操作系统文件大小的限制。

2)可以将数据库文件存储在不同的硬盘中,这样可以同时对几个硬盘做数据存取,提高了数据处理的效率。这种方式对于服务器型的计算机尤为有用。

3．文件组

文件组(File Group)是命名的文件集合,用于帮助数据布局和管理任务。通常可以为一个磁盘驱动器创建一个文件组,将多个数据库文件集合起来形成一个整体。通过文件组,可以将特定的数据库对象与该文件组相关联,那么对数据库对象的操作都将在该文件组中完成,这样可以提高数据的查询性能。

SQL Server 2012 有两种类型的文件组:主文件组(Primary File Group)和次文件组(Secondary File Group)。每个文件组有一个组名。主文件组包含主数据文件和任何没有明确分配给其他文件组的其他文件。系统表的所有页均分配在主文件组中。次文件组,也称为用户定义文件组。日志文件不包括在文件组内,日志空间与数据空间分开管理。

一个文件不可以是多个文件组的成员。表、索引和大型对象数据可以与指定的文件组相关联。每个数据库中均有一个文件组被指定为默认文件组。如果创建表或索引时未指定文件组,则将假定所有页都从默认文件组分配。一次只能有一个文件组作为默认文件组。如果没有指定默认文件组,则将主文件组作为默认文件组。SQL Server 2012 默认文件组名为 PRIMARY。

5.1.2　逻辑数据库

用户观点认为,SQL Server 2012 数据库是存储数据的容器,即数据库是一个存放数据的表和支持这些数据的存储、检索、安全性和完整性的逻辑成分所组成的集合。组成数据库的逻辑成分称为数据库对象。

SQL Server 2012 的逻辑数据库以及对象,在 SQL Server Management Studio 的对象资源管理器中都能看到,如图 5-2 所示。

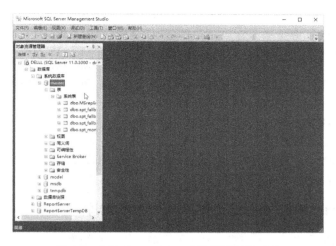

图 5-2　SQL Server 2012 的数据库及其对象

这些数据库以及数据库对象名称都是逻辑名，即在操作系统下看不到以这个名称命名的文件，只能在 SQL Server Management Studio 中看到。

数据库对象主要包括表、视图、索引、约束、存储过程和触发器等，见表 5-1。

表 5-1　SQL Server 2012 数据库常用对象

数据库对象	说　　明
表	由行和列构成的集合，用来存储数据
键	表中的列
数据类型	定义列或变量的数据类型
视图	由表或其他视图导出的虚表
索引	为数据提供快速检索的支持
约束	用于定义表中列的完整性规则
存储过程	存放与服务器端预先编译好的一组 T-SQL 语句
触发器	一种特殊的存储过程，当条件满足时，自动执行
默认值	为列提供的默认值

用户在操作这些对象时，需要给出对象的名字，这些对象的名字由用户直接使用。用户可以给出两种对象名，即完全限定对象名和部分限定对象名。

1）完全限定对象名由 4 个标识符组成：服务器名称（server）、数据库名称（database）、所有者名称（schema_name）和对象名称（object_name）。其语法格式为：

　　[[[server.] [database] .] [schema_name] .] object_name

在 SQL Server 2012 中创建的每个对象都必须有一个唯一的完全限定对象名。

2）服务器、数据库和所有者的名称即所谓的对象名称限定符。在引用对象时，通常不需要标明服务器、数据库和所有者，可以用句点标记它们的位置来省略限定符。省略了部分或全部的对象名称限定符，这种对象名称为部分限定对象名。部分限定对象名的有效格式包括以下几种：

　　server.database..object_name　　　　　　　　/* 省略所有者名称 */
　　server..schema_name.object_name　　　　　　/* 省略数据库名称 */
　　server...object_name　　　　　　　　　　　　/* 省略数据库和所有者名称 */

```
database.schema_name.object_name        /* 省略服务器名称 */
database..object_name                    /* 省略服务器和所有者名称 */
schema_name.object_name                  /* 省略服务器和数据库名称 */
object_name                              /* 省略服务器、数据库和所有者名称 */
```

SQL Server 2012 可以根据系统当前工作环境确定部分限定对象名中省略的部分，省略部分使用以下默认值：

- server：本地服务器。
- database：当前数据库。
- schema_name：在数据库中与当前连接会话的登录标识相关联的数据库用户名或者数据库所有者（dbo）。

5.1.3 SQL Server 2012 的系统数据库和用户数据库

SQL Server 2012 数据库分为三类：系统数据库、用户数据库和示例数据库。

1．系统数据库

系统数据库存储有关 SQL Server 2012 的系统信息，是系统管理的依据，由 master、model、msdb、tempdb，以及隐藏的 resource 数据库组成。见表 5-2。

表 5-2　SQL Server 2005 系统数据库

系统数据库名	说　　明
master	记录 SQL Server 实例的所有系统级信息，包含了登录账号、系统配置、数据库位置及数据库错误信息等，用于控制用户数据库和 SQL Server 的运行
model	为 SQL Server 实例中创建的所有数据库提供模板
msdb	用于 SQL Server 代理计划警报和作业
tempdb	为临时表和临时存储过程提供存储空间，用于保存临时对象或中间结果集
resource	一个只读数据库，包含 SQL Server 包括的系统对象。系统对象在物理上保留在 Resource 数据库中，但在逻辑上显示在每个数据库的 sys 架构中

安装 SQL Server 2012 时，安装程序会自动创建系统数据库的主数据文件和日志文件。常用的系统数据库文件名，见表 5-3。

表 5-3　SQL Server 2012 系统数据库文件

系统数据库名	主文件名	日志文件名
master	master.mdf	mastlog.ldf
model	model.mdf	modellog.ldf
msdb	MSDBdata.mdf	MSDBlog.ldf
tempdb	tempdb.mdf	templog.ldf

resource 数据库由于隐藏，所以在默认目录下看不到。

SQL Server 不支持用户直接更新系统数据库对象（如系统表、系统存储过程和目录视图）中的信息。但提供了一整套管理工具（如 SQL Server Management Studio），使用户可以充分管理系统和数据库中的所有用户和对象。SQL Server 不支持对系统表定义触发器，因为触发器可能会更改系统的操作，也不要使用 T-SQL 语句直接查询系统表，所以建议用户不要修改、删除系统数据库中的数据，以免影响系统的运行。

2．用户数据库

用户数据库就是由用户自己创建的数据库。创建一个数据库就是创建一个用户数据库。

3．示例数据库

SQL Server 2012 有示例数据库，需要另行安装，用于初学者进行实例练习。这里不再介绍。

5.1.4 报表服务器和报表数据库

除了系统数据库和用户数据库之外，还有两个数据库：ReportServer（报表服务器）数据库和 ReportServerTempDB（报表服务器临时）数据库。

ReportServer 是一种无状态服务器，它使用 SQL Server 数据库引擎来存储元数据和对象定义。为了将永久性数据存储与临时存储要求分开，Reporting Services 组件安装使用以上两个数据库。这两个数据库一起创建，并按名称绑定。这两个数据库的表结构已经针对服务器操作进行了优化，因此不应对其进行修改或调整。

ReportServer 数据库主要存储报表服务器所管理的项以及与这些项关联的所有属性和安全设置，订阅和计划定义，报表快照（包括查询结果）和报表历史记录，报表执行日志数据等。ReportServerTempDB 数据库主要用一些与使用相关的临时数据库来存储报表服务器生成的会话和执行数据、缓存报表以及工作表。

普通用户一般不要使用这两个数据库。

5.2 创建数据库

作为存放数据的主体，首先要创建数据库，即创建用户数据库。SQL Server 2012 提供了两种方式创建数据库：一种是管理工具界面方式创建，另一种是命令行方式创建。

通常，管理工具界面方式方便、快捷、直观，命令行方式严谨、通用。

5.2.1 管理工具界面方式创建数据库

SQL Server 2012 使用 SQL Server Management Studio 管理工具进行界面方式创建数据库。

1．SQL Server Management Studio 界面布局

SQL Server Management Studio 功能强大。为了方便用户使用，SQL Server Management Studio 的窗口布局可以由用户自行设置。SQL Server Management Studio 默认通常只显示左边的"对象资源管理器"子窗口。用户可以通过选择"视图"菜单中的"解决方案资源管理器"、"属性窗口"、"书签窗口"等选项，根据需要添加或关闭子窗口，如图 5-3 所示。

2．创建新数据库

右击对象资源管理器中的"数据库"，在弹出的快捷菜单中选择"新建数据库"选项，如图 5-4 所示。

在显示的"新建数据库"对话框左边有 3 个选项页：常规、选项、文件组。"常规"选项页可以新建数据库名称、数据库所有者、数据库文件（包括逻辑名称、文件类型、所属文件组类型、文件初始大小、文件增长方式等）等，如图 5-5 所示。"选项"选项页可以设置新建数据库的恢复、游标等功能，如图 5-6 所示。"文件组"选项页可以设置新建数据库的文件组等，如图 5-7 所示。

图 5-3 "视图"菜单　　　　　图 5-4 "新建数据库"选项

图 5-5 "常规"选项页　　　　　图 5-6 "选项"选项页

图 5-7 "文件组"选项页

下面通过几个实例介绍创建数据库。

【例 5-1】 新建一个名为 NewDB 的数据库。该数据库有两个文件：主数据文件和日志文件。主数据文件初始大小为 10MB，文件大小可以不受限制地增长，每次增长 20%。日志文件初始大小为 5MB，文件大小也不受限制，文件每次增长 1MB。都不指定文件组。最后按照系统默认路径存盘。

选择"新建数据库"对话框的"常规"选项页，在"数据库名称"文本框中输入"NewDB"。
在"数据库文件"列表框中，各列说明如下："逻辑名称"中为系统自动生成两个文件名，即一个是主数据文件逻辑名，另一个是日志文件逻辑名；主数据文件所属的文件组为 PRIMARY；单击"初始大小"列中的微调按钮，文件大小分别设置为 10MB 和 5MB，如图 5-8 所示；单击"自动增长/最大大小"列中的"…"按钮，在弹出的对话框中设置文件的增长方式，如图 5-9 所示；"路径"不用修改，默认即可；最后一项"文件名"，即数据文件和日志文件的物理文件名，不用输入，系统会自动生成，并自动给文件添加扩展名。

最后选择"确定"按钮，数据库创建完毕。

图 5-8 "新建数据库"对话框

图 5-9 更改自动增长设置

数据库创建完毕后，在 SQL Server Management Studio 的对象资源管理器中可以看到新建一个名为 NewDB 数据库，这就是所谓的逻辑数据库，如图 5-10 所示。

用户也可以在操作系统中查看数据库，即物理数据库文件。在操作系统中看到的主数据文件和日志文件分别是 NewDB.mdf 和 NewDB_log.ldf，如图 5-11 所示。

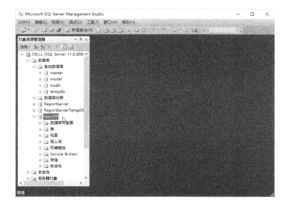

图 5-10 查看逻辑数据库

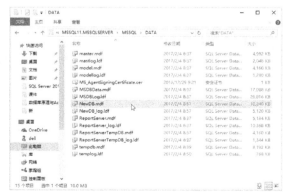

图 5-11 查看物理数据库

【例5-2】 新建一个名为 NewTest 的数据库，数据库文件都保存在 C 盘的 DB 文件夹下。该数据库有 4 个文件：1 个主数据文件、2 个次要数据文件和 1 个日志文件。主数据文件初始大小为 50MB，增长无限制，增量为 10MB。两个次要数据文件初始大小都为 20MB，增长无限制，但增量为 20%。新建一个名为 NGroup 文件组，并将次要数据文件放入该文件组。日志文件初始大小为 10MB，增长无限制，增量为 5MB。

首先 C 盘下必须已经存在名为 DB 的文件夹。选择"新建数据库"对话框的"常规"选项页，在"数据库名称"文本框中输入 NewTest，在"数据库文件"列表框中将"路径"设置为 C:\DB，如图 5-12 所示。

在"文件组"选项页中，添加新文件组 NGroup，如图 5-13 所示。

图 5-12 设置数据文件路径　　　　　　　　图 5-13 添加文件组

然后在"常规"选项页中添加两个次要数据文件，并归属于该文件组。如图 5-14 所示。接下来设置日志文件，如图 5-15 所示。最后选择"确定"按钮，数据库创建完毕。

图 5-14 设置次要数据文件　　　　　　　　图 5-15 设置日志数据文件

5.2.2 命令行方式创建数据库

在 SQL Server 2012 中，还可以利用命令行方式创建数据库。在 SQL Server Management Studio 的"查询编辑器"子窗口中使用 T-SQL 语句编程创建数据库（详细的 T-SQL 编程将在第 7 章中介绍），与界面方式操作效果一样。选择工具栏中的"新建查询"按钮，即新建一个"查询编辑器"子窗口。或者选择用户数据库，选择快捷菜单中的"新建查询"选项，也将新建一个"查询编辑器"子窗口，如图 5-16 所示。

图 5-16　两种方式新建"查询编辑器"子窗口

在显示的"查询编辑器"子窗口中输入 T-SQL 语句，选择工具栏上的"执行"按钮，或选择"查询"菜单中的"执行"选项，或选择快捷菜单中的"执行"选项，或按 F5 键，即可执行，如图 5-17 所示。

图 5-17　执行命令

查询编辑器是一个功能强大的编辑器。它不仅仅是一个 T-SQL 语句的输入窗口，还可以说是学习 T-SQL 语言的好助手。用户在查询编辑器中输入 T-SQL 语句，可以通过窗口中字母、数字等文本信息的颜色，以及系统自动生成的下画线标识等信息，来判断语句的语法及格式是否正确。如果运行失败，还有详细的失败提示。例如 T-SQL 语句的关键字，查询编辑器默认都用蓝色标示，非关键字用黑色标示，注释语句用绿色标示。当然，用户也可以根据自己的爱好，重新设置查询编辑器，例如字体颜色、大小等。选择"工具"菜单中的"选项"，在"选项"对话框中可以设置自己需要的各种显示效果。本书为了便于读者观察和学习，将字体大小都设置为较大字号，如图 5-18 所示。

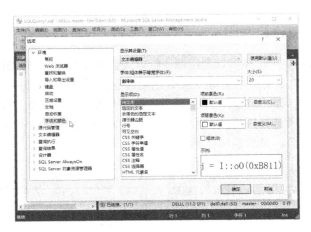

图 5-18 "选项"对话框

T-SQL 提供了 CREATE DATABASE 语句，该语句的功能是创建一个新数据库及存储该数据库的文件，创建一个数据库快照，或从先前创建的数据库的已分离文件中附加数据库。CREATE DATABASE 语句参数很多，本书只介绍创建数据库功能。其语法格式如下：

CREATE DATABASE database_name
    [ON
    [< filespec > [,...n]]
    [, < filegroup > [,...n]]]
    [LOG ON { < filespec > [,...n] }]
    [COLLATE collation_name]
    [WITH < external_access_option >]
    [FOR { ATTACH | ATTACH_REBUILD_LOG }]

说明：本书在介绍 T-SQL 语句格式时，为了标识标准规范，使用一些语法格式约定符号，其中的方括号[ ]、竖线|、花括号{ }在 T-SQL 语句中不要输入。约定符号见表 5-4。

表 5-4 本书 T-SQL 语法格式约定符号的说明

约定符号	说明
大写	T-SQL 关键字
小写	非关键字
|	分隔括号或花括号中的语法项，只能选择其中一项
{ }	必选语法项
[ ]	可选语法项
[,...n]	指示前面的项可以重复 n 次，每一项用逗号分隔
[...n]	指示前面的项可以重复 n 次，每一项用空格分隔
[;]	可选的 T-SQL 语句终止符
< label >::=	语句块名称。此约定符号用于对可在语句中多个位置使用的过长语法段或语法单元进行分组和标记

T-SQL 语句不区分大小写。本书为强调起见，关键字都用大写。

CREATE DATABASE 语句语法说明如下。

1）database_name 是所创建数据库的逻辑名。数据库名称在服务器中必须唯一，并且符合标识符的规则。数据库名称最多可以包含 128 个字符。如果未指定逻辑日志文件名称，则 SQL Server 将通过向 database_name 追加后缀来为日志生成 logical_file_name 和 os_file_name。这会将 database_name 限制为 123 个字符，从而使生成的逻辑文件名称不超过 128 个字符。如果未指定数据文件的名称，则 SQL Server 使用 database_name 作为 logical_file_name 和 os_file_name。logical_file_name 是数据库文件的逻辑名，os_file_name 是数据库文件的操作系统文件名，即物理文件名。

2）ON 子句指定数据库主数据库文件、辅助数据文件和文件组属性，显式地定义用来存储数据库数据部分的操作系统文件。ON 子句是可选项。如果没有指定 ON 子句，将自动创建一个主数据文件和一个日志文件，文件使用系统自动生成的名称。

3）该关键字后跟以逗号分隔的<filespec>项列表，<filespec>项用于定义主文件组的数据文件。<filespec>格式为：

    < filespec > ::=
    [PRIMARY]
    ([NAME = ' logical_file_name ',]
    FILENAME = {'os_file_name' | 'filestream_path' }
    [, SIZE = size [KB | MB | GB | TB]]
    [, MAXSIZE = { max_size [KB | MB | GB | TB] | UNLIMITED }]
    [, FILEGROWTH = growth_increment [KB | MB | GB | TB| %]]) [,...n]

其中，size 表示文件初始大小，max_size 表示文件最大值，UNLIMITED 表示文件最大值不受限制，growth_increment 表示文件每次的增量。

4）主文件组的文件列表后可跟以逗号分隔的<filegroup>项列表（可选），<filegroup>项用于定义用户文件组及其文件。< filegroup >格式为：

    < filegroup > ::=FILEGROUP 文件组名 < filespec > [,...n]

n 是占位符，表示可以为新数据库指定多个文件。

5）LOG ON 子句指定事务日志文件属性，显式地定义用来存储数据库事务日志的操作系统文件。该关键字后跟以逗号分隔的<filespec>项列表，<filespec>项用于定义日志文件。如果没有指定 LOG ON 子句，将自动创建一个日志文件，该文件使用系统生成的名称，大小为数据库中所有数据文件总大小的 25%或 512KB，取两者之中的较大者。

6）COLLATE collation_name 子句用于指定数据库的默认排序规则。排序规则名称既可以是 Windows 排序规则名称，也可以是 SQL 排序规则名称。如果没有指定排序规则，则将 SQL Server 实例的默认排序规则分配为数据库的排序规则。

7）WITH <external_access_option>子句用于控制外部与数据库之间的双向访问。

8）FOR ATTACH 子句用于指定通过附加一组现有的操作系统文件来创建数据库，使用 FOR ATTACH 时必须指定数据库的主文件。如果有多个数据文件和日志文件，则必须确保所有的主数据文件和次要数据文件可用，否则操作失败。

9）FOR ATTACH_REBUILD_LOG 子句用于指定通过附加一组现有的操作系统文件来创建数据库，使用这一选项将不再需要所有日志文件。

用户在开始使用 T-SQL 语句创建数据库之前，可以查看刚才使用界面方式创建的数据库所对应的 T-SQL 语句，以帮助学习使用 CREATE DATABASE 语句。以例 5-1 创建的 NewDB 数据库为例，右击 NewDB 数据库，从快捷菜单中选择"编写数据库脚本为"选项的"CREATE 到"

子选项的"新查询编辑器窗口"子选项,新生成一个"查询编辑器"子窗口。在该"查询编辑器"子窗口中可以查看使用界面方式创建数据库时所自动生成的对应的 T-SQL 语句。如图 5-19 所示。

图 5-19　查看对应的 CREATE DATABASE 语句

【例 5-3】　使用 CREATE DATABASE 语句最简单的方式,创建一个名为 MyDB 的数据库。

新建"查询编辑器"子窗口,输入以下 T-SQL 语句:

```
CREATE DATABASE MyDB              /* 创建数据库 */
GO                                /* T-SQL 语句段落标识 */
```

T-SQL 语句中,用"/*　*/"符号包含的是注释语句,用来注释对应的语句,不参与执行。执行结果是,数据库创建成功,并且在"查询编辑器"子窗口下方的"消息"窗格中提示,如图 5-20 所示。

创建成功后,在"对象资源管理器"子窗口中的"数据库"中并不会马上出现新建的数据库名称。用户需要右击"对象资源管理器"子窗口中的"数据库"选项,选择快捷菜单中的"刷新"选项,才可以看到在"数据库"中新建一个名为"MyDB"的数据库,如图 5-21 所示。

图 5-20　用 CREATE DATABASE 语句创建数据库　　　　图 5-21　刷新数据库

【例 5-4】　使用 CREATE DATABASE 语句,在 C 盘的 DB 文件夹中创建一个与例 5-2 一样的 MyTest 数据库。

新建查询编辑器窗口,输入以下 T-SQL 语句:

```
CREATE DATABASE MyTest                        /* 数据库名 */
```

```
ON
PRIMARY
(
    NAME='MyTest_m',                    /* 主数据文件逻辑名 */
    FILENAME='C:\DB\MyTest.mdf ',       /* 主数据文件物理名 */
    SIZE=50MB,                          /* 主数据文件初始大小 */
    MAXSIZE=UNLIMITED,                  /* 主数据文件最大值 */
    FILEGROWTH=10MB                     /* 主数据文件每次增长 10MB */
),
FILEGROUP NGroup                        /* 新增文件组 */
(
    NAME='MyTest_n1',                   /* 次要数据文件逻辑名 */
    FILENAME='C:\DB\MyTest1.ndf',       /* 次要数据文件物理名 */
    SIZE=20MB,                          /* 次要数据文件初始大小 */
    MAXSIZE = UNLIMITED,                /* 次要数据文件最大值 */
    FILEGROWTH=20%                      /* 次要数据文件每次增长 20% */
),
(
    NAME='MyTest_n2',
    FILENAME='C:\DB\MyTest2.ndf',
    SIZE=20MB,
    MAXSIZE=UNLIMITED,
    FILEGROWTH=20%
)
LOG ON
(
    NAME='MyTest_log',                  /* 日志文件逻辑名 */
    FILENAME = 'C:\DB\MyTest.ldf',      /* 日志文件物理名 */
    SIZE=10MB,                          /* 日志文件初始大小 */
    MAXSIZE=UNLIMITED,                  /* 日志文件最大值 */
    FILEGROWTH=5MB                      /* 日志文件每次增长 5MB */
)
GO
```

执行结果是，数据库创建成功，如图 5-22 所示。

图 5-22 用 CREATE DATABASE 语句创建数据库 MyTest

5.3 修改数据库

如果创建的数据库需要修改，SQL Server 2012 提供了管理工具界面和命令行两种方式。

5.3.1 管理工具界面方式修改数据库

管理工具界面方式修改数据库只能对已有数据库进行修改，可修改内容如下：
- 增加或删除数据文件。
- 改变数据文件的大小和增长方式。
- 改变日志文件的大小和增长方式。
- 增加或删除日志文件。
- 增加或删除文件组。
- 重命名数据库（只能修改数据库逻辑名，文件名不能修改）。

【例 5-5】 使用 SQL Server Management Studio 界面方式修改 MyTest 数据库。

右击"MyTest"数据库，选择快捷菜单中的不同选项，可以修改数据库的多项信息，如图 5-23 所示。选择"重命名"选项，可以对数据库逻辑名重新命名。选择"属性"选项，可以进入"数据库属性"对话框，在"文件"选项页和"文件组"选项页中，可以修改数据库主要属性，例如增加或删除文件、修改文件的增长方式、增加或删除文件组等，如图 5-24 所示。也可以在其他选项页中修改数据库的其他属性。

图 5-23　修改数据库信息　　　　图 5-24　"数据库属性"对话框

5.3.2 命令行方式修改数据库

命令行方式修改数据库，可修改内容如下：
- 修改数据库名称。
- 增加或删除数据文件。
- 改变数据文件的大小和增长方式。
- 改变日志文件的大小和增长方式。

- 增加或删除日志文件。
- 增加或删除文件组。

T-SQL 提供了 ALTER DATABASE 语句，该语句的功能是修改与数据库关联的文件和文件组。在数据库中添加或删除文件和文件组、更改数据库或其文件和文件组的属性。ALTER DATABASE 语句功能强大，本书只介绍其最主要的功能。其语法格式如下：

```
ALTER DATABASE database_name
{
    <add_or_modify_files>
  | <add_or_modify_filegroups>
}
[;]
```

ALTER DATABASE 语句语法说明如下。

1） database_name 是所修改数据库的逻辑名。

2） <add_or_modify_files>项列表用于修改各类文件。<add_or_modify_files>格式为：

```
<add_or_modify_files>::=
{
    ADD FILE <filespec> [ ,...n ]
        [ TO FILEGROUP { filegroup_name } ]
  | ADD LOG FILE <filespec> [ ,...n ]
  | REMOVE FILE logical_file_name
  | MODIFY FILE <filespec>
}
```

其中，

ADD FILE 子句向数据库添加数据文件。

ADD LOG FILE 子句向数据库添加事务日志文件。

REMOVE FILE 子句从数据库中删除数据文件。

MODIFY FILE 子句修改数据库的文件属性。

<filespec>定义如下：

```
<filespec>::=
(
    NAME = logical_file_name
    [ , NEWNAME = new_logical_name ]
    [ , FILENAME = {'os_file_name' | 'filestream_path' } ]
    [ , SIZE = size [ KB | MB | GB | TB ] ]
    [ , MAXSIZE = { max_size [ KB | MB | GB | TB ] | UNLIMITED } ]
    [ , FILEGROWTH = growth_increment [ KB | MB | GB | TB| % ] ]
    [ , OFFLINE ]
)
```

OFFLINE 将文件设置为脱机并使文件组中的所有对象都不可访问。

3） <add_or_modify_filegroups>项列表用于修改文件组。<add_or_modify_filegroups>格式为：

```
<add_or_modify_filegroups>::=
{
   | ADD FILEGROUP filegroup_name
       [ CONTAINS FILESTREAM ]
```

```
        | REMOVE FILEGROUP filegroup_name
        | MODIFY FILEGROUP filegroup_name
            { <filegroup_updatability_option>
            | DEFAULT
            | NAME = new_filegroup_name
            }
}
```

其中,

ADD FILEGROUP 子句向数据库添加文件组。

CONTAINS FILESTREAM 指定文件组在文件系统中存储 FILESTREAM 二进制大型对象（BLOB）。

REMOVE FILEGROUP 子句从数据库中删除文件组。如果需要删除文件组，必须先将文件组中文件删除，且不能删除主文件组。

MODIFY FILEGROUP 通过将状态设置为 READ_ONLY 或 READ_WRITE、将文件组设置为数据库的默认文件组或者更改文件组名称来修改文件组。

<filegroup_updatability_option>定义如下：

```
<filegroup_updatability_option>::=
{
    { READONLY | READWRITE }
    | { READ_ONLY | READ_WRITE }
}
```

对文件组设置只读或读/写属性。READ_ONLY | READONLY 指定文件组为只读，不允许更新其中的对象。READ_WRITE | READWRITE 将该组指定为 READ_WRITE，允许更新文件组中的对象。

注意，以前修改数据库逻辑名可以调用系统存储过程 sp_renamedb 操作，但在后续版本的 SQL Server 中将删除该功能。应避免在新的开发工作中使用该功能，并修改当前还在使用该功能的应用程序，改用 ALTER DATABASE MODIFY NAME 直接给数据库重命名。

【例 5-6】 使用 ALTER DATABASE 语句修改 NewTest 数据库。其主数据文件初始大小改为 200MB，最大不受限制，每次增长 10%。新增一个次要数据文件，初始大小为 10MB，最大不受限制，每次增长 10MB。

新建"查询编辑器"子窗口，输入以下 T-SQL 语句：

```
ALTER DATABASE NewTest              /* 修改数据库 */
MODIFY FILE                         /* 修改数据库文件 */
(
    NAME='NewTest',                 /* 数据库文件逻辑名 */
    SIZE=200MB,                     /* 修改后的文件初始大小 */
    MAXSIZE=UNLIMITED,              /* 修改后的文件最大值 */
    FILEGROWTH=10%                  /* 修改后的文件增长方式 */
)
GO
ALTER DATABASE NewTest              /* 修改数据库 */
ADD FILE                            /* 新增数据文件 */
(
    NAME='N3',                      /* 新增数据文件逻辑名 */
```

```
    /* 新增数据库文件物理名 */
    FILENAME ='C:\DB\N3.ndf',
    SIZE=10MB,                              /* 新增数据文件初始大小 */
    MAXSIZE=UNLIMITED,                      /* 文件增长不受限制 */
    FILEGROWTH=10MB                         /* 新增数据文件增长方式 */
)
GO
```

执行结果是，数据库修改成功，如图 5-25 所示。

修改后 Test 数据库的各个数据文件属性，如图 5-26 所示。

图 5-25　修改后 NewTest 数据库　　　　　图 5-26　修改后各个数据文件属性

5.4　删除数据库

如果数据库不需要了，可以删除。SQL Server 2012 同样提供了管理工具界面和命令行两种方式删除数据库。不论哪种方式，一旦数据库被删除，就是被彻底删除，包括在 SQL Server Management Studio 中看到的逻辑数据库和操作系统下的数据库文件，文件不经回收站直接删除。如果没有事先备份，数据库中数据全部丢失，而且不能还原。所以删除数据库操作在使用时一定要小心。

在 SQL Server 2012 系统中，数据库总是处于一个特定的状态中，这些状态包括 ONLINE（联机）、OFFLINE（脱机）等。联机状态时，可以对数据库进行访问。脱机状态时，数据库无法使用。用户可以设置数据库状态是联机还是脱机。用户可以右键单击需要设置数据库状态的数据库名称，选择快捷菜单中的"任务"选项，其中选项如图 5-27 所示。

如果选择"任务"选项中的"脱机"子选项，数据库将被设置为脱机状态，数据库名称前面的符号标志也同时改变为脱机状态符号，如图 5-28 所示。

如果想要将数据库恢复为联机状态，可以选择"联机"选项，如图 5-29 所示。系统将该数据库恢复为联机状态，数据库名称前面的符号标志也同时恢复为联机状态符号，如图 5-30 所示。

数据库状态的设置将影响对数据库的删除操作。执行删除操作时，如果数据库或它的任意一个文件处于脱机状态，则只是将 SQL Server Management Studio 中看到的逻辑数据库删除，不会删除操作系统中的数据库文件,即物理数据库。用户必须在操作系统下手动删除这些数据库文件才能真正删除数据库。不能删除当前正在使用的数据库,包括本机和网络用户正在使用。这表示数据库正处于打开状态,以供用户读/写。在删除数据库之前,还必须将该数据库上的所有数据库快照都删除。如果数据库涉及日志传送操作,应在删除数据库之前取消日志传送操作。如果为事务复制发布了数据库,或将数据库发布或订阅到合并复制,应从数据库中删除复制。注意:无法删除系统数据库。

图 5-27 "任务"选项　　　　　　　　图 5-28 数据库为脱机状态

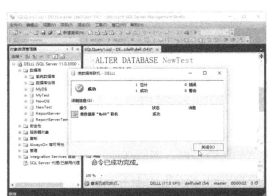

图 5-29 设置数据库联机状态　　　　　图 5-30 数据库恢复为联机状态

5.4.1 管理工具界面方式删除数据库

【例 5-7】 使用 SQL Server Management Studio 删除 MyTest 数据库。

右击"MyTest"数据库,选择快捷菜单中的"删除"选项,如图 5-31 所示。

在显示的"删除对象"对话框中,如果 SQL Server Management Studio 启动后没有对"MyTest"数据库进行过其他操作,单击"确定"按钮即可删除数据库。如果在删除操作之前,对该数据库进行过其他操作,例如正在添加数据等,一定要先选择"关闭现有连接"选项,再单击"确定"按钮才能删除数据库,如图 5-32 所示。否则可能会提示删除失败,因为数据库正在被使用。

· 80 ·

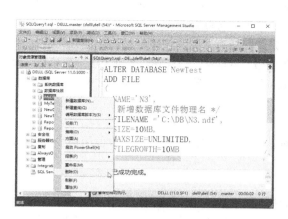
图 5-31 选择"删除"选项

图 5-32 "删除对象"对话框

5.4.2 命令行方式删除数据库

T-SQL 提供了 DROP DATABASE 语句,该语句的功能是删除一个或多个数据库或数据库快照。其语法格式如下:

DROP DATABASE { database_name | database_snapshot_name } [,...n]

DROP DATABASE 语句语法说明:

1) database_name 是要删除的数据库的名称。
2) database_snapshot_name 是要删除的数据库快照的名称。
3) 可以一次删除多个数据库。

【例 5-8】 使用 DROP DATABASE 语句删除 NewDB 数据库。

新建"查询编辑器"子窗口,输入以下 T-SQL 语句:

```
DROP DATABASE NewDB
GO
```

和在界面方式删除数据库遇到的情况相同,运行前必须保证被删除数据库不是当前正在使用的数据库。

5.5 数据库的分离和附加

数据库操作除了上述基本操作外,还有分离数据库和附加数据库操作。

SQL Server 2012 可以分离数据库的数据和事务日志文件,然后将它们重新附加到同一或其他 SQL Server 实例中。如果要将数据库更改到同一计算机的不同 SQL Server 实例中或移动数据库,分离和附加数据库会很有用。

5.5.1 分离数据库

分离数据库是指将数据库从 SQL Server 数据库管理系统中删除,但不会从操作系统中删除文件,而且数据库在其数据文件和事务日志文件中保持不变。之后,就可以使用这些文件将数据库附加到任何 SQL Server 数据库管理系统中,包括分离该数据库的服务器。

分离数据库是有条件限制的,如果存在下列任何情况,则不能分离数据库:

1）已复制并发布数据库。如果进行复制，则数据库必须是未发布的。必须通过调用 sp_replicationdboption 系统存储过程禁用发布后，才能分离数据库。

2）数据库中如果存在数据库快照，必须首先删除所有数据库快照，然后才能分离数据库。

3）该数据库正在某个数据库镜像会话中进行镜像。除非终止该会话，否则无法分离该数据库。

4）数据库处于可疑状态，无法分离可疑数据库。必须将数据库设为紧急模式，才能对其进行分离。

5）该数据库是系统数据库。

可以使用 SQL Server Management Studio 的界面方式分离数据库。也可以使用命令行方式，调用系统存储过程分离数据库。

【例 5-9】 分离 NewDB 数据库。

在 SQL Server Management Studio 中，右击要分离的 NewDB 数据库，从快捷菜单中选择"任务"选项的"分离"子选项，如图 5-33 所示，显示"分离数据库"对话框。单击"确定"按钮即可分离数据库，如图 5-34 所示。

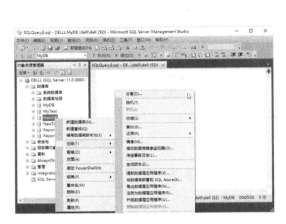

图 5-33 分离数据库　　　　　　　图 5-34 "分离数据库"对话框

分离数据库后，在 SQL Server Management Studio 的对象资源管理器中将看不到被分离的数据库的逻辑名，如图 5-35 所示。

但在操作系统中还可以查看到该数据库的数据文件和日志文件，如图 5-36 所示。

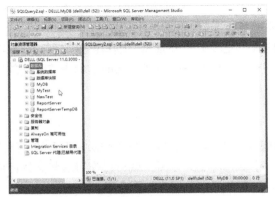
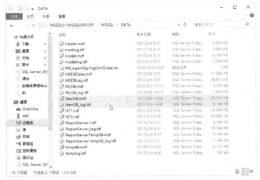

图 5-35 在对象资源管理器中看不到分离数据库　　图 5-36 在操作系统中查看分离数据库文件

使用命令行方式，调用 sp_detach_db 系统存储过程同样可以分离数据库。新建一个"查询编辑器"子窗口，输入以下调用语句：

  EXEC sp_detach_db ' database_name '

说明：

1）EXEC 是调用系统存储过程命令。database_name 是要分离的数据库逻辑名。

2）在分离时，需要拥有对数据库的独占访问权限。如果要分离的数据库正在使用时，则必须将其设置为 SINGLE_USER 模式，才能进行分离操作。可以使用下面语句对数据库设置独占访问权限：

  USE master
  ALTER DATABASE MyDB
  SET SINGLE_USER
  GO

5.5.2　附加数据库

分离后的数据库可以通过附加数据库操作，将其附加到某个 SQL Server 实例中。当将包含全文目录文件的数据库附加到 SQL Server 服务器实例中时，会将目录文件从其以前的位置与其他数据库文件一起附加。附加数据库时，所有数据文件（MDF 文件和 NDF 文件）都必须可用。如果任何数据文件的路径不同于首次创建数据库或上次附加数据库时的路径，则必须指定文件的当前路径。如果附加的主数据文件是只读的，则数据库引擎假定数据库也是只读的。

可以使用 SQL Server Management Studio 的界面方式附加数据库，也可以使用命令行方式，调用系统存储过程附加数据库。

【例 5-10】　附加 MyDB 数据库。

在 SQL Server Management Studio 中，右击"数据库"选项，从快捷菜单中选择"附加"选项，如图 5-37 所示。

在显示的"附加数据库"对话框，通常只添加需要附加的数据库主数据文件，因此单击对话框中的"添加"按钮，如图 5-38 所示。

图 5-37　选择"附加"选项　　　　　　　图 5-38　选择"添加"按钮

找到要附加的数据库主数据文件 NewDB.mdf，即例 5-9 中被分离的数据库的主数据文件，单击"确定"按钮即可附加数据库，如图 5-39 所示。

成功附加数据库后，用户可以在 SQL Server Management Studio 的对象资源管理器窗口中看到附加的数据库，如图 5-40 所示。

图 5-39　定位要附加的数据库主数据文件

图 5-40　在对象资源管理器窗口中查看附加数据库

还可以使用 CREATE DATABASE 创建数据库命令附加数据库，只要确定该数据库文件存在的路径，以及在最后加上 FOR ATTACH 子句即可。

【例 5-11】　用 T-SQL 语句附加 MyDB 数据库。

在查询编辑器中输入以下命令：

```
CREATE DATABASE MyDB
ON
(
FILENAME = 'C:\Program Files\Microsoft SQL Server\MSSQL11.MSSQLSERVER\MSSQL\ DATA\
        MyDB.mdf'
)
FOR ATTACH
GO
```

执行结果与例 5-10 的相同。

5.6　数据库的收缩

由于 SQL Server 2012 采用预先分配存储空间的方式来创建数据库的数据文件和日志文件，这样就会造成数据库文件大小与实际使用有所差别。当用户创建的数据库的数据增长到要超过它的配置空间时，必须增大数据库的容量。反之，如果用户配置的数据库空间有大量的空余，则可以通过缩减数据库来减少存储空间的浪费。SQL Server 2012 提供了数据库的收缩功能，允许对数据库中的每个文件进行收缩，删除已经分配但没有使用的页。

但要注意，不能将整个数据库收缩到比其原始大小还要小，因为收缩数据库只能对扩展的空间进行收缩。最小大小是在数据库最初创建时指定的大小，或是使用文件大小更改操作设置的最后大小。例如，如果数据库最初创建时的大小为 10MB，后来增长到 100MB，则该数据库最小只能收缩到 10MB，即使删除数据库中的所有数据也是如此。要收缩的数据库不必在单用户模式下，其他的用户仍可以在数据库收缩时对其进行操作。不能在备份数据库时收缩数据库。同样，也不能在数据库执行收缩操作时备份数据库。由于日志文件的收缩与数据库文件的收缩差别比较大，所以本书只介绍数据库文件的收缩。

数据库文件的收缩可以是手动的，也可以是自动的。

收缩操作前，用户可以使用 SQL Server Management Studio 查看数据库文件空间使用情况。右击 MyDB 数据库，从快捷菜单中选择"报表"选项的"标准报表"子选项的"磁盘使用情况"子选项，如图 5-41 所示。

随后系统将清晰地显示数据库的磁盘使用情况。系统用饼状图和列表显示数据文件和日志文件的空间使用情况，如图 5-42 所示。通过查看此报表，可以了解数据库的空间使用情况，从而决定是否需要收缩数据库。

图 5-41　"磁盘使用情况"子选项

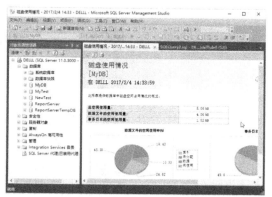

图 5-42　数据库的磁盘使用情况

5.6.1　手动收缩

用户可以使用 SQL Server Management Studio 的界面方式收缩数据库，也可以使用命令行方式，调用系统存储过程收缩数据库。

在 SQL Server Management Studio 中，右击要收缩的数据库，从快捷菜单中选择"任务"选项的"收缩"子选项，如图 5-43 所示。如果要对数据库进行收缩，再选择"收缩"子选项中的"数据库"子选项。

显示"收缩数据库"对话框，可以设置"收缩后文件中的最大可用空间"的收缩比例，如图 5-44 所示。

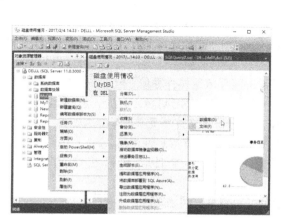

图 5-43　"收缩"子选项

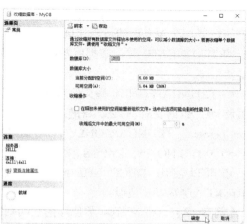

图 5-44　"收缩数据库"对话框

如果要对文件进行收缩，可以选择"收缩"子选项中的"文件"子选项，显示"收缩文件"对话框，可以设置文件组、文件名以及收缩操作，如图 5-45 所示。

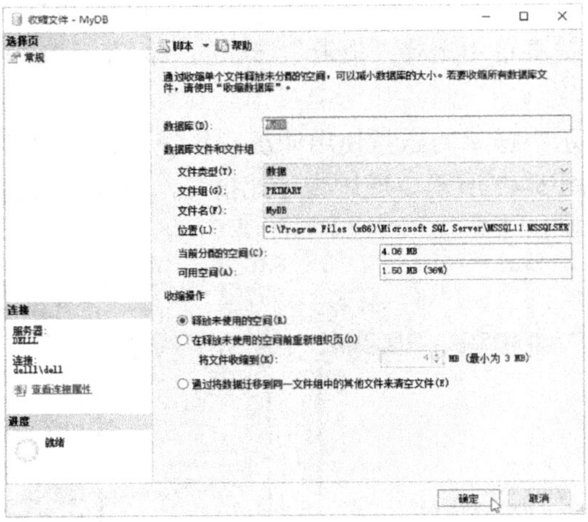

图 5-45 "收缩文件"对话框

收缩数据库和收缩文件都可以对数据库的存储空间进行收缩，不同的是，收缩数据库是对数据库整体进行收缩设置，收缩文件是对数据库中的某些文件进行收缩设置。

还可以使用 DBCC SHRINKDATABASE 命令收缩数据库。其语法格式如下：

  DBCC SHRINKDATABASE
  (database_name | database_id | 0
    [, target_percent]
    [, { NOTRUNCATE | TRUNCATEONLY }]
)
  [WITH NO_INFOMSGS]

DBCC SHRINKDATABASE 语句语法说明如下：

1）database_name | database_id | 0 是要收缩的数据库的名称或 ID。如果指定 0，则使用当前数据库。

2）target_percent 是数据库收缩后的数据库文件中所需的剩余可用空间百分比。

3）NOTRUNCATE 通过将已分配的页从文件末尾移动到文件前面的未分配页来压缩数据文件中的数据。文件末尾的可用空间不会返回给操作系统，文件的物理大小也不会更改。因此，指定 NOTRUNCATE 时，数据库看起来未收缩。NOTRUNCATE 只适用于数据文件，日志文件不受其影响。

4）TRUNCATEONLY 将文件末尾的所有可用空间释放给操作系统，但不在文件内部执行任何页移动。数据文件只收缩到最近分配的区。如果与 TRUNCATEONLY 一起指定，将忽略 target_percent。TRUNCATEONLY 只适用于数据文件，日志文件不受其影响。

5）WITH NO_INFOMSGS 取消严重级别从 0 到 10 的所有信息性消息。

还可以使用 DBCC SHRINKFILE 命令收缩数据库文件，其语法格式与 DBCC SHRINKDATABASE 类似。

【例 5-12】 将 MyTest 数据库的空间缩减至可用剩余空间为 70%。

在查询编辑器中输入以下命令：

  DBCC SHRINKDATABASE ('MyTest',70)

【例 5-13】 将 MyTest 数据库中的文件 MyTest_m 缩小到 10MB。
在查询编辑器中输入以下命令：
　　USE MyTest
　　DBCC SHRINKFILE('MyTest_m',10)

5.6.2 自动收缩

如果数据库中数据的变化频率较高，那么，为了防止用户在不注意的情况下，由于数据变化而导致数据文件的不合理，可以设置 SQL Server 2012 定期自动收缩数据库。

在"数据库属性"对话框中，选择"选项"选择页，将"自动"栏中的"自动收缩"设置为 True，就可以让 SQL Server 2012 定期自动收缩数据库，如图 5-46 所示。

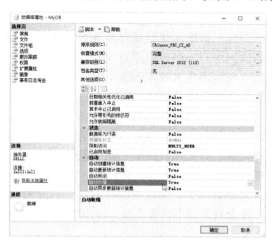

图 5-46　"自动收缩"设置为 True

或者使用 ALTER DATABASE 语句将数据库设置为自动收缩。其语法格式如下：
　　ALTER DATABASE database_name
　　SET AUTO_SHRINK ON

5.7　移动数据库

如果数据库文件的存储空间，随着数据库的使用而逐渐变大，导致存放数据库文件的磁盘空间逐渐变得不足，即使使用收缩也不能解决根本问题，这时用户就可以使用移动数据库的操作，将数据库中指定的文件移动到其他磁盘中。在 SQL Server Management Studio 中无法移动数据库文件，只能通过 T-SQL 语句。

移动数据库文件使用 ALTER DATABASE 命令。

【例 5-14】 将 NewTest 数据库的 N2.ndf 文件移到 D 盘中。
在查询编辑器中输入以下命令，操作分三步：
1）首先将数据库设置为离线状态，即状态设置为脱机。
　　ALTER DATABASE NewTest SET OFFLINE
2）执行下面语句，修改数据库文件位置。
　　ALTER DATABASE NewTest
　　MODIFY FILE

```
(
    NAME=' N2 ',
    FILENAME='D:\N2.ndf'
)
GO
```

3）移动文件后，再将数据库设置为联机状态。
```
ALTER DATABASE NewTest SET ONLINE
GO
```

5.8 数据库快照

数据库快照是 SQL Server 数据库（源数据库）的只读静态视图。有关视图的概念将在第 10 章中讲解。自创建快照那一刻起，数据库快照就在事务上与源数据库一致。数据库快照始终与其源数据库位于同一服务器实例中。当源数据库更新时，数据库快照也将更新。因此，数据库快照存在的时间越长，就越有可能用完其可用磁盘空间。给定源数据库中可以存在多个快照。在数据库所有者显式删除每个数据库快照之前，该快照将一直保留。

数据库快照在数据页级运行。在第一次修改源数据库页之前，先将原始页从源数据库复制到快照中。快照将存储原始页，保留它们在创建快照时的数据记录。对要进行第一次修改的每一页重复此过程。对于用户而言，数据库快照似乎始终保持不变，因为对数据库快照的读操作始终访问原始数据页，而与页驻留的位置无关。

这里还要提醒广大 SQL Server 用户，不同版本的 SQL Server 对数据库快照的支持也是不同的，标准版本通常不支持，而企业级版本通常支持。所以本书只做简单介绍。

5.8.1 数据库快照的优点

在 SQL Server 数据库中，之所以引入数据库快照概念，是因为快照具有以下优点。

1）快照可用于报告目的。客户端可以查询数据库快照，这对基于创建快照时的数据编写报表是很有用的。

2）维护历史数据以生成报表。快照可以从特定时点扩展用户对数据的访问权限。如果磁盘空间允许，还可以维护任意多个不同期间要结束时的快照，以便能够对这些时间段的结果进行查询。

3）使用为了实现可用性目标而维护的镜像数据库来减轻报表负载。使用带有数据库镜像的数据库快照，让用户能够访问镜像服务器上的数据以生成报表。而且，在镜像数据库上运行查询可以释放主体数据库上的资源。

4）使数据免受管理失误所带来的影响。定期创建数据库快照，可以减轻重大用户错误（如删除表）的影响。为了很好地保护数据，可以创建时间跨度足以识别和处理大多数用户错误的一系列数据库快照。

5.8.2 数据库快照的操作

虽然说数据库快照是 SQL Server 数据库的只读静态视图，但对数据库快照操作（包括创建、修改、删除等）如同操作数据库一样，而不是操作视图。

使用 AS SNAPSHOT OF 子句对文件执行 CREATE DATABASE 语句。创建快照需要指定源数据库的每个数据库文件的逻辑名称。语法如下：
```
CREATE DATABASE database_snapshot_name
```

```
        ON
        (
            NAME = logical_file_name,
            FILENAME = 'os_file_name'
        ) [ ,...n]
        AS SNAPSHOT OF source_database_name
        [;]
```
其中，source_database_name 是源数据库，logical_file_name 是引用该文件时在 SQL Server 中使用的逻辑名称，os_file_name 是创建该文件时操作系统使用的路径和文件名，database_snapshot_name 是要将数据库恢复到的快照的名称。

还需要注意的是，创建了数据库快照之后，快照的源数据库就会存在一些限制，如不能对数据库删除、分离或还原。源数据库性能会受到影响，不能从源数据库或其他快照上删除文件，源数据库还必须处于在线状态等。

【例 5-15】 创建 NewTest 数据库的数据库快照。
```
        CREATE DATABASE NewTest_SNAP
        ON
        (
            NAME= NewTest,
            FILENAME='D:\NSnap.mdf'
        )
        AS SNAPSHOT OF NewTest
        GO
```
如果不需要快照了，可以删除。删除数据库快照语法如下：
```
        DROP DATABASE database_snapshot_name
```

5.9 数据库镜像

数据库镜像是一种提高 SQL Server 数据库的可用性的解决方案。镜像是基于每个数据库实现的，并且只适用于使用完整恢复模式的数据库。但后续版本的 SQL Server 将删除该功能（虽然 SQL Server 2016 版本中仍然保留有该功能），所以应避免在新的开发工作中使用该功能。由于在 SQL Server 2012 版本以及以前版本，许多用户都还在使用该功能，因此本书只做简单介绍。

5.9.1 数据库镜像简介

数据库镜像维护一个数据库的两个副本，这两个副本必须驻留在不同的 SQL Server 数据库服务器实例中。通常，这些服务器实例驻留在不同位置的计算机中。启动数据库中的数据库镜像操作时，在这些服务器实例之间形成一种关系，称为"数据库镜像会话"。

其中一个服务器实例使数据库服务于客户端（主体服务器），另一个服务器实例则根据镜像会话的配置和状态，充当热备用或温备用服务器（镜像服务器）。同步数据库镜像会话时，数据库镜像提供热备用服务器，可支持在已提交事务不丢失数据的情况下进行快速故障转移。未同步会话时，镜像服务器通常用作热备用服务器（可能造成数据丢失）。

在"数据库镜像会话"中，主体服务器和镜像服务器作为"伙伴"进行通信和协作。两个伙伴在会话中扮演互补的角色："主体角色"和"镜像角色"。在任何给定的时间，都是一个伙伴扮演主体角色，另一个伙伴扮演镜像角色。每个伙伴拥有其当前角色。拥有主体角色的伙伴称为"主体服务器",其数据库副本为当前的主体数据库。拥有镜像角色的伙伴称为"镜像服务器",其数据库副本为当前的镜像数据库。如果数据库镜像部署在生产环境中,则主体数据库即为"生产数据库"。

数据库镜像涉及尽快将对主体数据库执行的每项插入、更新和删除操作"重做"到镜像数据库中。重做通过将活动事务日志记录的流发送到镜像服务器来完成,这会尽快将日志记录按顺序应用到镜像数据库中。与逻辑级别执行的复制不同,数据库镜像在物理日志记录级别执行。从 SQL Server 2008 开始,在事务日志记录的流发送到镜像服务器之前,主体服务器会先将其压缩。在所有镜像会话中都会进行这种日志压缩。

数据库镜像可以与 SQL Server 的其他功能或组件一起使用,例如日志传送、全文目录、数据库快照、复制等。

5.9.2 数据库镜像的优点

数据库镜像是一种简单的策略,具有下列优点。

1. 提高数据库的可用性

发生数据库故障时,在具有自动故障转移功能的高安全性模式下,自动故障转移可快速使数据库的备用副本联机(而不会丢失数据)。在其他运行模式下,数据库管理员可以选择强制服务(可能丢失数据),以替代数据库的备用副本。

2. 增强数据保护功能

数据库镜像提供完整或接近完整的数据冗余,具体取决于运行模式是高安全性还是高性能。在 SQL Server 2008 Enterprise 或更高版本上运行的数据库镜像用户会自动尝试解决某些阻止读取数据页的错误。无法读取页的用户会向其他用户请求新副本。如果此请求成功,则将以新副本替换不可读的页,这通常会解决该错误。

3. 提高生产数据库在升级期间的可用性

为了尽量减少镜像服务器的停机时间,用户可以按顺序升级承载故障转移用户的 SQL Server 实例。这样只会导致一个故障转移的停机时间。这种形式的升级称为"滚动升级"。

5.9.3 数据库镜像的操作

在"对象资源管理器"子窗口中,右击需要创建数据库镜像的数据库,在弹出的快捷菜单中选择"任务"选项的"镜像"子选项,如图 5-47 所示。

在显示的"数据库属性"对话框中,单击"镜像"选择页,如图 5-48 所示。

图 5-47 "镜像"子选项

图 5-48 "镜像"选择页

在"镜像"选择页中,选择"配置安全性"按钮,显示"配置数据库镜像安全向导"起始页,如图 5-49 所示,用户可以在向导中配置数据库镜像。

图 5-49 配置数据库镜像安全向导

配置成功后,用户还可以对数据库镜像对象进行暂停、恢复和删除操作。

5.10 习题

1. 简述物理数据库和逻辑数据库的概念。
2. 简述组成 SQL Server 2012 数据库的三种类型的文件。
3. 使用 SQL Server Management Studio 创建一个名为 Student 的数据库,要求它有三个数据文件,其中主数据文件为 50MB,最大大小为 100MB,每次增长 5MB;辅数据文件为 10MB,最大大小不受限制,每次增长 20%;事务日志文件为 20MB,最大大小为 100MB,每次增长 20MB。
4. 使用 T-SQL 语句创建一个名为 Teacher 的数据库,要求它有三个数据文件,其中主数据文件为 20MB,最大大小为 100MB,每次增长 10MB;辅数据文件都为 10MB,最大大小不受限制,每次增长 50%;事务日志文件为 20MB,最大大小为 100MB,每次增长 20MB。
5. 使用 T-SQL 语句修改由习题 4 所创建的 Teacher 数据库,在其中增加一个辅数据文件。文件的逻辑名为 Teacherdata,物理名为 Teacher_data.ndf,大小为 10MB,增长不受限制,每次增长 10%。
6. 使用新建的 Student 数据库练习数据库的分离与附加。
7. 使用新建的 Teacher 数据库练习数据库的收缩。

第 6 章　表和表数据操作

　　SQL Server 2012 的数据库是各种数据库逻辑对象的容器。用户收集、整理、存储的具体数据信息都存储在数据库的表对象中。表是数据库最基本、最重要、最核心的对象，每个表代表一类对其用户有意义的对象。本章主要介绍 SQL Server 2012 的表的创建、修改、删除，以及表数据的操作。

6.1　表概念

　　表是数据库存放数据的对象，表必须建在某一数据库中，不能单独存在，也不以操作系统文件形式存在。表中数据的组织形式如同 Excel 电子表格，由行、列和表头组成。每行表示一条记录（或元组），每列表示一个字段（或属性）。其中第一行是表的属性部分，又称为表头。行和列的交叉称为数据项（或分量），其逻辑结构如图 6-1 所示。

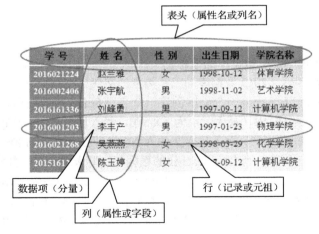

图 6-1　表的逻辑结构示意图

6.1.1　表结构

　　SQL Server 2012 的表，都必须有一个名字，以标识该表，称为表名。表名在某个数据库实例中必须唯一。数据库中的表数仅受数据库中允许的对象数的限制。行的顺序可以是任意的，每行代表一条记录，是对某个实体的一个完整描述，一般是按照插入的先后顺序存储的。表的行数仅受服务器存储容量的限制。列的顺序也可以是任意的。对每个标准的表，用户最多可以定义 1024 列，任何列也都必须有一个名字，称为列名（或属性名）。在一个表中，列名必须唯一，而且必须指明数据类型。表的行数仅受服务器的存储空间限制。

6.1.2　表类型

　　在 SQL Server 2012 中，除了由用户定义的基本表的标准角色以外，还提供了已分区表、临时表、系统表、宽表，这些表在数据库中起着特殊作用。

1. 基本表

基本表就是由用户在数据库里创建的，用以存放数据的表，也称为用户定义的永久表。

如果不特殊说明，本书介绍的表都是用户定义的基本表。

2. 已分区表

已分区表的数据划分为分布于一个数据库中多个文件组的单元。数据是按水平方式分区的，因此多组行映射到单个的分区。对数据进行查询或更新时，表将被视为单个逻辑实体。单个表的所有分区都必须位于同一个数据库中。

已分区表支持与设计和查询基本表相关的所有属性和功能，包括约束、默认值、标识和时间戳值、触发器以及索引等。因此，如果要实现位于服务器本地的已分区视图，则可能需要改为实现已分区表。

决定是否实现分区主要取决于表当前的大小或将来的大小、如何使用表以及对表执行用户查询和维护操作的完善程度。

通常，如果某个大型表同时满足下列两个条件，则可能适于进行分区：

- 该表包含（或将包含）以多种不同方式使用的大量数据。
- 不能按预期对表执行查询或更新，或维护开销超过了预定义的维护期。

例如，如果对某个学院学生的数据主要执行 INSERT、UPDATE、DELETE 操作，而对其他学院学生的数据主要执行 SELECT 查询，则按学院对表进行分区可能会使表的管理工作更容易一些。如果对表的常规维护操作只针对一个数据子集，那么此优点尤为明显。如果该表没有分区，那么需要对整个数据集执行这些操作，这样会消耗大量资源。如果根据频繁执行的查询的类型和硬件配置正确地设计分区，那么对表进行分区可以提高查询性能。

分区通常与 SQL Server 复制连用。使用分区可使用户通过有效减少复制系统不得不管理的数据和元数据量，优化事务复制的性能和合并复制。

但是，需要注意的是，SQL Server 2012 版本中，只有 SQL Server Enterprise Edition、Developer Edition 和 Evaluation Edition 支持已分区表。

3. 临时表

临时表与永久表相似，但临时表存储在 tempdb 中，当不再使用时会自动删除。临时表有两种类型：本地表和全局表。它们在名称、可见性以及可用性上有区别。本地临时表的名称以单个数字符号（#）打头，它们仅对当前的用户连接是可见的，当用户从 SQL Server 服务器断开连接时被删除。全局临时表的名称以两个数字符号（##）打头，创建后对任何用户都是可见的，当所有引用该表的用户从 SQL Server 服务器断开连接时被删除。

例如，如果创建了一个 Student 表，则任何在数据库中有使用该表安全权限的用户都可以使用该表，除非已将其删除。如果数据库会话创建了本地临时表#Student，则仅会话可以使用该表，会话断开连接后就将该表删除。如果创建了##Student 全局临时表，则数据库中的任何用户均可使用该表。如果该表在用户创建后没有其他用户使用，则当用户断开连接时将该表删除。如果用户创建该表后另一个用户在使用该表，则 SQL Server 将在用户断开连接并且所有其他会话不再使用该表时将其删除。

如果创建的临时表带有命名约束并且是在用户定义的事务范围内创建的，则每次只能有一个用户执行创建临时表的语句。例如，如果某个存储过程创建一个带有命名主键约束的临时表，则该存储过程不能由多个用户同时执行。

临时表的许多用途可由具有 table 数据类型的变量替换，如图 6-2 所示。

4. 系统表

SQL Server 将定义服务器配置及其所有表的数据存储在一组特殊的表中，这组表称为系统表。用户不能直接查询或更新系统表。可以通过系统视图查看系统表中的信息。

任何用户都不应直接更改系统表。例如，不要尝试使用 DELETE、UPDATE、INSERT 语句或用户定义的触发器修改系统表。允许在系统表中引用所记录的列。然而，系统表中的许多列都未被记录。不应编写应用程序直接查询未记录的列。相反，若要检索存储在系统表中的信息，应用程序应使用下列组件之一：

- 系统存储过程。
- T-SQL 语句和函数。
- SQL Server 管理对象（SMO）。
- 复制管理对象（RMO）。
- 数据库 API 目录函数。

这些组件构成一个已发布的 API，用以从 SQL Server 获取系统信息。系统表的格式取决于 SQL Server 的内部体系结构，并且可能因不同的版本而异。因此，直接访问系统表中未记录列的应用程序可能需要进行更改，然后才能访问 SQL Server 的更高版本。

系统表又可以分为备份还原表、变更数据捕获表、数据维护计划表、SQL Server 扩展事件表、日志传送表、复制表等。这些系统表记录了系统的信息，如图 6-3 所示。

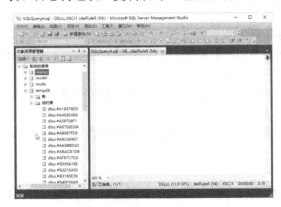

图 6-2　临时表

图 6-3　系统表

5. 宽表

宽表使用稀疏列，从而将表可以包含的总列数增大为 30000 列。稀疏列是对 Null 值采用优化的存储方式的普通列。稀疏列减少了 Null 值的空间需求，但代价是检索非 Null 值的开销增加。宽表已定义了一个列集，列集是一种非类型化的 XML 表示形式，它将表的所有稀疏列合并为一种结构化的输出。

6.1.3 数据类型

在 SQL Server 中，每个列、局部变量、表达式和参数都具有一个相关的数据类型。数据类型是一种属性，用于指定对象可保存的数据的类型。

SQL Server 提供了的数据类型分为系统数据类型和用户定义数据类型。本节只介绍系统数据类型。SQL Server 2012 提供了大量的系统数据类型，见表 6-1。

表 6-1　SQL Server 2012 系统数据类型

数 据 类 型	符 号 标 识
精确数据	bigint、bit、decimal、int、money、numeric、smallint、smallmoney、tinyint
近似数据	float、real
日期和时间	date、datetime、datetime2、datetimeoffset、smalldatetime、time
字符串	char、text、varchar
Unicode 字符	nchar、ntext、nvarchar
二进制字符串	binary、image、varbinary
其他数据类型	cursor、hierarchyid、sql_variant、table、timestamp、uniqueidentifier、xml、空间类型

在介绍数据类型时，涉及三个概念：精度、小数位数和存储长度。精度是指数值数据中所存储的十进制数据的总范围。小数位数是指数值数据中小数点右边可以有的数字位数的最大值。长度是指存储数据所用的字节数。

1. 精确数据类型

精确数据类型用于存储精确的数据，又分为整数数据类型、定点数据类型、货币数据类型和位数据类型。

整数数据类型只表示精确的整数。见表 6-2。

表 6-2　整数数据类型

符 号 标 识	范　　围	存 储 长 度
bigint	-2^{63} (-9 223 372 036 854 775 808) ～ $2^{63}-1$ (9 223 372 036 854 775 807)	8B
int	-2^{31} (-2 147 483 648) ～ $2^{31}-1$ (2 147 483 647)	4B
smallint	-2^{15} (-32 768) ～ $2^{15}-1$ (32 767)	2B
tinyint	0 ～ 255	1B

定点数据类型也称为带固定精度和小数位数的数值数据类型，由整数部分和小数部分组成。包括 decimal[(p[，s])]类型和 numeric[(p[，s])]类型。使用最大精度时，有效值从 $-10^{38}+1$ 到 $10^{38}-1$。numeric 在功能上等价于 decimal。p（精度）是最多可以存储的十进制数字的总位数，包括小数点左边和右边的位数。该精度必须是在 1 到最大精度 38 之间的值。默认精度为 18。s（小数位数）是小数点右边可以存储的十进制数字的最大位数。小数位数必须是在 0 到 p 之间的值。仅在指定精度后才可以指定小数位数。默认的小数位数为 0。因此，0≤s≤p。最大存储大小基于精度而变化。

货币数据类型是代表货币或货币值的数据类型，包括 money 和 smallmoney 数据类型，它们精确到所代表的货币单位的万分之一，见表 6-3。

表 6-3　货币数据类型

符 号 标 识	范　　围	存 储 长 度
money	-922 337 203 685 477.5808～922 337 203 685 477.5807	8 字节
smallmoney	-214 748.3648～214 748.3647	4 字节

位数据类型就是 bit 型，可以取值为 1、0 或 NULL（空值）。SQL Server 可优化 bit 列的存

储。如果表中的列为 8bit 或更少，则这些列作为 1B 存储。如果列为 9～16bit，则这些列作为 2B 存储，其余类推。字符串值 TRUE 和 FALSE 可以转换为 bit 值 1 和 0。

2．近似数据类型

近似数据类型也称为浮点数值数据类型，采用科学计数法存储十进制小数，用于表示浮点数值数据的大致数值数据类型。浮点数据为近似值，见表 6-4。

表 6-4　近似数据类型

符号标识	范　　围	存储长度
float	−1.79E+308～−2.23E−308、0 以及 2.23E−308～1.79E+308	取决于 n 的值
real	−3.40E+38～−1.18E−38、0 以及 1.18E−38～3.40E+38	4B

float 的使用格式为：float[(n)]，其中 n 为用于存储 float 数值尾数的位数（以科学计数法表示），因此可以确定精度和存储大小。如果指定了 n，则它必须是介于 1 和 53 之间的某个值。n 的默认值为 53。1～24 精度为 7 位，存储长度为 4 字节。25～53 精度为 15 位，存储长度为 8 字节。

3．日期和时间类型

日期和时间类型用于存储日期、时间或日期和时间的结合体数据。见表 6-5。

表 6-5　日期和时间类型

符号标识	默认格式	范　　围	精确度	存储长度
time	hh:mm:ss[.nnnnnnn]	00:00:00.0000000～23:59:59.9999999	100 纳秒	3～5B
date	YYYY-MM-DD	0001-01-01～9999-12-31	1 天	3B
datetime	YYYY-MM-DD hh:mm:ss[.nnn]	1753-01-01～9999-12-31	0.00333 秒	8B
datetime2	YYYY-MM-DD hh:mm:ss[.nnnnnnn]	0001-01-01 00:00:00.0000000～ 9999-12-31 23:59:59.9999999	100 纳秒	6～8B
smalldatetime	YYYY-MM-DD hh:mm:ss	1900-01-01～2079-06-06	1 分钟	4B
datetimeoffset	YYYY-MM-DD hh:mm:ss[.nnnnnnn] [+|−]hh:mm	0001-01-01 00:00:00.0000000～ 9999-12-31 23:59:59.9999999（以 UTC 时间表示）	100 纳秒	8～10B

日期和时间类型数据除了默认格式之外，还可以有多种表示格式，本书不再讲述。

4．字符串类型

字符串类型和 Unicode 字符串类型可以统称为字符类型。字符串类型用来存储各种非 Unicode 的字母、数字和符号组成的字符串。char[(n)]类型固定长度，长度为 n 字节。n 的取值范围为 1～8000，存储大小是 n 字节。varchar[(n|max)]类型可变长度，n 的取值范围为 1～8000，max 指示最大存储大小是 $2^{31}-1$ 字节。存储大小是输入数据的实际长度加 2 字节。所输入数据的长度可以为 0 个字符。text 类型存储服务器代码页中长度可变的非 Unicode 数据，最大长度为 $2^{31}-1$（2 147 483 647）个字符。当服务器代码页使用双字节字符时，存储仍是 2 147 483 647 字节。根据字符串，存储大小可能小于 2 147 483 647 字节。

5．Unicode 字符类型

Unicode 字符类型用来存储各种 Unicode 的字母、数字和符号组成的字符。nchar[(n)]存储 n 个字符的固定长度的 Unicode 字符数据。n 值必须在 1～4000 之间（含）。存储大小为两倍 n

字节。nvarchar[（ n | max ）]存储可变长度 Unicode 字符数据。n 值在 1～4000 之间（含）。max 指示最大存储大小为 $2^{31}-1$ 字节。存储大小是所输入字符个数的两倍+2 字节。所输入数据的长度可以为 0 个字符。ntext 类型存储长度可变的 Unicode 数据，最大长度为 $2^{30}-1$（1 073 741 823）个字符。存储大小是所输入字符个数的两倍（以字节为单位）。

6．二进制字符串类型

二进制数据类型表示的是位数据流，如较长的备注、日志信息等。包括固定长度或可变长度的 binary 数据类型，以及 image 类型。binary[（ n ）]是长度为 n 字节的固定长度二进制数据，其中 n 值在 1～8000 之间。存储大小为 n 字节。varbinary[（ n | max)]是可变长度二进制数据。n 可以是从 1～8000 之间的值。max 指示最大存储大小为 $2^{31}-1$ 字节。存储大小为所输入数据的实际长度+2 字节。所输入数据的长度可以是 0 字节。image 数据类型是长度可变的二进制数据，取值范围为 0～$2^{31}-1$（2 147 483 647）字节。image 数据类型不只用来保存图像，也可以用户保存文档等。

7．其他数据类型

其他数据类型使用频率不高。例如 cursor 是变量或存储过程的 OUTPUT 参数的一种数据类型，这些参数包含对游标的引用。sql_variant 用于存储除 text、ntext、image、timestamp 和 sql_variant 外的其他任何合法的数据。

8．CLR 数据类型

在 SQL Server 2012 中，还可使用公共语言运行时（Common Language Runtime，CLR）中称为 SQLCLR 的部分创建自己的数据类型、函数和存储过程。这让用户可以使用 Visual Basic 或 C#编写更复杂的数据类型以满足业务需求。这些类型被定义为基本的 CLR 语言中的类结构。

9．空间数据类型

空间数据类型包括两个用于支持空间数据存储的空间数据类型，分别为：大地向量空间类型（geography）和几何平面向量空间类型（geometry）。

geography 数据类型为空间数据提供了一个由经度和纬度联合定义的存储结构。使用这种数据的典型用法包括定义道路、建筑、或者地理特性，例如，可以覆盖到一个光栅图上的向量数据，它考虑了地球的弯曲性，或者计算真实的圆弧距离和空中传播轨道。

geometry 数据类型为空间数据提供了一个存储结构，它是由任意平面上的坐标定义的。这种数据通常用于区域匹配系统中。

选择某个数据库，展开"可编程性"中的"类型"中的"系统数据类型"，用户可以查看 SQL Server 2012 系统数据类型，如图 6-4 所示。

图 6-4　系统数据类型

除了在"系统数据类型"中显示的之外，SQL Server 还支持 XML（可扩展标记语言），是标准通用标记语言的子集，是一种用于标记电子文件使其具有结构性的标记语言。它可以用来标记数据、定义数据类型，是一种允许用户对自己的标记语言进行定义的源语言。它非常适合 Internet 传输，提供统一的方法来描述和交换独立于应用程序或供应商的结构化数据。

XML 数据类型是一种非关系模型数据结构，如果用户需要一个与平台无关的模型，以便通过使用结构和语义标记来确保数据的可移植性，那么 XML 是一个不错的选择。此外，下列情况适合做此选择：

- 数据为稀疏数据，或不了解数据的结构，或数据结构将来可能会有重大变化。
- 数据体现的是包容层次结构而不是在实体间的引用，并且可能是递归数据。
- 数据本身具有顺序性。
- 希望基于数据的结构查询数据或更新部分数据。

SQL Server 提供了一个强大的平台，以针对半结构化数据管理开发功能丰富的应用程序，对 XML 的支持已集成到 SQL Server 的所有组件中；可将 XML 值本机存储在根据 XML 架构集合类型化或保持非类型化的 XML 数据类型列中，并可对 XML 列创建索引；还可以针对 XML 类型的列和变量中存储的 XML 数据指定 XQuery 查询。

6.2 创建表

创建表的实质就是定义表结构。在 SQL Server 2012 中提供了两种创建表的方式，一种是管理工具窗口方式创建，另一种是命令行方式创建。

本章将以第 3 章设计的学生成绩管理和职工管理数据库为例，详细介绍数据库中表的操作，包括创建、修改、删除表，以及对表数据操作等。首先创建两个数据库，XSCJ 数据库和 ZGGL 数据库。

说明：本书创建的两个实例数据库及数据库中的各个对象，包括表名、列名等，都以其对应的汉语词语的第一个拼音字母组合命名。数据库名用大写字母命名，表名、列名等用小写字母命名。

6.2.1 管理工具窗口方式创建表

XSCJ 数据库有 4 个表，分别是 xs 表、xy 表、kc 表、cj 表。表结构基本说明见表 6-6、表 6-7、表 6-8、表 6-9。

表 6-6 xs 表

列名	数据类型	允许 Null 值	约束	说明
xh	nchar(10)	不允许	主键	学号属性列
xm	nchar(6)	不允许		姓名属性列
xb	nchar(2)	允许		性别属性列
csrq	smalldatetime	允许		出生日期属性列
xyh	nchar(2)	允许		学院号属性列

表 6-7 xy 表

列名	数据类型	允许 Null 值	约束	说明
xyh	nchar(2)	不允许	主键	学院号属性列
xymc	nchar(20)	允许		学院名称属性列

表 6-8 kc 表

列名	数据类型	允许 Null 值	约束	说明
kch	nchar(3)	不允许	主键	课程号属性列
kcm	nchar(20)	允许		课程名属性列
xf	int	允许		学分属性列

表 6-9 cj 表

列名	数据类型	允许 Null 值	约束	说明
kch	nchar(3)	不允许	主键	课程号属性列
xh	nchar(10)	不允许	主键	学号属性列
fs	int	允许		分数属性列

在对象资源管理器中，展开数据库 XSCJ，进一步展开表对象，在新建的数据库中，表对象初始时已经有系统表和 FileTables 两个子对象，它们都是空的。右击"表"对象，选择快捷菜单中的"新建表"选项，如图 6-5 所示。显示表结构设计器窗口，如图 6-6 所示。

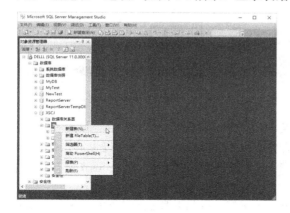

图 6-5 "新建表"选项

图 6-6 表结构设计器窗口

表设计器主体分为上下两部分：列常规和列属性子窗口。初始时都为空。在列常规子窗口中，用户可以设置列名、列的数据类型、允许 Null 值（是否允许该列取空值）等常规属性。列属性子窗口可以设置列的其他更为复杂的操作。

首先新建 xs 表。按照表 6-6，在列常规子窗口中输入列名，设置列的数据类型，允许 Null 值等常规属性，如图 6-7 所示。

在列属性子窗口中可以查看更为多、更详细的属性设置。其中"默认值或绑定"是对该列进行默认值设置，如果该列没有输入有效数据，则取该默认值或绑定值。例如在 xb 列的"默认值或绑定"中输入'男'，如图 6-8 所示。

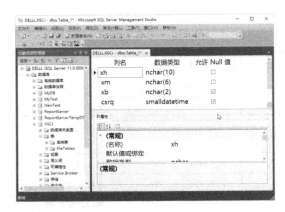
图 6-7 在列常规子窗口中操作

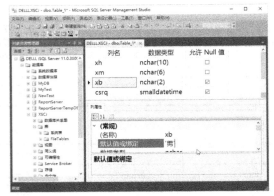
图 6-8 在列属性子窗口中操作

通常,每个表都必须设置主键。右击要设置为主键的 xh 列,选择快捷菜单中的"设置主键"选项,如图 6-9 所示。

设置成功,该列左边出现一个钥匙图标,表示该列为主键,如图 6-10 所示。

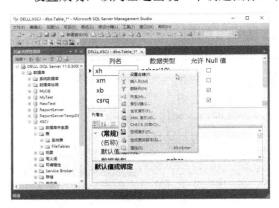
图 6-9 "设置主键"选项

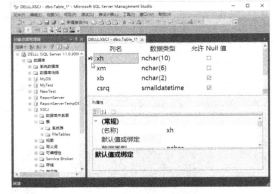
图 6-10 成功设置主键

虽然一个表只能有一个主键,但主键可以是单列,也可以是多个列的组合。设置多列组合主键时,需要键盘的 Ctrl 键和 Shift 键与鼠标组合使用。Ctrl 键与鼠标组合使用是断续选择,Shift 键与鼠标组合使用是连续选择。例如,要将 xh 和 xm 组合设置为主键,就需要 Shift 键与鼠标组合使用设置,结果如图 6-11 所示。

例如,要将 xh、xm 和 csrq 组合设置为主键,就需要 Ctrl 键与鼠标组合使用设置,结果如图 6-12 所示。设置成功后,主键所涉及的所有列的左边都会出现钥匙图标。

全部设置完毕,用户可以选择表设计器右上角的关闭按钮,或选择系统菜单"文件"的"保存"选项,或单击工具栏中的保存按钮,显示一个"选择名称"对话框,输入表名 xs,选择"确定"按钮即可保存新建的表,如图 6-13 所示。

在对象资源管理器中,刷新 XSCJ 数据库中的表对象,可以看到新建了一个名为 dbo.xs 的表,如图 6-14 所示。其中 dbo 是表的所有者,即当前数据库所有者,用户操作时可以省略。

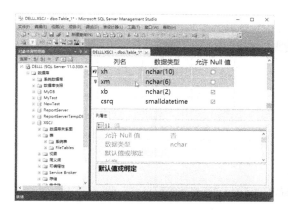

图 6-11 设置连续多列组合的主键

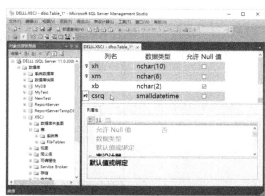

图 6-12 设置断续多列组合的主键

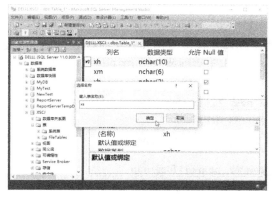

图 6-13 保存表

图 6-14 表对象中的新建表

按照上述操作依次在 XSCJ 数据库中创建 xy 表、kc 表、cj 表，如图 6-15、图 6-16、图 6-17 所示。

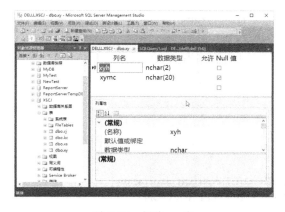

图 6-15 创建 xy 表

图 6-16 创建 kc 表

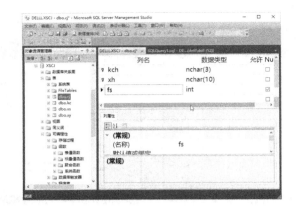

图 6-17 创建 cj 表

6.2.2 命令行方式创建表

在 SQL Server 2012 中，还可以利用命令行方式创建表。在 SQL Server Management Studio 的查询编辑器中使用 T-SQL 语句编程创建表。T-SQL 提供了表创建语句 CREATE TABLE，其语法格式如下：

```
CREATE TABLE [ database_name . [ schema_name ] . | schema_name . ] table_name
    ( { <column_definition> | <computed_column_definition>
        | <column_set_definition> }
    [ <table_constraint> ] [ ,...n ] )
    [ ON { partition_scheme_name ( partition_column_name ) | filegroup
        | "default" } ]
    [ { TEXTIMAGE_ON { filegroup | "default" } ]
    [ FILESTREAM_ON { partition_scheme_name | filegroup
        | "default" } ]
    [ WITH ( <table_option> [ ,...n ] ) ]
[ ; ]
```

CREATE DATABASE 语句语法说明如下。

1）table_name 是所创建的表名。表名在一个数据库中必须唯一，并且符合标识符的规则。表名可以是一个部分限定名，也可以是一个完全限定名。

2）<column_definition>对列属性定义，包括列名、列数据类型、默认值、标识规范、允许空等。<column_definition>格式为：

```
column_name <data_type>
    [ FILESTREAM ]
    [ COLLATE collation_name ]
    [ NULL | NOT NULL ]
    [
        [ CONSTRAINT constraint_name ] DEFAULT constant_expression ]
        | [ IDENTITY [ ( seed ,increment ) ] [ NOT FOR REPLICATION ] ]
    ]
    [ ROWGUIDCOL ] [ <column_constraint> [ ...n ] ]
    [ SPARSE ]
```

NULL 表示允许为空，NOT NULL 表示不允许为空，DEFAULT 表示默认值。

<column_constraint>格式为:

```
<column_constraint> ::=
[ CONSTRAINT constraint_name ]
{       { PRIMARY KEY | UNIQUE }
        [ CLUSTERED | NONCLUSTERED ]
        [
            WITH FILLFACTOR = fillfactor
          | WITH ( < index_option > [ , ...n ] )
        ]
        [ ON { partition_scheme_name ( partition_column_name )
            | filegroup | "default" } ]
    | [ FOREIGN KEY ]
        REFERENCES [ schema_name . ] referenced_table_name [ ( ref_column ) ]
        [ ON DELETE { NO ACTION | CASCADE | SET NULL | SET DEFAULT } ]
        [ ON UPDATE { NO ACTION | CASCADE | SET NULL | SET DEFAULT } ]
        [ NOT FOR REPLICATION ]
    | CHECK [ NOT FOR REPLICATION ] ( logical_expression )
}
```

PRIMARY KEY 表示主关键字约束，UNIQUE 表示唯一性约束，CLUSTERED 表示聚集索引，NONCLUSTERED 表示非聚集索引，CHECK 表示检查约束，DEFAULT 表示默认值约束，FOREIGN KEY 表示外部键约束。

ZGGL 数据库的 zg 表、ks 表、gz 表和 zw 表结构说明见表 6-10、表 6-11、表 6-12、表 6-13。

表 6-10 zg 表

列 名	数据类型	允许 Null 值	约 束	说 明
zgh	nchar(5)	不允许	主键	职工编号属性列
xm	nchar(6)	不允许		姓名属性列
xb	nchar(2)	允许		性别属性列
csrq	smalldatetime	允许		出生日期属性列
gzjb	nchar(2)	允许		工资级别属性列
ksh	nchar(2)	允许		科室编号属性列
zwh	nchar(1)	允许		职务编号属性列

表 6-11 ks 表

列 名	数据类型	允许 Null 值	约 束	说 明
ksh	nchar(2)	不允许	主键	科室编号属性列
ksm	nchar(10)	不允许		科室名称属性列
dz	nchar(5)	允许		科室地址属性列

表 6-12 gz 表

列 名	数据类型	允许 Null 值	约 束	说 明
gzjb	nchar(2)	不允许	主键	工资级别编号属性列
gzs	real	允许		工资数额属性列

表 6-13 zw 表

列　　名	数据类型	允许 Null 值	约　　束	说　　明
zwh	nchar(1)	不允许	主键	职务编号属性列
zwm	nchar(10)	允许		职务名称属性列

【例 6-1】 使用 CREATE TABLE 语句创建 zg 表。

在对象资源管理器中，右击数据库"ZGGL"，选择快捷菜单中的"新建查询"选项，新建一个"查询编辑器"子窗口。要求将 zgh 列设置为主键，xb 列的默认值设置为"男"。输入以下 T-SQL 语句：

```
USE ZGGL
GO
CREATE TABLE zg
(
/* 职工号属性列，不允许为空，设置为主键 */
  zgh   NCHAR(5)         NOT NULL PRIMARY KEY,
  xm    NCHAR(6)         NOT NULL,        /* 姓名属性列，不允许为空*/
  xb    NCHAR(2)         NULL DEFAULT '男',  /* 性别属性列，默认值"男"*/
  csrq  SMALLDATETIME    NULL,            /* 出生日期属性列，允许为空*/
  gzjb  NCHAR(2)         NULL,            /* 工资级别属性列，允许为空*/
  ksh   NCHAR(2)         NULL,            /* 科室编号属性列，允许为空*/
  zwh   NCHAR(1)         NULL             /* 职务编号属性列，允许为空*/
)
GO
```

单击工具栏中的"执行"按钮，表创建成功，如图 6-18 所示。刷新"表"对象后，可以看到新添一个名为 dbo.zg 的表。

注意，在哪个数据库中操作表（包括创建、修改、删除、查询等），原则上就应该在哪个数据库下新建"查询编辑器"子窗口，用以指明可用数据库，即当前数据库，否则有可能会对其他数据库中的表进行操作。为避免出现误操作，建议在操作表语句前添加以下语句：

　　　　USE database_name

USE 语句的功能是将数据库上下文更改为指定数据库（或数据库快照）。

也可以在 SQL Server Management Studio 中指定数据库。单击工具栏中的"可用数据库"下拉列表框，选择当前数据库，如图 6-19 所示。

图 6-18 新建 zg 表

图 6-19 指定当前数据库

【例 6-2】 使用 CREATE TABLE 语句创建 ks 表。
```
USE ZGGL
GO
CREATE TABLE ks
(
    ksh     NCHAR(2)      NOT NULL PRIMARY KEY,
    ksm     NCHAR(10)     NOT NULL,
    dz      NCHAR(5)      NULL
)
GO
```
执行结果是，创建 ks 表。

【例 6-3】 使用 CREATE TABLE 语句创建 gz 表。
```
USE ZGGL
GO
CREATE TABLE gz
(
    gzjb    NCHAR (23)    NOT NULL PRIMARY KEY,
    gzs     REAL          NOT NULL
)
GO
```
执行结果是，创建 Type 表。

【例 6-4】 使用 CREATE TABLE 语句创建 zw 表。
```
USE ZGGL
GO
CREATE TABLE zw
(
    zwh     NCHAR (1)        NOT NULL PRIMARY KEY,
    zwm     NCHAR (10)       NOT NULL
)
GO
```
执行结果是，创建 zw 表。

创建完毕，在对象资源管理器窗口中，刷新 ZGGL 数据库中的表对象，可以看到新建的 4 个表：zg、ks、gz 和 zw，如图 6-20 所示。

图 6-20　ZGGL 数据库的 4 个表

6.3 查看表结构

表创建完毕后,用户可以查看表结构。在对象资源管理器窗口中,找到需要查看的表,单击表名左边的"+"符号,可以看到表中的各种对象。继续单击对象左边的"+"符号,可以继续查看。例如,找到 XSCJ 数据库中的表对象中的 dbo.cj 表,单击该表中"列"对象左边的"+"符号,可以看到 cj 表中的列名、数据类型等信息;单击该表中"键"对象左边的"+"符号,可以看到 cj 表中的主键信息,如图 6-21 所示。

也可以右击表名,从快捷菜单中选择"设计"选项,如图 6-22 所示。

图 6-21 查看表结构

图 6-22 "设计"选项

进入表结构设计器,就如同创建表操作一样,查看表结构,如图 6-23 所示。

图 6-23 查看表结构

6.4 修改表结构

如果用户对现有表不满意,可以修改表,包括修改表结构,修改表属性,重命名表名等操作。通常,修改表只是修改表结构。在 SQL Server 2012 中提供了两种修改表的方式,一种是管理工具界面方式修改,另一种是命令行方式修改。

6.4.1 管理工具窗口方式修改表

在对象资源管理器中，右击要修改的表名，选择快捷菜单中的"设计"选项，进入表结构设计器，如同创建新表一样，修改表结构，修改后保存退出即可。或者直接选择快捷菜单中的"重命名"选项，重新命名表名。或者选择快捷菜单中的"属性"选项，修改数据表的权限等，如图 6-24 所示。

图 6-24 修改表名称或属性

6.4.2 命令行方式修改表

在 SQL Server 2012 中，还可以利用命令行方式修改表。T-SQL 提供了表修改语句 ALTER TABLE。其语法格式如下：

```
ALTER TABLE [ database_name . [ schema_name ] . | schema_name . ]table_name
{
    ALTER COLUMN column_name
    {
        [ type_schema_name. ] type_name [ ( { precision [ , scale ]
            | max | xml_schema_collection } ) ]
        [ COLLATE collation_name ]
        [ NULL | NOT NULL ] [ SPARSE ]
        | {ADD | DROP }
        { ROWGUIDCOL | PERSISTED | NOT FOR REPLICATION | SPARSE }
    }
    | [ WITH { CHECK | NOCHECK } ]
    | ADD
    {
        <column_definition>
        | <computed_column_definition>
        | <table_constraint>
        | <column_set_definition>
    } [ ,...n ]
    | DROP
    { [ CONSTRAINT ] constraint_name
```

```
            [ WITH ( <drop_clustered_constraint_option> [ ,...n ] ) ]
            | COLUMN column_name
        } [ ,...n ]
    }
```

ALTER DATABASE 语句语法说明如下。

1) table_name 是所修改的表名。

2) ALTER COLUMN 子句是修改列。

3) ADD 子句是新增列。

4) DROP 子句是删除列。

【例 6-5】 使用 ALTER TABLE 语句修改 XSCJ 数据库的 xs 表，新增列名为 zzmm（政治面貌），数据类型为 NCHAR 的新列。

```
USE XSCJ
GO
ALTER TABLE xs
    ADD zzmm NCHAR(10)
GO
```

执行结果是，在 xs 表中新增一列 zzmm。

【例 6-6】 使用 ALTER TABLE 语句修改 ZGGL 数据库的 gz 表，将 gzs 列的数据类型改为 decimal。

```
USE ZGGL
GO
ALTER TABLE gz
    ALTER COLUMN gzs DECIMAL(8,1)
GO
```

执行结果是，将 gz 表的 gzs 列的数据类型由 real 修改为 decimal。

6.5 删除表

如果表不需要了，可以删除。删除表，将删除表结构和表中所有数据，而且不能恢复。如果没有备份，数据将丢失。所以删除表一定要小心。

在 SQL Server 2012 中提供了两种删除表的方式，一种是管理工具窗口方式修改，另一种是命令行方式修改。

在对象资源管理器中，右击要删除的表名，选择快捷菜单中的"删除"选项，如图 6-25 所示，显示"删除对象"对话框，如图 6-26 所示，确定删除即可。

或者选择系统菜单"编辑"中的"删除"选项，删除表。

T-SQL 提供了表删除语句 DROP TABLE。其语法格式如下：

```
DROP TABLE [ database_name . [ schema_name ] . | schema_name . ]
    table_name [ ,...n ] [ ; ]
```

【例 6-7】 使用 DROP TABLE 语句删除 XSCJ 数据库的 xs 表。

```
USE XSCJ
GO
DROP TABLE xs
GO
```

执行结果是，删除 xs 表。

图 6-25 "删除"选项

图 6-26 "删除对象"对话框

6.6 表数据操作

表创建、修改之后，它只是一个空表，即只有表结构，没有表数据。用户创建表的目的是让表存储所需数据，因此随后的工作就是向表中新增、修改或删除数据。

在 SQL Server 2012 中提供了两种表数据的操作方式，一种是管理工具窗口方式操作，另一种是命令行方式操作。

6.6.1 管理工具窗口方式操作表数据

右击要操作的表名，选择快捷菜单中的"编辑前 200 行"选项，如图 6-27 所示。

打开表数据编辑窗口，默认表数据为空，如图 6-28 所示。

图 6-27 选择"编辑前 200 行"选项

图 6-28 表数据编辑窗口

用户可以直接在显示"NULL"处输入数据，新增数据，也可以将光标移到需要修改的数据上进行修改，如图 6-29 所示。

用户还可以通过选择"编辑"系统菜单中的"剪切"、"复制"、"粘贴"、"删除"选项来操作表数据，如图 6-30 所示。

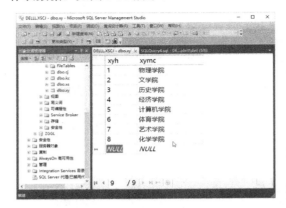

图 6-29 修改数据

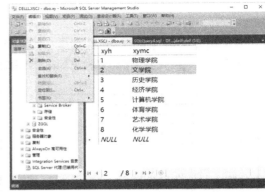

图 6-30 "编辑"系统菜单

如果选中的是一个数据项，那么修改、删除等操作只针对这个数据项操作。如果选中的是一行（记录），那么操作的是一整行数据。表数据编辑窗口中的右键快捷菜单，如图 6-31 所示。

右击要操作的表名，从快捷菜单中选择"编辑前 1000 行"选项，将出现一个查询编辑器，上半部分显示操作所对应的 T-SQL 语句，下半部分显示该语句的查询结果，而用户无法直接在窗口中添加、修改和删除表数据，如图 6-32 所示。

图 6-31 右键快捷菜单

图 6-32 选择"编辑前 1000 行"选项

6.6.2 命令行方式操作表数据

在查询编辑器中输入 T-SQL 语句，也可以对表数据进行操作。

T-SQL 提供了 INSERT 语句、UPDATE 语句、DELETE 语句对表数据进行插入、修改和删除操作。

1. INSERT 语句

INSERT 语句语法格式如下：

  INSERT [INTO] table_name [(column_list)] VALUES (data_values,…n)

说明：

SET column_name={expression | DEFAULT | NULL} [,...n]
[WHERE <search_condition>]

说明：

1）使用 UPDATE 语句可以修改表数据，具体修改列数据用 SET 子句设置。

2）WHERE 子句设定修改哪行或哪些行。

【例 6-10】 使用 UPDATE 语句修改 XSCJ 数据库中 kc 表的记录。

```
USE XSCJ
GO
UPDATE kc
SET xf='3'
WHERE kcm='计算机网络'
GO
```

执行结果是，将情况表记录中课程名为"计算机网络"的学分改为 3，其他数据不变，如图 6-35 所示。

【例 6-11】 使用 UPDATE 语句修改 XSCJ 数据库中 kc 表，将所有课程的学分都加 1。

```
USE XSCJ
GO
UPDATE kc
SET xf=xf+1
GO
```

执行结果是，因为没有使用 WHERE 子句，所以会更新情况表所有记录，即所有课程的学分都加 1，如图 6-36 所示。

图 6-35 情况修改记录

图 6-36 情况修改所有记录

3. DELETE 语句的语法格式

如果只删除表数据，T-SQL 提供了表数据删除语句 DELETE 语句，其语法格式如下：

DELETE FROM table_name
[WHERE <search_condition>]

说明：

1）WHERE 子句设定要修改哪行或哪些行。

2）如果没有使用 WHERE 子句，则删除所有数据。

【例 6-12】 使用 DELETE 语句删除 XSCJ 数据库 xs 表中的指定记录。

1）使用 INSERT 语句可以向表中插入多条记录，但一次只能插入一条记录。

2）table_name 后面的属性列列表可以乱序排列，如果不排列顺，则 VALUES 后面的 data_values 子句和表中列的顺序一致，并且每个 data_values 都要和表中列的顺序一致，数据类型也要匹配。

3）如果 table_name 后面的属性列是部分列，则需要着重说明属性列，这时 data_values 要和table_name 后面的属性列一致，并且每个 data_values 都要和列的顺序一致，数据类型也要匹配。

【例6-8】 使用 INSERT 语句向 XSCJ 数据库的表 kc 表插入一行记录。

USE XSCJ
GO
INSERT kc (kch,kcm,xf)
VALUES('101','房地产营销',4)
GO
INSERT kc (kch,kcm,xf)
VALUES('601','计算机网络',4)
GO

从执行结果看，细腰后行记录。这里重要说明的是，在使用 INSERT 语句时，INSERT 语句插入一条记录。表后面列出的各列列名，列名顺序是任意的，但 VALUES 后面的数据顺序必须与列名顺序一致，表后面的结构说明（列的列是否为空）的情况下，表名后面可以只列出部分列名，那么 VALUES 只提供部分列的属性值。从执行结果如图 6-33 所示。

【例6-9】 使用 INSERT 语句向 XSCJ 数据库的表 xs 表插入一行记录。

USE XSCJ
GO
INSERT xs
VALUES('20161661336','刘峰勇','男','1997-9-12',5)
GO

从执行结果看，细腰一行记录。在使用入数据时，表名后面省略了列名，所以 VALUES 后面的属性值，数据值个数必须与表中列的个数一致，并且顺序也要一致，执行结果如图 6-34 所示。

图 6-33 kc 表添加记录

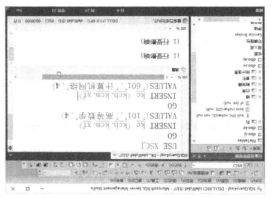

图 6-34 xs 表添加记录

2. UPDATE 语句的语法格式

T-SQL 提供了表记录修改的 UPDATE 语句，其语法格式如下：

UPDATE table_name

```
USE XSCJ
GO
DELETE xs
WHERE xm='刘峰勇'
GO
```

执行结果是,删除 XSCJ 数据库 xs 表中姓名为"刘峰勇"的记录,如图 6-37 所示。

【例 6-13】 使用 DELETE 语句删除 XSCJ 数据库中 kc 表的所有记录。

```
USE XSCJ
GO
DELETE kc
GO
```

执行结果是,删除 XSCJ 数据库 kc 表中所有记录行,即清空该表(此操作应慎用),如图 6-38 所示。

图 6-37 删除指定记录

图 6-38 删除所有记录

用户也可以在表数据编辑窗口中使用 T-SQL 语句。右击表中数据,选择快捷菜单中的"窗格"选项的"SQL"子选项,如图 6-39 所示。

在表数据编辑窗口上方打开一个查询编辑器,用户可以在查询编辑器中使用 T-SQL 语句操作表数据,同时也可以直接在表数据中操作,如图 6-40 所示。

图 6-39 使用 T-SQL 语句

图 6-40 在查询编辑器中使用 T-SQL 语句

6.7 习题

1. 数据库和表有什么不同？
2. 在 SQL Server 2012 系统中，表分为哪几种？
3. 在 SQL Server 2012 系统中，都有哪些数据类型？分析，如果创建一些用于存放数据的表，在哪些属性列会用到哪些数据类型？
4. 创建表的实质就是定义表结构以及约束等属性，简述列属性设置。
5. 使用 SQL Server Management Studio，在 JSGL 数据库中创建 js 表、xy 表、kc 表、sk 表，并向各表中添加数据。其结构见表 6-14 至表 6-17。

表 6-14 js 表结构

列 名	数据类型	允许空	默认值	主键	说 明
jsh	int			主键	教师号
jsm	nchar(6)				教师名
xb	nchar(2)	√	'男'		性别
csrq	smalldatetime	√			出生日期
xyh	nchar(10)	√			学院号

表 6-15 xy 表结构

列 名	数据类型	允许空	默认值	主键	说 明
xyh	int			主键	学院号
xym	nchar(10)	√			学院名

表 6-16 kc 表结构

列 名	数据类型	允许空	默认值	主键	说 明
kch	int			主键	课程号
kcm	decimal(10, 2)				课程名
xf	decimal(10, 2)	√			学分

表 6-17 sk 表结构

列 名	数据类型	允许空	默认值	主键	说 明
kch	int			主键	课程号
jsh	int			主键	教师号

6. 使用 T-SQL 语句，在 TSGL 数据库中创建 ts 表、tslx 表、cbs 表，并向各表中添加数据。其结构见表 6-18 至表 6-20。

表6-18 ts 表结构

列 名	数据类型	允许空	默认值	主 键	说 明
tsh	int			主键	图书号
tsm	nchar(20)				图书名
zz	nchar(20)	√			作者
cbsh	int	√			出版社号
dj	decimal(10, 2)	√			单价
cbrq	smalldatetime		3		出版日期
tslxh	int				图书类型号

表6-19 tslx 表结构

列 名	数据类型	允许空	默认值	主 键	说 明
tslxh	int			主键	图书类型号
tslxm	nchar(10)				图书类型名

表6-20 cbs 表结构

列 名	数据类型	允许空	默认值	主 键	说 明
cbsh	int			主键	出版社号
cbsm	nchar(20)				出版社名

第7章 T-SQL 语言

第5章、第6章在讲解数据库、表以及表数据操作时，其实已经介绍了在查询编辑器中使用命令行方式的操作。在命令行方式中，使用的是 SQL Server 2012 的 T-SQL 语句。

本章主要介绍 T-SQL 语句的语法与常用语句，以及用户定义数据类型和用户定义表。

7.1 SQL 语言基本概念

SQL（Structured Query Language）即结构化查询语言，是关系数据库的标准语言，是一个通用的、功能极强的关系数据库语言。目前，绝大多数流行的关系型数据库管理系统，如 SQL Server、Oracle、Sybase 等都采用了 SQL 语言标准。

7.1.1 T-SQL 语言简介

SQL 语言是 1974 年由 Boyce 和 Chamberlin 提出的，首先在 IBM 公司的 System R 上实现。由于 SQL 语言功能丰富，语言简捷而备受用户及计算机界的欢迎。各大数据库厂家纷纷推出各自的 SQL 软件或与 SQL 接口的软件。有人把确立 SQL 为关系数据库标准及其后的发展称为一场革命。SQL 语言已经成为国际标准，对数据库以外的领域也产生了很大的影响。

1986 年，美国国家标准化组织（ANSI）采用 SQL 作为关系数据库管理系统的标准语言（ANSI X3.135-1986），后被国际标准化组织（ISO）采纳为国际标准，称为 SQL-86。1989 年，美国 ANSI 采纳在 ANSI X3.135-1989 报告中定义的关系数据库管理系统的 SQL 标准语言，也被国际标准化组织采纳，称为 SQL-89。后来又接连推出 SQL-92、SQL-99。美国国家标准化组织和国际标准化组织在 2003 年，共同推出 SQL 2003 标准。

T-SQL（Transact-SQL）语言是 Microsoft 公司在 SQL Server 数据库管理系统中 SQL 的实现。T-SQL 是使用 SQL Server 的核心。与 SQL Server 实例通信的所有应用程序都通过将 T-SQL 语句发送到服务器中实现，而不管应用程序的用户界面如何。T-SQL 语言不但融合了标准 SQL 语言的优点，还对其进行扩充，使其功能更加完善，性能更加优良。每个版本的 SQL Server 数据库管理系统的 T-SQL 语言都有一些不同，或者新增一些功能，或者删除一些不需要的功能。

SQL Server 在处理任何 T-SQL 语句时都经过解析、编译和执行三个步骤。当一条 T-SQL 语句提交到 SQL Server 服务器中时，服务器会将这条 T-SQL 语句作为一个整体进行分析，再优化、编译，最后分步执行。T-SQL 语言支持关系数据库的三级模式结构。外模式对应于视图（View）和部分基本表（Base Table），模式对应于基本表，内模式对应于存储文件。

T-SQL 语言具有以下 5 个特点。

1. 高度非过程化

T-SQL 是一个非过程化的语言。所有的 T-SQL 语句接受集合作为输入，返回集合作为输出。T-SQL 的集合特性允许一条 T-SQL 语句的结果作为另一条 T-SQL 语句的输入。T-SQL

不要求用户指定对数据的存放方法。总之，用 T-SQL 语言进行数据操作，只要提出"做什么"，无须指明"怎么做"，存取路径由系统自动完成。

2．综合统一

T-SQL 可用于所有用户的数据库活动模型，包括系统管理员、数据库管理员、应用程序员、决策支持系统人员及许多其他类型的终端用户。T-SQL 为许多任务提供了命令。T-SQL 语言集多种功能于一身，语言风格统一，可以独立完成数据库生命周期中的全部活动。还可以保证数据库的一致性和完整性，并具有良好的扩展性。

3．可移植性

虽然 T-SQL 语言是 Microsoft 公司在 SQL Server 数据库管理系统中 SQL 的实现，但 T-SQL 语言主要部分其他关系数据库管理系统都支持，只不过是细节不同而已。所以用户可将使用 T-SQL 的技能从 SQL Server 转到其他关系数据库管理系统中。

4．以同一种语法结构提供两种使用方式

T-SQL 语言既是自含式语言，又是嵌入式语言。作为自含式语言，它能够独立地使用；作为嵌入式语言，T-SQL 语句可以嵌入到其他高级语言（如 C、C++、C#、VB 等）程序中。而在两种不同的使用方式下，T-SQL 语言的语法结构基本一致。

5．简单易学

基本的 T-SQL 命令非常简单，语言十分简捷，非常容易学会。

7.1.2 T-SQL 语言的语法约定

既然 T-SQL 称为语言，那么它就有语言的语法约定。在本书的第 5 章、第 6 章，介绍使用命令行方式操作时，就已经介绍了 T-SQL 语言的一些语法。T-SQL 语言参考的语法格式使用的约定以及说明见表 7-1。

表 7-1 T-SQL 语言参考的语法格式约定

约定	用途
字母大写	T-SQL 关键字
斜体	用户提供的 T-SQL 语法的参数
粗体	数据库名、表名、列名、索引名、存储过程、实用工具、数据类型名以及必须按所显示的原样输入的文本
下画线（_）	指示当语句中省略包含带下画线的值的子句时应使用的默认值
竖线（|）	分隔括号或花括号中的语法项。只能选择其中一项
方括号（[ ]）	可选语法项。不要输入方括号
花括号（{ }）	必选语法项。不要输入花括号
[,...n]	指示前面的项可以重复 n 次。每一项由逗号分隔
[...n]	指示前面的项可以重复 n 次。每一项由空格分隔
[;]	可选的 Transact-SQL 语句终止符。不要输入方括号
<标签> ::=	语法块的名称。此约定用于对可在语句中的多个位置使用的过长语法段或语法单元进行分组和标记。可使用的语法块的每个位置由尖括号内的标签指示：<label>

7.1.3 标识符

前面章节介绍的数据库名、表名、列名其实就是标识符。按照标识符的使用方式,可以把这些标识符分为常规标识符和分隔标识符两种类型。

1. 常规标识符

常规标识符是符合标识符的格式规则的对象名称。在 T-SQL 语句中使用常规标识符时,不必使用分隔符将其分隔开。

在 SQL Server 2012 中,T-SQL 的常规标识符必须符合以下格式规则:

1)第一个字符必须是下列字符之一:

① Unicode 标准 3.2 所定义的字母。Unicode 中定义的字母包括拉丁字母 a~z 和 A~Z,以及来自其他语言的字母字符。

② "_"下画线符号、"@"符号或"#"符号。

2)后续字符可以包括:

① Unicode 标准 3.2 所定义的字母。

② 基本拉丁字符或其他国家/地区字符中的十进制数字。

③ "_"下画线符号、"@"符号、"$"符号或数字符号。

3)标识符不能是 T-SQL 保留字。

4)不允许嵌入空格或其他特殊字符。

5)不允许使用增补字符。

在 SQL Server 2012 中,某些位于标识符开头位置的符号具有特殊意义。以"@"符号开头的常规标识符表示局部变量或参数,并且不能用作任何其他类型的对象的名称。以"#"符号开头的标识符表示临时表或过程。以"##"符号开头的标识符表示全局临时对象。

2. 分隔标识符

包含在双引号(" ")或方括号([ ])内的标识符被称为分隔标识符。符合所有标识符格式规则的标识符既可以使用分隔符,也可以不使用分隔符。但是,不符合常规标识符格式规则的标识符必须使用分隔符。

使用双引号分隔的标识符称为引用标识符,使用方括号分隔的标识符称为括号标识符。

7.1.4 常量和变量

T-SQL 语言最常用到的就是常量和变量,无论是常量还是变量,都有数据类型。

1. 数据类型

在 SQL Server 2012 中,每个列(字段或属性)、局部变量、表达式和参数都具有一个相关的数据类型。数据类型是一种属性,用于指定对象可保存的数据的类型。

SQL Server 提供了系统数据类型和用户定义数据类型。

系统数据类型就是由 SQL Server 系统提供的数据类型。第 6 章已经介绍过了。

用户定义数据类型是用户根据自己的需求,定义的一种新的数据类型,但用户定义数据类型必须建立在系统数据类型之上。在对象资源管理器中,选择 XSCJ 数据库,展开"可编程性"中"类型"的"用户定义数据类型"选项,右击,选择快捷菜单中的"新建用户定义数据类型"选项,如图 7-1 所示。

显示"新建用户定义数据类型"对话框,在"名称"文本框中输入用户定义数据类型名称,然后选择"数据类型"下拉列表框,选择一个系统数据类型。还可以对该数据类型设置默认值、规则等，如图 7-2 所示。

图 7-1 选择"用户定义数据类型"

图 7-2 "新建用户定义数据类型"对话框

单击"确定"按钮即新建成功。展开"用户定义数据类型"选项，可以看到新建的数据类型，如图 7-3 所示，定义数据类型的使用与系统数据类型的使用方法相同。

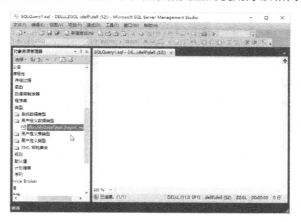

图 7-3 新建用户定义数据类型

2. 常量

常量指在程序运行过程中值不变的量。常量又称为文字值或标量值，表示一个特定数据值的符号。常量的使用格式取决于它所表示的值的数据类型。

根据常量值的不同类型，分为字符串常量、二进制常量、整型常量、实数常量、日期时间常量、货币常量、唯一标识常量。

（1）字符串常量

字符串常量分为 ASCII 字符串常量和 Unicode 字符串常量。

ASCII 字符串常量是用单引号引起来，并由 ASCII 字符构成的符号串常量。空字符串（''）用中间没有任何字符的两个单引号表示。例如：

    'Windows'   'How are you!'   'SQL Server 2012'   '123456!'   ''

Unicode 字符串常量的格式与普通字符串相似，但它前面有一个 N 标识符。N 前缀必须是大写字母。例如：

N'Windows'   N'How are you!'   N'SQL Server 2012'   N '123456!'   N''

如果字符串包含一个嵌入的单引号，可以使用两个单引号表示嵌入的单引号。对于嵌入在双引号中的字符串则没有必要这样做。例如：

'He say:"Hi!"'   N'He say:"Hi!"'

（2）二进制常量

二进制常量具有前缀 0x，并且是十六进制数字字符串，不使用单引号。例如：

0x11F   0x95AE   0x1234ABC5678DEF   0x（空二进制常量）

（3）bit 常量

bit 常量使用数字 0 或 1 表示，并且不括在引号中。如果使用一个大于 1 的数字，则该数字将转换为 1。例如：

0   1

（4）整型常量

整型常量使用不包含小数点的十进制数字字符串来表示，并且不括在引号中。整型常量必须全部为数字，不能包含小数。例如：

110   9   +126482139   -2136768

（5）实数常量

实数常量是包含小数点的十进制数字字符串，分为定点表示和浮点表示。例如：

定点表示

15.46   5.0   +85698.1354   -583462.5429

浮点表示

316.4E3   0.39E-2   +172E+5   -4915E-3

（6）日期和时间常量

日期和时间常量使用特定格式的字符日期值来表示，并被单引号引起来。SQL Server 可以识别多种格式的日期和时间。例如：

数字日期格式

'2016-05-21'   '2016/01/21'   '12.05.2016'   '05/10/2016'

字母日期格式

'April 15,2016'   'October 20,2016'

未分隔的字符串日期格式

'990710'   '20161122'

时间格式

'10:40:34'   '04:24 PM'

日期时间格式

'2016-05-21 10:40:34'   '2016-04-05 08:07:02.520'

（7）货币常量

货币常量以前缀为可选的小数点和可选的货币符号"$"的数字字符串来表示。例如：

$6321.46   -$8529

（8）唯一标识常量

唯一标识（unique identifier）常量是表示全局唯一标识符（GUID）的字符串。可以使用字符或二进制字符串格式指定。例如：

'7A19DB-8B86-D011-B42D-00C04FC964FF'   0xdc19966f868b11d0b42d00c04fc964ff

3．变量

变量是指在程序运行过程中值可以改变的量，用于临时存放数据。变量具有名字及其数据类型两个属性，变量名用于标识该变量，数据类型用于确定该变量存放值的格式及允许的运算。SQL Server 2012 的变量，按照数据库角度，可以分为数据库变量和普通变量。普通变量又可以分为局部变量和全局变量。

（1）变量名

变量名必须是一个合法的标识符。SQL Server 2012 规定,变量名必须以 ASCII 字母、Unicode 字母、汉字、下画线（_）、@或#开头，后跟一个或多个 ASCII 字母、Unicode 字母、汉字、下画线（_）、@、$或#，但不能都是下画线（_）、@、$或#。数据库名、表名、列名等，都是数据库变量。如果是普通变量，变量名必须以@开头，而且长度不能超过 128 个字符。例如：

  XSCJ Mark @StudentID @xm @i_123 @@a @var_#$

（2）数据类型

变量的数据类型和常量数据类型的分类一样。SQL Server 2012 规定，普通变量必须先声明再使用。在 SQL Server 2012 中，使用 DECLARE 语句声明变量，同时声明该变量的数据类型，使用 SET 或 SELECT 语句给变量赋值。声明一个变量后，该变量将被初始化为 NULL。使用 SET 或 SELECT 语句将一个不是 NULL 的值赋给声明的变量。给变量赋值的 SET 语句返回单值，给变量赋值的 SELECT 语句可以返回多值。在初始化多个变量时，为每个局部变量使用单独的 SET 语句。在分配变量时，建议使用 SET 语句。变量只能用在表达式中，不能代替对象名或关键字。

【例 7-1】 声明变量数据类型并赋值。

```
DECLARE @x int                  /* 声明变量@x 为 int 型 */
DECLARE @name nchar(10)         /* 声明变量@name 为 nchar 型 */
SET @x=5                        /* 给变量@x 赋整型数值 */
SET @name='刘云飞'               /* 给变量@name 赋字符型数值'刘云飞' */
GO
```

（3）全局变量和局部变量

局部变量的作用范围仅限制在程序的内部，即在其中定义局部变量的批处理、存储过程或语句块。局部变量常用来保存临时数据。普通变量通常都是局部变量。

全局变量由 SQL Server 2012 系统内部提供，其作用范围并不仅仅局限于某一个程序，以系统函数形式使用。用户不能定义全局变量，只能使用系统提供的预先定义的全局变量，任何程序均可以随时引用全局变量。全局变量名前必须加两个"@"符号。例如：

  @@version   @@spid

注意：局部变量名不能与全局变量名重名。

7.1.5 注释

在第 5 章讲解 T-SQL 语句时就已经涉及注释了。所有的程序设计语言都有注释。注释是程序代码中不执行的文本字符串，用于对代码的说明。

SQL Server 2012 提供了两种注释字符："--"（双连字符）和"/* */"。"--"为单行注释，对于多行注释语句，需要每行都使用。"/* */"可以在程序的任意处注释，只要包含在"/*"和"*/"之间的都是注释。

7.1.6 运算符

运算符是一种符号，用来指定要在一个或多个表达式中执行的操作。SQL Server 2012 所使用的运算符类别，见表 7-2。

表 7-2　SQL Server 2012 运算符类别

运算符类别	所包含运算符
赋值运算符	=（赋值）
算术运算符	+（加）、-（减）、*（乘）、/（除）、%（取模）、^（幂运算）
按位运算符	&（位与）、|（位或）、^（位异或）、~（非运算）
字符串串联运算符	+（连接）
比较运算符	=（等于）、>（大于）、>=（大于等于）、<（小于）、<=（小于等于）、<>（或!=，不等于）、!<（不小于）、!>（不大于）
逻辑运算符	ALL（所有）、AND（与）、ANY（任意一个）、BETWEEN（两者之间）、EXISTS（存在）、IN（在范围内）、LIKE（匹配）、NOT（非）、OR（或）、SOME（任意一个）
一元运算符	+（正）、-（负）、~（取反）

7.1.7　函数

函数是一个 T-SQL 语句的集合，每个函数用于完成某种特定的功能。SQL Server 2012 将函数分为内置系统函数和用户定义函数。内置函数又称为系统函数，由 SQL Server 2012 系统提供。其实这些函数都在创建的数据库中已经存在。可以展开数据库的"可编程性"的"函数"对象查看，如图 7-4 所示。

图 7-4　"函数"对象

SQL Server 2012 内置函数分为 4 类：标量函数，聚合函数，排名函数和行集函数。

1. 标量函数

标量函数对单一值进行运算，然后返回单一值。只要表达式有效，即可使用标量函数。标量函数使用范围广、频率高，所以又细分为 12 种类型，见表 7-3。

表 7-3　SQL Server 2012 标量函数类型和说明

函数类型	说明
数学函数	指定对数、指数、三角函数等数学运算
字符串函数	对字符串执行替换、截断、合并等操作
日期和时间数据类型函数	对日期和时间输入值执行运算，然后返回字符串、数字或日期和时间值

续表

函 数 类 型	说　　明
系统函数	返回 SQL Server 实例中有关值、对象和设置的信息
逻辑函数	执行逻辑运算
安全函数	返回有关用户和角色的信息
系统统计函数	返回 SQL Server 系统统计信息
转换函数	支持数据类型强制转换和转换
元数据函数	返回有关数据库和数据库对象的信息
游标函数	返回有关游标状态的信息
配置函数	返回当前配置的信息
文本和图像函数	对文本或图像输入值或列执行运算，然后返回有关值的信息

（1）数学函数

常用的数学函数见表 7-4。

表 7-4　常用的数学函数功能和示例

函　　数	功能描述	示　　例	返　回　值
ABS(数值表达式)	绝对值函数，返回指定数值表达式的绝对值	ABS(-5)	5
CEILING(数值表达式)	最高限度函数，返回大于或等于指定表达式的最小整数	CEILING(5.96)	6
COS(数值表达式)	余弦函数，返回指定表达式中以弧度表示的指定角的三角余弦	COS(30*3.14/180)	0.866158260995449
EXP(数值表达式)	指数函数，返回指定表达式的以 e 为基的指数	EXP(1)	2.71828182845905
FLOOR(数值表达式)	最低限度函数，返回小于或等于指定表达式的最大整数	FLOOR(5.96)	5
LOG(数值表达式)	自然对数函数，返回指定表达式的自然对数值	LOG(10)	2.30258509299405
LOG10(数值表达式)	以 10 为底的常用函数，返回指定表达式的以 10 为底的常用函数值	LOG10(10)	1
PI()	圆周率函数，返回 PI 的常量值	PI()	3.14159265358979
POWER(数值表达式, 幂值)	幂函数，返回指定表达式的指定幂的值	POWER(5,2)	25
RADIANS(数值表达式)	角度至弧度转换函数，对于在表达式中输入的度数值返回弧度值	RADIANS(180.0)	3.141592653589793100
RAND([种子值])	随机数函数，返回一个介于 0 到 1（不包括 0 和 1）之间的随机数值	RAND(1)	0.713591993212924
ROUND(数值表达式, 长度)	圆整函数，返回指定表达式的一个数值，舍入到指定的长度或精度	ROUND(456.789,2)	456.790

续表

函　　数	功　能　描　述	示　　例	返　回　值
SIGN(数值表达式)	符号函数，返回表达式的符号：正号（+1）、负号（-1）或零（0）	SIGN(-6)	-1
SIN(数值表达式)	正弦函数，返回指定表达式中以弧度表示的指定角的三角正弦	SIN(30*3.14/180)	0.49976981392371
SQRT(数值表达式)	平方根函数，返回指定表达式的平方根	SQRT(9)	3
SQUARE(数值表达式)	平方函数，返回指定表达式的平方	SQUARE(9)	81
TAN(数值表达式)	正切函数，返回指定表达式中以弧度表示的指定角的三角正切	TAN(30*3.14/180)	0.576995956084676

（2）字符串函数

常用的字符串函数见表 7-5。

表 7-5　常用的字符串函数功能和示例

函　　数	功　能　描　述	示　　例	返　回　值
ASCII(字符表达式)	返回指定字符的 ASCII 代码值	ASCII('V')	86
CHAR(整数表达式)	返回整数表达式所表示 ASCII 代码值对应的字符	CHAR('85')	'U'
CHARINDEX(字符表达式 1, 字符表达式 2 [, 起始位置])	查找并返回字符表达式 1 在字符表达式 2 中出现的起始位置。如果指定起始位置，则从起始位置开始查找	CHARINDEX('me','come in')	3
LEFT(字符表达式, 长度)	返回字符串左边指定长度的字符	LEFT('world',2)	'wo'
LEN(字符表达式)	返回指定字符表达式的字符个数，不含尾部空格	LEN('in a word')	9
LOWER(字符表达式)	小写字符函数，将指定表达式转换为小写字符	LOWER('Hello')	'hello'
LTRIM(字符表达式)	删除字符串起始空格函数，将删除指定表达式起始的所有空格	LTRIM('　How are you')	'How are you'
REPLACE(字符表达式 1, 字符表达式 2, 字符表达式 3)	用字符表达式 3 替换字符表达式 1 中出现的所有字符表达式 2	REPLACE('abcxabcx','x','m')	'abcmabcm'
REPLICATE(字符表达式, 整数值表达式)	字符串重复函数，重复整数值表达式指定的字符串	REPLICATE('abc',2)	'abcabc'
REVERSE(字符表达式)	返回字符串表达式的反转	REVERSE('LOVE')	'EVOL'
RIGHT(字符表达式, 长度)	返回字符串右边指定长度的字符	RIGHT('world',2)	'ld'

续表

函　数	功能描述	示　例	返　回　值
RTRIM(字符表达式)	删除字符串末尾空格函数，将删除指定表达式末尾的所有空格	RTRIM('How are you ')	'How are you'
SPACE(整数值表达式)	空格字符串函数，返回指定个数的空格	'I'+SPACE(1)+'do'	'I do'
STR(数值表达式 [, 总长度[, 小数位数]])	将数字表达式转换为字符串	STR(1234.5678,6,2)	'1234.6'
STUFF(字符表达式1, 起始位置, 长度, 字符串表达式2)	删除并替换字符串函数，在字符表达式1的起始位置删除指定长度字符，并在删除起始位置插入字符串表达式2	STUFF('abcdefg',2,3,'xyz')	'axyzefg'
SUBSTRING(字符表达式, 起始位置, 长度)	返回指定字符串从左边起始位置开始的指定长度的字符	SUBSTRING('I am sorry',3,4)	'am s'
UPPER(字符表达式)	大写字符函数，将指定表达式转换为大写字符	UPPER('Hello')	'HELLO'

（3）日期和时间数据类型函数

常用的日期和时间函数见表7-6。

表7-6　常用的日期和时间函数功能和示例

函　数	功能描述	示　例	返　回　值
DAY(日期)	返回指定日期的天数，结果为int类型	DAY('2020-5-10')	10
DATEADD(日期部分, 数字, 日期)	返回指定日期的某一部分加上数字指定的数，返回一个新的日期	DATEADD(DAY,5,'2013-6-1')	'2013-06-06 00:00:00.000'
DATEDIFF(日期部分, 起始日期, 终止日期)	返回指定的起始日期和终止日期之间的差额	DATEDIFF(DAY,GETDATE(),'2015-1-1')	732
DATENAME(日期部分, 日期)	返回代表指定日期部分，结果为字符类型	DATENAME(WEEKDAY,'2013-12-20')	'星期五'
DATEPART(日期部分, 日期)	返回表示指定日期的指定日期部分的整数，结果为int类型	DATEPART(day,'2013-10-1')	1
GETDATE( )	返回当前系统日期和时间	GETDATE()	'2012-12-30 09:51:08.253'
MONTH(日期)	返回指定日期的月数，结果为int类型	MONTH('2020-5-10')	5
YEAR(日期)	返回指定日期的年数，结果为int类型	YEAR('2020-5-10')	2020

表7-6所示的日期和时间函数的"日期部分"参数，可以使用表7-7所示的"日期部分"列

中的值，也可以使用相应的缩写来代替。

表 7-7 "日期部分" 参数

日期部分	缩 写	含 义
year	yy，yyyy	年
quarter	qq，q	季度
month	mm，m	月
week	wk，ww	周
day	dd，d	日
dayofyear	dy，y	年中的日
hour	hh	小时
minute	mi，n	分
second	ss，s	秒
millisecond	ms	微妙

（4）逻辑函数

常用的逻辑函数见表 7-8。

表 7-8 常用的系统函数功能和示例

函 数	功 能 描 述	示 例	返 回 值
CHOOSE( )	从值列表返回指定索引处的项	CHOOSE(2,'I','he','she','we')	'he'
IIF( )	根据布尔表达式计算为 true 还是 false，返回其中一个值	DECLARE @a int=10, @b int=15 SELECT IIF (@a>@b,'TRUE','FALSE')	FALSE

（5）转换函数

常用的转换函数见表 7-9。

表 7-9 常用的转换函数功能和示例

函 数	功 能 描 述	示 例	返 回 值
CAST( )	将一种数据类型的表达式显式转换为另外一种数据类型的表达式		
CONVERT( )	将一种数据类型的表达式显式转换为另外一种数据类型的表达式，是 CAST 的语法变体		
HOST_ID( )	返回工作站标识符	HOST_ID()	'4756'
HOST_NAME( )	返回工作站名称	HOST_NAME()	'HP-PC'
USER_NAME( )	返回指定标识符的数据库用户名	USER_NAME()	'dbo'

在一般情况下，SQL Server 2012 会自动处理某些数据类型的转换。例如将 smallint 类型转换为 int 类型。这种转换称为隐性转换。但有些数据类型无法由 SQL Server 2012 自动转换，就必须使用转换函数做显示转换。CAST 和 CONVERT 函数是数据类型转换函数，功能相同，只是函数语法格式不同。

CAST 函数语法格式如下：

CAST(表达式 AS 数据类型)

CONVERT 函数语法格式如下：

CONVERT(数据类型, 表达式 [, 样式])

【例7-2】 使用 CAST 和 CONVERT 函数进行数据类型转换。

SELECT CONVERT(NCHAR,'10-30-2016',101),CAST(25 AS NCHAR)

输出结果是将字符串"10-30-2016"按照101标准（美国标准）转换为日期时间类型，将整数25转换为字符串类型。

（6）元函数

常用的元函数见表7-10。

表7-10 常用的元函数功能和示例

函 数	功 能 描 述	示 例	返 回 值
COL_LENGTH(表名, 列名)	返回列的定义长度（以字节为单位）	COL_LENGTH('cj','xh')	20
DB_ID([数据库名称])	返回数据库标识号	DB_ID('XSCJ')	7
COL_NAME(表ID, 列ID)	返回列的名称	COL_LENGTH('kc','xf')	4
DB_NAME([数据库名称标识号])	返回数据库名称	DB_NAME(5)	'ReportServer'
OBJECT_NAME(数据库对象ID)	返回数据库对象名称	OBJECT_NAME(6)	ID 号对应的表名
FILE_NAME(文件ID)	返回给定文件标识号的逻辑文件名	FILE_NAME(10)	ID 号对应的文件名

（7）安全函数

常用的安全函数见表7-11。

表7-11 常用的安全函数功能和示例

函 数	功 能 描 述	示 例	返 回 值
USER	返回用户的数据库名	USER	'dbo'
USER_ID	返回用户的数据库标识号	USER_ID()	1
USER_NAME	根据给定标识号返回数据库用户名	USER_NAME()	'dbo'

（8）配置函数

常用的配置函数见表7-12。

表7-12 常用的配置函数功能和示例

函 数	功 能 描 述	示 例	返 回 值
@@LANGUAGE	返回当前所用语言的名称	@@LANGUAGE	'简体中文'
@@SERVERNAME	返回运行 SQL Server 的本地服务器的名称	@@SERVERNAME	'HP-PC'
@@VERSION	返回当前的 SQL Server 安装的版本、处理器体系结构、生成日期和操作系统	@@VERSION	'Microsoft SQL Server 2012 R2 (RTM) - 10.50.1617.0 (Intel X86)......'

续表

函　数	功能描述	示　例	返　回　值
@@SPID	返回当前用户进程的会话 ID	@@SPID	53
@@SERVICENAME	返回 SQL Server 正在其下运行的注册表项的名称。若当前实例为默认实例，则@@SERVICENAME 返回 MSSQLSERVER；若当前实例是命名实例，则该函数返回该实例名	@@SERVICENAME	MSSQLSERVER

（9）系统函数

常用的系统函数见表 7-13。

表 7-13　常用的系统函数功能和示例

函　数	功能描述	示　例	返　回　值
@@ERROR	返回执行的上一个 T-SQL 语句的错误号。如有没有错误，返回值为 0	@@ERROR	0
@@IDENTITY	返回最后插入的标识值的系统函数	@@IDENTITY	NULL
@@ROWCOUNT	返回受上一条语句影响的行数	@@ROWCOUNT	1
HOST_ID ()	返回工作站标识号	HOST_ID ()	3648

（10）系统统计函数

常用的系统统计函数见表 7-14。

表 7-14　常用的系统统计函数功能和示例

函　数	功能描述	示　例	返　回　值
@@TOTAL_WRITE	返回自上次启动 SQL Server 以来 SQL Server 所执行的磁盘写入数目	@@TOTAL_WRITE	137
@@TOTAL_READ	返回 SQL Server 自上次启动后由 SQL Server 读取（非缓存读取）的磁盘的数目	@@TOTAL_READ	3106
@@CONNECTIONS	返回 SQL Server 自上次启动以来尝试的连接数目，无论连接是成功还是失败	@@CONNECTIONS	1122
@@IO_BUSY	返回自从 SQL Server 最近一次启动以来，SQL Server 已经用于执行输入和输出操作的时间	@@IO_BUSY	30

（11）游标函数

常用的游标函数见表 7-15。

表 7-15　常用的游标函数功能和示例

函　数	功能描述	示　例	返　回　值
@@CURSOR_ROWS	返回连接上打开的上一个游标中的当前限定行的数目	@@CURSOR_ROWS	12

续表

函　　数	功　能　描　述	示　　　例	返　回　值
@@FETCH_STATUS	返回针对连接当前打开的任何游标发出的最后一条游标 FETCH 语句的状态	@@FETCH_STATUS	0

由于本书篇幅有限，文本和图像函数不予介绍。

2．聚合函数

聚合函数与数学函数、字符串函数、日期和时间函数不太一样，通常都是在表查询时使用，也就是函数的参数都是表的列名，单独使用没有意义。聚合函数对一组值进行运算，但只返回一个汇总值。由于聚合函数通常用在对表的查询操作中，一些聚合函数的示例不方便举例，所以只举几个示例。常用的聚合函数见表 7-16。

表 7-16　常用的聚合函数功能和示例

函　　数	功　能　描　述	示　　　例	返　回　值
AVG(表达式)	返回组中各组的平均值	AVG(fs)	80
COUNT(表达式)	返回组中列值的项数，忽略空值	COUNT(xm)	10
COUNT(*)	返回组中所有行数的项数，包含空值	COUNT(*)	11
MAX(表达式)	返回组中最大值	MAX(fs)	98
MIN(表达式)	返回组中最小值	MIN(fs)	43
SUM(表达式)	返回组中各组的总和	SUM(fs)	1648
CHECKSUM_AGG(表达式)	返回组中各值的校验和		
COUNT_BIG(表达式)	返回组中的项数		
GROUPING(表达式)	指示是否聚合 GROUP BY 列表中的指定列表达式		
GROUPING_ID(表达式)	计算分组级别的函数。仅当指定了 GROUP BY 时，GROUPING_ID 才能在 SELECT 列表、HAVING 或 ORDER BY 子句中使用		
STDEV(表达式)	返回指定表达式中所有值的标准偏差		
STDEVP(表达式)	返回指定表达式中所有值的总体标准偏差		
VAR(表达式)	返回指定表达式中所有值的方差		
VARP(表达式)	返回指定表达式中所有值的总体方差		

3．排名函数

排名函数为分区中的每行返回一个排名值。根据所用函数的不同，某些行可能与其他行接收到相同的值。排名函数具有不确定性。常用的排名函数有 RANK、NTILE、DENSE_RANK、ROW_NUMBER。由于排名函数使用频率不高，限于本书篇幅有限，这里不再详细介绍。

4．行集函数

行集函数将返回一个可用于代替 T-SQL 语句中表引用的对象。所有行集函数都具有不确定性。这意味着即使同一组输入值，也不一定在每次调用这些函数时都返回相同的结果。常用的行集函数有 OPENDATASOURCE、OPENROWSET、OPENQUERY、OPENXML。由于行集函数使用频率不高，这里不再详细介绍。

5．用户定义函数

SQL Server 2012 不仅提供了大量的系统内置函数，而且允许用户根据需要创建自定义函数。选择数据库中"可编程性"中的"函数"对象，右击，选择快捷菜单中的"新建"选项，可以创建用户定义函数，如图 7-5 所示。

图 7-5　创建自定义函数

用户定义函数是一个已保存 T-SQL 或公共语言运行时（CLR）例程，该例程可返回一个值。用户定义函数为标量值函数或表值函数。如果 RETURNS 子句指定了一种标量数据类型，则函数为标量值函数。可以使用多条 T-SQL 语句定义标量值函数。如果 RETURNS 子句指定 TABLE，则函数为表值函数。根据函数主体的定义方式，表值函数可分为内联函数或多语句函数。用户定义函数使用 T-SQL 语句 CREATE FUNCTION 新建，使用 ALTER FUNCTION 修改，使用 DROP FUNCTION 删除。用户定义函数将在第 10 章中详细介绍。

6．确定性函数和非确定性函数

函数以输出结果是否确定，还可以分为确定性函数和非确定性函数。所谓确定性函数是指，只要使用特定的输入值集并且数据库具有相同的状态，那么不管何时调用，确定性函数始终都会返回相同的结果。所谓非确定性函数是指，即使访问的数据库的状态不变，每次使用特定的输入值集调用非确定性函数都可能会返回不同的结果。用户无法影响任何内置函数的确定性。所有聚合和字符串，以及大部分的数学函数等内置函数都是确定性函数。所有配置、游标、元数据、安全和系统统计等函数都是非确定性函数。例如，ABS 绝对值函数是确定性函数，GETDATE 函数是非确定性函数。

对于内置函数，确定性和严格确定性是相同的。对于用户定义的函数，系统将验证定义并防止定义非确定性函数。但是，数据访问或未绑定到架构的函数被视为非严格确定性函数。对于公共语言运行时函数，函数定义将指定该函数的确定性、数据访问和系统数据访问等属性，但是由于这些属性未经系统验证，因而函数将始终被视为非严格确定性函数。

如果函数缺少确定性，其使用范围将受到限制。只有确定性函数才可以在索引视图、索引计算列、持久化计算列或用户定义函数的定义中调用。如果函数缺少严格确定性，会阻碍有益的性能优化。特定的计划重新排序步骤将被跳过，以适当地保留正确性。此外，用户定义函数的数量、顺序和调用时间随具体的实施而定。请勿依赖这些调用语意。

7.1.8 表达式

通过运算符可以将变量、常量、函数等连接在一起构成表达式。

在 SQL Server 2012 中，用户通过在查询窗口输入运行 T-SQL 语句代码，实现表达式。

1. 赋值表达式

T-SQL 提供了唯一的赋值运算符"="。用户可以使用赋值运算符给变量等赋值，也可以在列标题和定义列值的表达式之间建立关系。

【例 7-3】 声明变量数据类型并赋值。

```
DECLARE @m INT
DECLARE @n NCHAR(10)
SET @m=600
SELECT @n='Windows'
GO
```

2. 算术运算表达式

算术运算符对两个表达式执行数学运算，这两个表达式可以是数值数据类型类别的一个或多个数据类型，也可以是日期时间型。

【例 7-4】 声明变量数据为整型类型并赋值，进行算术运算。

```
DECLARE @x INT
DECLARE @y INT
DECLARE @z DATETIME
SET @x=4
SET @y=SQRT((3*@x+20)/2)
SET @z=GETDATE()+@y
SELECT @y,@z
GO
```

运行结果如图 7-6 所示。

3. 位运算表达式

位运算符在两个表达式之间执行位（二进制位）运算。位运算符的操作数可以是整数或二进制字符串数据类型类别中的任何数据类型（image 数据类型除外），但两个操作数不能同时是二进制字符串数据类型类别中的某种数据类型。

【例 7-5】 声明变量为整型类型并赋值，进行位运算。

```
DECLARE @i INT
DECLARE @j INT
SET @i=231
SET @j=54
SELECT @i&@j,@i|@j,@i^@j
GO
```

运行结果如图 7-7 所示。输出结果是将十进制的数，按照二进制的位运算得出，再以十进制的方式显示。

图 7-6　算术运算　　　　　　　　　　　　图 7-7　位运算

4．字符串串联运算表达式

字符串串联运算符将两个字符串数据相连接，生成一个新的字符串。

【例 7-6】　声明变量为字符串类型并赋值，进行字符串串联运算。
```
DECLARE @var1 NCHAR(20)
DECLARE @var2 NCHAR(5)
SET @var1='SQL Server 2012'
SET @var2='数据库管理系统'
SELECT RTRIM(@var1)+@var2
GO
```

运行结果如图 7-8 所示。字符串连接结果少了"系统"两个字，原因是在声明字符串变量 @var2 时，该变量只有 5 个字符的存储空间。

图 7-8　字符串串联运算

5．比较运算表达式

比较运算符又称为关系运算符，用来测试两个表达式是否相同。SQL Server 2012 所使用的比较运算符运算规则，见表 7-17。

表7-17 比较运算符运算规则

运 算 符	运 算 规 则
>	如果大于，则为 TRUE
>=	如果大于等于，则为 TRUE
<	如果小于，则为 TRUE
<=	如果小于等于，则为 TRUE
=	如果等于，则为 TRUE
<>	如果不等于，则为 TRUE
!=	如果不等于，则为 TRUE
!<	如果不小于（相当于>=），则为 TRUE
!>	如果不大于（相当于<=），则为 TRUE

除了 text、ntext 或 image 数据类型的表达式外，比较运算符可以用于所有的表达式，结果是 boolean 数据类型。它有三个值：TRUE、FALSE 和 UNKNOWN。返回 boolean 数据类型的表达式称为布尔表达式。与其他 SQL Server 2012 数据类型不同，boolean 数据类型不能被指定为表列或变量的数据类型，也不能在结果集中返回。

可以使用 SET ANSI_NULLS 设置比较运算结果显示。当 SET ANSI_NULLS 为 ON 时，带有一个或两个 NULL 表达式的运算符返回 UNKNOWN。当 SET ANSI_NULLS 为 OFF 时，上述规则同样适用，但是两个表达式均为 NULL，则等号（＝）运算符返回 TRUE。

【例 7-7】 声明变量为整型类型并赋值，进行比较运算。
```
SET ANSI_NULLS ON
IF 5<6                    /* 不显示比较结果，只根据结果选择执行语句 */
--如果"5<6"比较结果为 TRUE，则执行 SELECT 语句
    SELECT 'OK'
GO
```
运行结果如图 7-9 所示。

【例 7-8】 声明变量为整型类型并赋值，进行比较运算。
```
DECLARE @x INT
DECLARE @y INT
DECLARE @z INT
SET @x=5
SET @y=10
SET @z=15
IF (@x>10) OR (@y<=10) AND (@z=15)
    SELECT '逻辑表达式结果为 TRUE'
GO
```
运行结果如图 7-10 所示。

6．逻辑运算表达式

逻辑运算符对某些条件进行测试。逻辑运算符和比较运算符一样，返回带有 TRUE 或 FALSE 值的 boolean 数据类型。SQL Server 2012 所使用的逻辑运算符运算规则，见表 7-18。

其中，ALL、ANY、BETWEEN、EXISTS、LIKE、SOME 通常用于数据库查询，NOT 可以与其他任何逻辑运算符一起使用。

图 7-9　简单比较运算　　　　　　　　图 7-10　复杂的比较运算

表 7-18　逻辑运算符运算规则

运算符	运算规则
ALL	如果条件的比较都为 TRUE，则为 TRUE
AND	如果两个布尔表达式都为 TRUE，则为 TRUE
ANY	如果一组的比较中任何一个为 TRUE，则为 TRUE
BETWEEN	如果操作数在某个范围之内，则为 TRUE
EXISTS	如果子查询包含一些行，则为 TRUE
IN	如果操作数等于表达式列表中的一个，则为 TRUE
LIKE	如果操作数与一种模式相匹配，则为 TRUE
NOT	对任何其他布尔运算符的值取反
OR	如果两个布尔表达式中的一个为 TRUE，则为 TRUE
SOME	如果在一组比较中，有些为 TRUE，则为 TRUE

【例 7-9】　声明变量为整型类型并赋值，进行 IN 逻辑运算。
　　　DECLARE @x INT
　　　DECLARE @y INT
　　　SET @x=5
　　　SET @y=10
　　　IF @x IN(5,10,15) AND @y IN(5,10,15)
　　　　　SELECT '逻辑表达式结果为 TRUE'
　　　GO
运行结果如图 7-11 所示。

【例 7-10】　声明变量为整型类型并赋值，进行 NOT BETWEEN 逻辑运算。
　　　DECLARE @x INT
　　　SET @x=50
　　　IF @x NOT BETWEEN 1 AND 20
　　　　　SELECT '逻辑表达式结果为 TRUE'
　　　GO
运行结果如图 7-12 所示。

图 7-11　IN 逻辑运算

7．一元运算表达式

+（正）和 –（负）运算符可以用于 numeric 数据类型类别中任意数据类型的任意表达式。~（按位取非）运算符只能用于整数数据类型类别中任意数据类型的表达式。

【例 7-11】　声明变量为整型类型并赋值，进行一元运算。

```
DECLARE @m int
SET @m=19
SELECT ~@m
GO
```

运行结果如图 7-13 所示。

图 7-12　NOT BETWEEN 逻辑运算

图 7-13　一元运算

8．运算符优先级

当一个复杂的表达式有多个运算符时，运算符优先级决定运算符的先后顺序。SQL Server 2012 所使用的运算符的优先级，见表 7-19。

表 7-19　SQL Server 2012 运算符的优先级

优　先　级	运　算　符
1	+（正）、–（负）、~（取反）
2	*（乘）、/（除）、%（取模）

· 135 ·

优先级	运算符
3	+（连接）、+（加）、-（减）
4	=（等于）、>（大于）、>=（大于等于）、<（小于）、<=（小于等于）、<>（或!=，不等于）、!<（不小于）、!>（不大于）
5	&（位与）、|（位或）、^（位异或）
6	not（非）
7	and（与）
8	all（所有）、any（任意一个）、between（两者之间）、exists（存在）、in（在范围内）、like（匹配）、or（或）、some（任意一个）
9	=（赋值）

当一个表达式中的多个运算符优先级相同时，根据它们在表达式中的位置，一般，一元运算符从右向左顺序运算，二元运算符从左向右顺序运算。如果有括号，先运算括号里面的表达式，再运算括号外面的表达式。为了增强程序的可读性，在一个复杂的表达式中最好使用括号来标明运算符优先级。

7.2 流程控制语句

与所有的计算机编程语言一样，T-SQL 语言也提供了用于编程的代码的语法结构，可用来进行顺序、选择、循环等程序设计。在 SQL Server 2012 中提供了一些流程控制语句，也称为控制流语言，见表 7-20。

表 7-20　SQL Server 2012 流程控制语句

控制语句	说明
SET	顺序赋值语句
BEGIN…END	语句块
IF…ELSE	条件选择语句
WHILE	条件循环语句
CASE	流程控制语句
CONTINUE	重新开始下一次循环语句
BREAK	结束循环语句
RETURN	无条件退出语句
WAITFOR	延迟语句
GOTO	无条件转移语句
TRY…CATCH	异常错误处理语句
GO	程序段落标识

7.2.1 SET 语句

SET 语句将先前使用 DECLARE @local_variable 语句创建的局部变量设置为指定值。声明一个变量后，该变量将被初始化为 NULL。使用 SET 语句将一个不是 NULL 的值赋给声明的变量。其语法格式为：

> **SET @local_variable= expression**

说明：SET 语句是顺序执行的，将一个表达式赋给声明的变量。表达式的数据类型一定要和变量声明的数据类型相符。

【例 7-12】 声明变量数据类型，并用 SET 语句顺序给变量赋值。

```
DECLARE @int_a INT
DECLARE @char_ch NCHAR(10)
SET @int_a=15
SET @char_ch='hello world'
GO
```

除了赋值外，T-SQL 编程语言还提供了一些 SET 语句，这些语句可以设置特定信息的当前处理方式。

7.2.2 BEGIN…END 语句

在实际的程序设计过程中，IF…ELSE 语句中不止包含一条语句，而是一组 SQL 语句。为了可以一次执行一组 SQL 语句，这时就需要使用 BEGIN…END 语句将多条语句封闭起来。其语法格式为：

```
BEGIN
{sql_statement | statement_block}        /* 语句块 */
END
```

BEGIN…END 语句块允许嵌套。

7.2.3 IF…ELSE 语句

IF…ELSE 语句对条件表达式进行判断，如果满足条件，则在 IF 及其条件之后执行 SQL 语句，此时条件表达式返回 TRUE；可选的 ELSE 引入另一个 SQL 语句，当不满足 IF 条件时，就执行该语句，此时条件表达式返回 FALSE。其语法格式为：

```
IF Boolean_expression
{ sql_statement | statement_block }
[ ELSE
{ sql_statement | statement_block } ]
```

【例 7-13】 声明变量数据类型并赋值，用 IF…ELSE 语句进行选择。

```
DECLARE @dec_x DECIMAL(6,1)
SET @dec_x=20.1
IF @dec_x>20                          /* 判断数值大小*/
   BEGIN
      SELECT '@dec_x 大于 20'          /* 条件为真执行*/
   END
ELSE
   SELECT '@dec_x 小于 20'             /* 条件为假执行*/
GO
```

运行结果如图 7-14 所示。

【例 7-14】 根据分数划分等级：小于 60 分是差，大于等于 60 分但小于 80 分是良，大于等于 80 分是优。用 IF…ELSE 语句选择。

```
DECLARE @score INT
```

```
            SET @score =50
            IF @score >=60
                IF @score <80
                    SELECT '良'
                ELSE
                    SELECT '优'
            ELSE
                SELECT '差'
            GO
```

运行结果如图 7-15 所示。当 IF…ELSE 语句嵌套时，一定要注意 IF 和 ELSE 的配对。而且 T-SQL 语言没有限定 IF…ELSE 语句嵌套的层数，但一般嵌套不要超过 3 层，否则将降低程序的可读性。

图 7-14 IF…ELSE 语句

图 7-15 IF…ELSE 语句嵌套

7.2.4 WHILE、BREAK、CONTINUE 语句

WHILE 语句设置重复执行 SQL 语句或语句块的条件。只要指定的条件为 TRUE，就重复执行语句。可以使用 BREAK 和 CONTINUE 关键字在循环内部控制 WHILE 循环中语句的执行。BREAK 将导致无条件退出 WHILE 循环，执行 END（循环结束标记）后面的任何语句。CONTINUE 使 WHILE 循环重新开始执行，忽略 CONTINUE 后面的任何语句。其语法格式为：

```
WHILE Boolean_expression                        /* 循环条件 */
    { sql_statement | statement_block }         /* 循环体语句 */
        [ BREAK ]                               /* 无条件退出循环 */
    { sql_statement | statement_block }         /* 循环体语句 */
        [ CONTINUE ]                            /* 重新开始循环 */
    { sql_statement | statement_block }         /* 循环体语句 */
```

【例 7-15】 声明变量数据类型并赋值，用 WHILE 语句进行判断，当符合条件时，则重新循环或退出循环。

```
            DECLARE @i int
            SET @i=1
            WHILE @i<=20                        /* 循环条件 */
                BEGIN
                    SET @i=@i+1
```

```
            IF @i=10
                BREAK                           /* 无条件退出循环 */
            ELSE
                CONTINUE                        /* 重新循环 */
        END
        SELECT @i                               /* 输出结果 */
        GO
```

运行结果如图 7-16 所示。WHILE 语句允许嵌套。如果 WHILE 语句嵌套，则先执行最里面的循环，最后执行最外边的循环。如果在内层循环中使用了 BREAK 语句，将无条件退出本层循环。

图 7-16　WHILE 语句

7.2.5　CASE 语句

CASE 语句对条件表达式进行判断，并返回多个可能的结果表达式之一。
CASE 表达式有两种格式：
- CASE 简单表达式，它通过将表达式与一组简单的表达式进行比较来确定结果。
- CASE 搜索表达式，它通过计算一组布尔表达式来确定结果。

这两种格式都支持可选的 ELSE 参数。
CASE 可用于允许使用有效表达式的任意语句或子句。
CASE 简单表达式，其语法格式为：

```
        CASE input_expression                                   /* 判断条件 */
            WHEN when_expression THEN result_expression [ ...n ]   /* 满足条件 1 语句 */
            [ ELSE else_result_expression ]                        /* 其他条件语句 */
        END
```

CASE 搜索表达式，其语法格式为：

```
        CASE
            WHEN Boolean_expression THEN result_expression [ ...n ]   /* 满足条件 1 语句 */
            [ ELSE else_result_expression ]                           /* 其他条件语句 */
        END
```

【例 7-16】　用 CASE 语句简单表达式。根据字符判断：如果是"男"，则输出"是男生"。如果是"女"，则输出"是女生"。

```
        DECLARE @sex CHAR(10)
```

```
SET @sex='男'
SELECT
CASE @sex
    WHEN '男' THEN '是男生'
    ELSE '是女生'
END
GO
```

运行结果如图 7-17 所示。

【例 7-17】 用 CASE 语句搜索表达式。根据分数划分等级：小于 60 分是不及格，大于等于 60 分是及格。

```
DECLARE @score INT
DECLARE @grade CHAR(10)
SET @score=90
SET @grade =
CASE
    WHEN @score<60    THEN '不及格'
    ELSE    '及格'
END
SELECT @grade
GO
```

运行结果如图 7-18 所示。

图 7-17 CASE 简单表达式

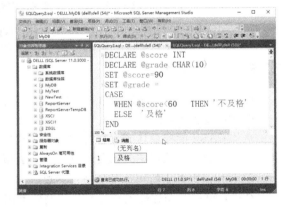
图 7-18 CASE 搜索表达式

7.2.6 RETURN 语句

RETURN 语句从查询或过程中无条件退出。RETURN 的执行是即时且完全的，可在任何时候用于从过程、批处理或语句块中退出。RETURN 之后的语句是不执行的。如果用于存储过程，RETURN 不能返回空值。其语法格式为：

　　　　RETURN [integer_expression]　　　　　　　　　　/* 返回一个整型表达式 */

RETURN 语句通常在存储过程中使用，本章暂不举例。

7.2.7 WAITFOR 语句

WAITFOR 语句称为延迟语句，设定在达到指定时间或时间间隔之前，或者指定语句至少修改或返回一行之前，阻止执行批处理、存储过程或事务。其语法格式为：
```
WAITFOR
{ DELAY 'time_to_pass'                    /* 设定等待时间 */
| TIME 'time_to_execute'                  /* 设定等待某个时刻 */
}
```
【例 7-18】 用 WAITFOR 语句设置延迟操作。
```
WAITFOR DELAY '0:0:10'                    /* 等待 10 秒 */
WAITFOR TIME '10:00'                      /* 等到 10 点 */
GO
```
WAITFOR 语句通常用在存储过程或触发器中，用来设定时间开关。

7.2.8 GOTO 语句

GOTO 语句将执行语句无条件跳转到标签处，并从标签位置继续处理。GOTO 语句和标签可在过程、批处理或语句块中的任何位置使用。其语法格式为：

GOTO label

GOTO 语句可嵌套使用。GOTO 可出现在条件控制流语句、语句块或过程中，但它不能跳转到该批语句以外的标签。GOTO 分支可跳转到定义在 GOTO 之前或之后的标签。

【例 7-19】 用 GOTO 语句设置无条件跳转。
```
DECLARE @n1 INT,@n2 INT
SET @n1=10
SET @n2=20
GOTO label1
IF @n1>@n2
    SELECT  'n1 大于 n2'
label1: IF @n1<@n2
        SELECT  'n2 大于 n1'
    ELSE
        SELECT  'n2 小于 n1'
GO
```
运行结果如图 7-19 所示。使用 GOTO 语句时，必须在程序中设置地址标签。

图 7-19 GOTO 语句

7.2.9 TRY…CATCH 语句

T-SQL 提供 TRY…CATCH 语句用以实现类似于 C#和 C++语言中的异常处理的错误处理。如果 TRY 块内部发生错误，则会将控制传递给 CATCH 块中包含的另一个语句组。其语法格式为：

```
BEGIN TRY
    {sql_statement | statement_block}
END TRY
BEGIN CATCH
    { sql_statement | statement_block}
END CATCH
```

TRY…CATCH 语句捕捉所有严重级别大于 10 但不终止数据库连接的错误。TRY 语句后必须紧跟相关联的 CATCH 语句。在 END TRY 和 BEGIN CATCH 语句之间放置任何其他语句都将生成语法错误。TRY…CATCH 不能跨越多个批处理。

TRY…CATCH 通常使用以下系统函数来获取 CATCH 块执行的错误信息：

1）ERROR_NUMBER()：返回错误号。
2）ERROR_MESSAGE()：返回错误消息的完整文本。
3）ERROR_SEVERITY()：返回错误的严重性。
4）ERROR_STATE()：返回错误状态号。
5）ERROR_LINE()：返回导致错误的例程中的行号。

【例 7-20】 用 TRY…CATCH 语句，返回错误信息。

```
BEGIN TRY
    PRINT 5/0
END TRY
BEGIN CATCH
    SELECT
        ERROR_NUMBER() AS N'ERRORNUMBER',
        ERROR_MESSAGE() AS N'ERRORMESSAGE',
        ERROR_SEVERITY() AS N'ERRORSEVERITY',
        ERROR_STATE() AS N'ERRORSTATE',
        ERROR_LINE() AS N'ERRORLINE'
END CATCH
GO
```

运行结果如图 7-20 所示。

图 7-20　TRY…CATCH 语句

7.2.10 GO 语句

GO 语句是一个程序段落结束标识，通常用在一段程序的结尾处，标识此段程序结束。不参与程序运行。

7.2.11 EXECUTE 语句

EXECUTE 语句是执行 T-SQL 批中的命令字符串、字符串或执行下列模块之一：系统存储过程、用户定义存储过程、标量值用户定义函数或扩展存储过程。为了书写简便，EXECUTE 语句可以使用缩写形式 EXEC。

7.2.12 T-SQL 语句的解析、编译和执行

在"查询编辑器"子窗口中执行 T-SQL 语句可以分为 3 个阶段，即解析、编译和执行。

在解析阶段，数据库引擎对输入的 T-SQL 语句中的每个字符进行扫描和分析，判断其是否符合语法约定。在 SQL Server 2012 中，用户在 SQL Server Management Studio 的"查询编辑器"子窗口中输入 T-SQL 语句时，数据库引擎即开始对语句进行解析，并可以根据情况协助用户完成 T-SQL 语句的输入工作。例如，当用户输入 USE 语句调用数据库时，当用户输入部分数据库名时，系统就会自动识别出数据库全名，以便用户用鼠标直接选择即可，不必再从键盘输入，效果如图 7-21 所示。

图 7-21　解析语句时提示

将所要执行的 T-SQL 语句输入完成后，即可执行 T-SQL 语句。数据库引擎首先对要执行的 T-SQL 语句进行编译，检查代码中的语法和对象名是否符合规定。如果完全符合语法规定，则将 T-SQL 语句翻译成数据库引擎可以理解的中间语言。通过编译后，数据库引擎将执行 T-SQL 语句，并返回结果。

7.3　数据定义语句

T-SQL 语言就如它的名字一样，其主要功能并不是用于编写流程控制语句，而是用于 SQL Server 关系数据库操作的语言。

T-SQL 功能极强，但由于设计巧妙，语言十分简洁，接近英语口语，完成核心功能只用了 9 个语句，见表 7-21。

表 7-21　T-SQL 的核心语句

功　　能	语　　句
数据定义	CREATE，ALTER，DROP
数据操纵	INSERT，UPDATE，DELETE
数据查询	SELECT
数据控制	GRANT，REVOKE

数据定义语句主要对各类对象进行创建、修改、删除操作。数据操纵语句主要对各类对象进行插入、修改、删除数据操作。在第 5 章、第 6 章已经介绍过数据定义和数据操纵语句，包括 CREATE、ALTER、DROP、INSERT、UPDATE、DELETE 等。数据查询语句主要用于对各类对象进行查询、输出操作。数据控制语句主要用于对各类对象进行权限设置。数据查询语句将在第 8 章介绍。数据控制语句将在第 12 章介绍。

7.4　用户定义数据类型

在第 6 章中，只详细介绍了 SQL Server 2012 的系统数据类型。如果用户认为这些数据类型不能满足需求，可以定义用户定义数据类型。

选择数据库中的"可编程性"选项的"类型"子选项的"用户定义数据类型"子选项，右击，选择快捷菜单中的"新建用户定义数据类型"选项，如图 7-22 所示。

显示"新建用户定义数据类型"对话框，在对话框中设置用户定义数据类型的各个选项，例如定义一个名称为 xsxb，数据类型为 nchar 类型，如图 7-23 所示。

图 7-22　"新建用户定义数据类型"选项　　　图 7-23　"新建用户定义数据类型"对话框

新建成功后，用户可以在"用户定义数据类型"子选项中看到新建的数据类型，如图 7-24 所示。当用户设计表时，在设置数据类型时，在数据类型下拉列表中能看到并能够使用新建的用户定义数据类型，如图 7-25 所示。

也可以使用 T-SQL 语句新建用户定义数据类型。T-SQL 语句提供了用户定义数据类型创建语句 CREATE TYPE。其语法格式如下：

图 7-24　查看新建用户定义数据类型　　　　图 7-25　选择用户定义数据类型

```
CREATE TYPE [ schema_name. ] type_name
{
    FROM base_type
    [ ( precision [ ,scale ] ) ]
    [ NULL | NOT NULL ]
    | EXTERNAL NAME assembly_name [ .class_name ]
    | AS TABLE ( { <column_definition> | <computed_column_definition> }
        [ <table_constraint> ] [ ,...n ] )
}
```

CREATE TYPE 语句语法说明：

1）schema_name 是所创建的数据类型别名。

2）type_name 是创建的数据类型别名。名称必须符合标识符的规则。

3）base_type 是创建的数据类型所基于的数据类型，由 SQL Server 提供。

【例 7-21】　用 CREATE TYPE 语句，新建用户定义数据类型。

```
CREATE TYPE xsxm
FROM nchar(20) NOT NULL
GO
```

运行结果如图 7-26 所示。

图 7-26　T-SQL 语句新建用户定义数据类型

用户定义数据类型新建后不能被修改，因为修改可能会使表或索引中的数据无效。若要修改，必须删除并重新创建该类型，或者使用 WITH UNCHECKED DATA 子句发出 ALTER ASSEMBLY 语句。

如果不需要了，用户可以在"用户定义数据类型"子选项中直接删除，也可以使用 T-SQL 语句 DROP TYPE 删除。在删除所有对用户定义类型的引用之前，不能删除该类型。这些引用可能包括：
- 针对该类型定义的列。
- 其表达式引用该类型的计算列和 CHECK 约束。
- 其定义中具有引用该类型的表达式的绑定到架构的视图和函数。
- 函数参数和存储过程参数。

7.5 用户定义表

用户除了可以定义数据类型外，还可以定义表。可以使用用户定义表类型为存储过程或函数声明表值参数，或者声明要在批处理中或在存储过程或函数的主体中使用的表变量。

用户定义表类型具有下列限制：
- 用户定义表类型不能用作表中的列或结构化用户定义类型中的字段。
- 基于用户定义表类型的别名类型。
- [NOT FOR REPLICATION]选项是不允许的。
- CHECK 约束要求保留计算列。
- 计算列的主键必须是 PERSISTED 和 NOT NULL。
- 无法对用户定义表类型创建非聚集索引，除非该索引是对用户定义表类型创建 PRIMARY KEY 或 UNIQUE 约束的结果（SQL Server 使用索引强制实施任何 UNIQUE 或 PRIMARY KEY 约束）。
- 在创建用户定义表类型定义后不能对其进行修改。
- 不能在用户定义表类型的计算列的定义中调用用户定义函数。

选择数据库中的"可编程性"选项的"类型"子选项的"用户定义表类型"子选项，右击，选择快捷菜单中的"新建用户定义表类型"选项，如图 7-27 所示。

打开一个查询编辑器子窗口，该窗口已经存在新建用户定义表类型 T-SQL 语句模板，如图 7-28 所示。用户可以通过修改该模板，新建用户定义表类型。

图 7-27　"新建用户定义表类型"选项

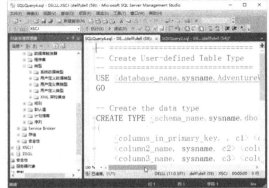
图 7-28　T-SQL 语句模板

7.6 习题

1. 简述 SQL 语言的概念和特点。
2. 以下变量名中,哪些是合法的变量名,哪些是不合法的变量名?
   A1,1a,@x,@@y,&变量1,@姓名,姓名,#m,##n,@@@abc##,@my_name
3. SQL Server 2012 所使用的运算符类别有哪些?
4. 计算下列表达式:
   1) 9–3*5/2+6%4　　　　2) 5&2|4　　　　3) '早上'+'好'　　　　4) ~10
   5) DECLARE @d SMALLDATETIME
      SET @d='2016-10-26'
      SELECT @d+10,@d–10
5. 举例说明,如果表达式@a=@b–@c 成立,则变量@a、@b、@c 可以是什么数据类型?
6. 用日期时间函数,求当前日期是否是闰年?
7. 符号"="可以是关系运算符等于,也可以是赋值运算符。那么什么情况下是关系运算符,什么情况下是赋值运算符?
8. 用 T-SQL 流程控制语句编写程序,求两个数的最大公约数和最小公倍数。
9. 计算下列表达式:
   1) ABS(–3.8)+SQRT(16)*SQUARE(3)
   2) ROUND(12345.6789,2)–ROUND(345.678,–2)
   3) SUBSTRING(REPLACE('北京大学','北京','清华'),3,2)
   4) 计算今天距离 2018 年 1 月 1 号,还有多少年?多少月?多少天?

第8章 数据查询

数据查询,也称为数据检索,是数据库的一个最重要也是最基本的功能,它是从数据库中检索符合条件的数据记录的选择过程。SQL Server 2012 的数据查询使用 T-SQL 语言,其基本的查询语句是 SELECT 语句。

本章主要介绍数据查询语句的语法及使用。

8.1 数据查询语句

使用数据库的主要目的是存储数据,以便在需要时进行检索、统计或组织输出。数据查询是数据库的核心操作。T-SQL 语言提供了 SELECT 语句进行数据库的查询,是 T-SQL 语言中使用频率最高的语句,可以说是 T-SQL 语言的灵魂。该语句具有灵活的使用方式和丰富的功能,用户可以借助它实现各种各样的查询需求。其主要语法格式如下:

```
SELECT select_list [ INTO new_table ]
[ FROM table_source ]
[ WHERE search_condition ]
[ GROUP BY group_by_expression]
[ HAVING search_condition]
[ ORDER BY order_expression [ ASC | DESC ] ]
```

SELECT 语句语法说明:

1) SELECT 语句后的 select_list 中有多种关键字选项。ALL 表示显示所有查询结果,DISTINCT 表示不重复显示查询结果,TOP <operator>表示显示查询结果的前 n 条记录或前 n%条记录。还可以给列、表达式命名别名。也可以使用函数,包括系统函数和用户定义函数。

2) FROM 子句的 table_source 是表或视图名,而且有多种连接方式。

3) WHERE 子句的 search_condition 可以是单一的,也可以是组合的查询条件。

4) GROUP BY 子句的 group_by_expression 是分组条件表达式,对记录进行分组。

5) HAVING 子句的 search_condition 也是条件表达式,选择满足条件的分组结果。

6) ORDER BY 子句的 order_expression 是排序表达式。ASC 是升序, DESC 是降序。默认是 ASC。

7) 整个 SELECT 语句的含义是,从 FROM 子句指定的基本表或视图中读取记录。如果有 WHERE 子句,根据 WHERE 子句的条件表达式,选择符合条件的记录。如果有 GROUP BY 子句,根据 GROUP BY 子句的条件表达式,对记录进行分组。如果有 HAVING 子句,根据 HAVING 子句的条件表达式,选择满足条件的分组结果。如果有 ORDER BY 子句,根据 ORDER BY 子句的条件表达式,将按指定的列的取值排序。最后根据 SELECT 语句指定列,输出最终的结果。如果有 INTO 子句,则将查询结果存储到指定的表中。

8) SELECT 语句中的子句顺序非常重要。可以省略可选子句,但这些子句在使用时必须按适当的顺序出现。SELECT 语句的处理顺序依次是:

- FROM
- ON

- JOIN
- WHERE
- GROUP BY
- WITH CUBE 或 WITH ROLLUP
- HAVING
- SELECT
- DISTINCT
- ORDER BY
- TOP

9）SELECT 语句通过对数据库的数据查询操作，完全可以实现关系模型的三种基本关系运算：投影、选择和连接。

本章通过操作 XSCJ 数据库和 ZGGL 数据库，介绍 SELECT 语句的使用。

8.1.1 投影列

投影列指的是通过限定返回结果的列组成结果表。

1. 投影指定列

投影指定列指的是投影一个表中的部分列，各列名之间用逗号隔开。

【例 8-1】 查询 xs 表中学号、姓名和性别。

```
USE XSCJ
GO
SELECT xh,xm,xb
FROM xs
GO
```

查询结果如图 8-1 所示。查询结果显示所有学生的学号、姓名和性别。

【例 8-2】 查询 zg 表中职工的姓名和出生日期。

```
USE ZGGL
GO
SELECT xm,csrq
FROM zg
GO
```

查询结果如图 8-2 所示。查询结果显示所有职工的姓名和出生日期。

图 8-1 查询所有学生的学号、姓名和性别

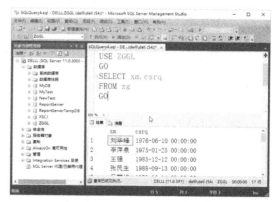

图 8-2 查询所有职工的姓名和出生日期

2. 投影所有列

投影所有列指的是投影一个表中的全部列。可以将所有列名都列出，各列之间用逗号隔开，也可以使用符号"*"。

【例 8-3】 查询 kc 表所有课程的信息。

```
USE XSCJ
GO
SELECT kch,kcm,xf
FROM kc
GO
```

查询结果如图 8-3 所示。查询结果显示所有课程的所有信息。

或

```
USE XSCJ
GO
SELECT *
FROM kc
GO
```

说明：本例的两段 T-SQL 语句从结果看是等价的。如果将所有列名都列出，则列的输出顺序可以由用户指定。如果使用符号"*"，则列的输出顺序按创建时的顺序输出。使用符号"*"比列出所有列名书写简单，但维护性、可读性不强。一般，符号"*"用在快速查询中，列出所有列名用在数据库开发中。

3. 定义列别名

查询结果默认输出的列名都是建表时的列名。但有时用户希望查询结果显示自己指定的列名，这时就可以定义表列的别名。SELECT 语句使用 AS 关键字来定义别名。

【例 8-4】 查询 xy 表所有学院的信息，xyh 列名用"学院编号"，xymc 列名用"学院名称"显示。

```
USE XSCJ
GO
SELECT xyh AS '学院编号', xymc AS '学院名称'
FROM xy
GO
```

查询结果如图 8-4 所示。查询结果显示的列名不是建表时的列名，而是定义的别名。定义表列的别名也可以用"="。例 8-4 等同于：

```
USE XSCJ
GO
SELECT '学院编号'= xyh,'学院名称'= xymc
FROM xy
GO
```

或

```
USE XSCJ
GO
SELECT 学院编号= xyh,学院名称= xymc
FROM xy
GO
```

用"="定义列别名时，列别名可以用单引号引起来，也可以不用。但如果列别名中有空格，则必须使用单引号引起来。

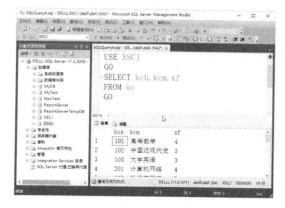

图 8-3　显示所有课程的所有信息

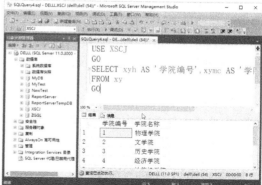

图 8-4　定义列别名

4．替换结果中数据

在对表进行查询时，有时希望对所查询的某些列使用表达式进行计算。SELECT 语句支持表达式的使用。

【例 8-5】　查询 kc 表，将每门课的学分加 1，并显示一个数字为"1"的列。

```
USE XSCJ
GO
SELECT kch,kcm,xf+1,1
FROM kc
GO
```

查询结果如图 8-5 所示。查询结果显示的第 3 列和第 4 列是 xf+1 的结果列和数值为 1 的常数列。由于这两列不是表的固有列，所以没有列名。

注意：SELECT 语句进行的是查询操作，而不是修改或其他操作。SELECT 语句本质上只是输出一个查询结果集。所以不论 SELECT 语句输出结果是什么，都将不会改变表中的原有数据。

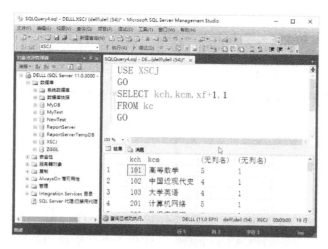

图 8-5　替换结果中数据

5．CASE 表达式替换

在替换查询时，经常使用 CASE 表达式。CASE 表达式用来计算条件列表并返回多个可能结果表达式之一。

CASE 可用于允许使用有效表达式的任意语句或子句。例如，可以在 SELECT、UPDATE、DELETE 和 SET 等语句以及 select_list、IN、WHERE、ORDER BY 和 HAVING 等子句中使用 CASE。

【例 8-6】 查询 Mark 表，如果分数大于等于 80，则评为"优秀"；大于等于 60，则评为"及格"；小于 60，则评为"不及格"。使用 CASE 表达式给每个学生的分数设定等级。

```
USE XSCJ
GO
SELECT xh,kch,fs,等级=
CASE
   WHEN fs>=80 THEN '优秀'
   WHEN fs>=60 THEN '及格'
   ELSE '不及格'
END
FROM cj
GO
```

查询结果如图 8-6 所示。查询结果的"等级"列不是表的列，结果由 CASE 表达式决定。

【例 8-7】 查询 xs 表，使用 CASE 表达式，根据学生性别，对该学生进行描述。

```
USE XSCJ
GO
SELECT xm,性别=
CASE xb
   WHEN '男' THEN '男生'
   WHEN '女' THEN '女生'
END
FROM xs
GO
```

查询结果如图 8-7 所示。

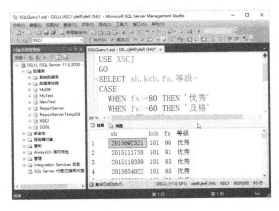

图 8-6　CASE 简单表达式

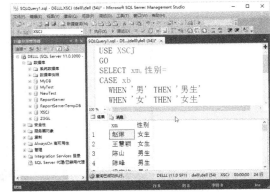

图 8-7　CASE 搜索表达式

8.1.2 选择行

选择行指的是通过限定返回结果的行组成结果表。选择行可以和投影列一起使用。

1. 消除结果中的重复行

在对表进行查询时，有时查询结果有许多重复行。SELECT 语句使用 DISTINCT 关键字消除结果中的重复行。其语法格式如下：

  DISTINCT column_name [,column_name…]

DISTINCT 关键字对后面的所有列消除重复行。一条 SELECT 语句中 DISTINCT 只能出现一次，而且必须放在所有列名之前。

【例 8-8】 查询 zg 表，使用 DISTINCT 显示性别。

  USE ZGGL
  GO
  SELECT DISTINCT xb AS '性别'
  FROM zg
  GO

查询结果如图 8-8 所示。查询结果只显示两行记录：男、女。

如果不用 DISTINCT，查询结果将显示每个作者的性别，如图 8-9 所示。

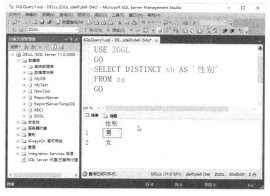

图 8-8 用 DISTINCT   图 8-9 不用 DISTINCT

2. 限制结果返回行数

如果 SELECT 语句返回结果有很多行，可以使用 TOP 关键字限定返回行数。其语法格式如下：

  TOP *n* [PERCENT]

其中 *n* 表示返回结果的前 *n* 行，*n* PERCENT 表示返回结果的前 *n*%行。*n* 可以是常数，也可以是常量、变量或数值表达式。

【例 8-9】 查询 zg 表中前 10%的职工的姓名和性别。

  USE ZGGL
  GO
  SELECT TOP 10 PERCENT xm,xb
  FROM zg
  GO

查询结果如图 8-10 所示，查询结果只显示前 10%的职工记录。

【例 8-10】 查询 kc 表中前 3 门课程的课程名和学分。
```
USE XSCJ
GO
DECLARE @n INT
SET @n=3
SELECT TOP(@n) kcm,xf
FROM kc
GO
```
查询结果如图 8-11 所示,查询结果只显示前 3 门课程的课程名和学分。

图 8-10　查询前 10%的职工信息　　　　　图 8-11　查询前 3 门课程的信息

3．限制结果返回行的条件

在限定返回结果的行操作时,最重要的操作就是通过条件来限制返回行。SELECT 语句中 WHERE 子句是最常用、最重要的条件子句。在 WHERE 子句中指出查询的条件,系统找出符合条件的结果。其语法格式如下:

　　WHERE < operator 1> [AND < operator 2>…][AND | OR < operator >…]

T-SQL 提供了各种运算符和关键字来定义查询条件。

（1）表达式比较

在 WHERE 子句中对表达式进行比较时,可以使用比较运算符和逻辑运算符。

【例 8-11】 查询课程分数大于 90 分的成绩信息。
```
USE XSCJ
GO
SELECT *
FROM cj
WHERE fs>90
GO
```
查询结果如图 8-12 所示,查询结果只显示分数大于 90 分的成绩记录。

【例 8-12】 查询年龄小于 20 岁的女生的姓名。
```
USE XSCJ
GO
SELECT xm AS '姓名'
FROM xs
WHERE DATEDIFF(YEAR,csrq,GETDATE())<20
```

AND xb='女'
GO

查询结果如图 8-13 所示，WHERE 子句中调用了 DATEDIFF、GETDATE 以及 YEAR 等系统函数。

图 8-12　查询课程分数大于 90 分的信息　　　　图 8-13　查询年龄小于 20 岁的女生的姓名

（2）限制取值

在查询数据时，如果条件较多，需要使用多个 OR 运算符，这样就使代码显得冗长。T-SQL 提供了 IN 关键字来取代多个 OR 运算符，表示如果表达式的取值与值表中的任意一个值匹配，即返回 TRUE。

【例 8-13】　查询学分是 3 学分和 4 学分的课程信息。

USE XSCJ
GO
SELECT *
FROM kc
WHERE xf IN(3,4)
GO

查询结果如图 8-14 所示，本例查询使用了 IN 子句来限制取值，查询结果与下列语句等价：

USE XSCJ
GO
SELECT *
FROM kc
WHERE xf=3 OR xf=4
GO

（3）限制范围

在查询数据时，有时需要限定范围。T-SQL 提供了 BETWEEN 关键字来取限制范围，可以取代多个关系运算符和逻辑运算符（即等同于使用>=、<=和 AND 限制的范围），表示如果表达式的取值在限定范围中即返回 TRUE。

【例 8-14】　查询在 20 世纪 70 年代出生的职工信息。

USE ZGGL
GO
SELECT *
FROM zg

```
WHERE YEAR(csrq) BETWEEN 1970 AND 1979
GO
```
查询结果如图 8-15 所示，本例查询使用了 BETWEEN…AND 来限定职员的出生日期范围。查询结果与下列语句等价：
```
USE ZGGL
GO
SELECT *
FROM zg
WHERE csrq>='1970-1-1' AND csrq<='1979-12-31'
GO
```

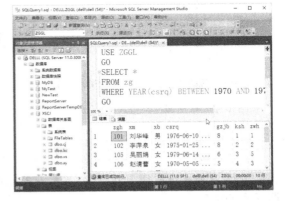

图 8-14 查询学分是 3 学分和 4 学分的课程信息　　图 8-15 查询 20 世纪 70 年代的职工信息

（4）模式匹配

在查询数据时，有时并不知道查询范围或者准确的信息，只知道查询的模式或者大概的信息。T-SQL 提供了 LIKE 关键字来限定模式匹配查询。LIKE 关键字只能用于匹配字符串数据。LIKE 模式匹配时可以使用表 8-1 中的通配符。

表 8-1 LIKE 模式匹配的通配符

通 配 符	说 明
%	匹配 0 个或多个任意字符
_	匹配 1 个任意字符
[ ]	匹配集合中的任意单个字符
[^]	不匹配集合中的任意单个字符

【例 8-15】 查询姓"赵"的女生的信息。
```
USE XSCJ
GO
SELECT *
FROM xs
WHERE xm LIKE '赵%' ANd xb='女'
GO
```
查询结果如图 8-16 所示。本例查询使用了 LIKE 来限定学生姓名的匹配模式，结果输出了"赵"的女生的信息，包括名字是两个字和三个字的。

【例 8-16】 查询姓"张"且名字是 3 个字的职工姓名。
```
USE ZGGL
GO
SELECT xm
FROM zg
WHERE xm LIKE '张%' AND LEN(xm)=3
GO
```
查询结果如图 8-17 所示。本例查询使用了 LIKE 来限定职工姓名的匹配模式。

图 8-16 查询姓"赵"的女生的信息　　图 8-17 查询姓"张"且名字是 3 个字的职工姓名

如果用"LIKE '张__'"（两个下画线）将"LIKE '张%'"替换：
```
USE ZGGL
GO
SELECT xm
FROM zg
WHERE xm LIKE '张__' AND LEN(xm)=3
GO
```
查询结果如图 8-18 所示。查询结果为空，这是因为在新建 zg 表时，xm 列的数据类型为 nchar(6)，即为 6 个字符宽。

如果用"LIKE '张_____'"（5 个下画线），查询结果如图 8-19 所示。查询结果与使用"%"相同。其中细节问题，读者可以自己分析。

图 8-18　LIKE '张__'"（两个下画线）　　图 8-19　LIKE '张_____'"（5 个下画线）

再比较下面两个查询：
```
USE ZGGL
GO
SELECT xm
FROM zg
WHERE xm LIKE '张%'
GO
```
和
```
USE ZGGL
GO
SELECT xm
FROM zg
WHERE xm LIKE '张____'
GO
```
如果将 LEN 函数去掉，查询结果都如图 8-20 所示。查询结果将姓张的，不管名字是 2 个字还是 3 个字（甚至更多）的，都显示出现。

图 8-20 将 LEN 函数去掉后的查询结果

【例 8-17】 查询不姓"王"的职工姓名。
```
USE ZGGL
GO
SELECT xm
FROM zg
WHERE xm LIKE '[^王]%'
GO
```
查询结果如图 8-21 所示。本例查询使用了 LIKE 来限定职工姓名的匹配模式。[^王]表示不匹配字符集"王"，即第 1 个字符不是字符"王"。

在 T-SQL 中，"="、IN 和 LIKE 都可以用来进行数据匹配。一般情况下，"="用来查询单个值的精确匹配；IN 用来查询多个值的精确匹配；LIKE 用来查询多个值的模糊匹配。

（5）空值处理

当需要判断一个表达式或表数据是否为空，T-SQL 提供了 IS NULL 或 NULL 关键字来判断。

【例 8-18】 查询没有科室号信息的职工信息。
USE ZGGL

GO
SELECT *
FROM zg
WHERE ksh IS NULL
GO

查询结果如图 8-22 所示。本例查询使用了 IS NULL 来判断分数列取值是否为空。空值不是数值 0，也不是空格字符串，而是取值为 NULL（没有输入数据）或未知。

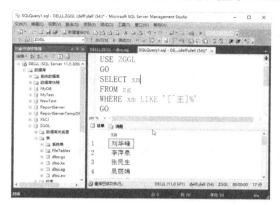

图 8-21 查询不姓"王"的员工姓名

图 8-22 查询没有科室号信息的职工

8.1.3 连接

进行数据库设计时，由于规范化、数据的一致性及完整性等要求，每个表中的数据都是有限的，但一个数据库中的各个表又不是孤立的，存在一定关系。这时就不得不将多个表连接在一起，进行组合查询数据。在一些特殊情况下，一个表还可以与自身连接。

连接指的是通过限定返回结果，将多个表的数据组成结果表，即用一个 SELECT 语句可以完成从多个表中查询的数据。连接对结果没有特别的限制，具有很大的灵活性。

T-SQL 提供了两种连接方式：传统连接方式和 SQL 连接方式。

1．传统连接方式

传统连接方式是指使用 FROM…WHERE 连接多表。其语法格式如下：

  SELECT select_list
  FROM table_name [,table_name,…]
  WHERE condition

使用传统连接方式时，必须将连接的所有表或视图名放在 FROM 后，而连接条件或选择条件放在 WHERE 后。

【例 8-19】 查询每名男同学的姓名、性别和所在学院的名称。

  USE XSCJ
  GO
  SELECT xm, xb, xymc
  FROM xs,xy
  WHERE xs.xyh=xy.xyh
  AND xb='男'
  GO

查询结果如图 8-23 所示。本例查询使用传统连接方式，连接时在 FROM 子句中将所有表写出，WHERE 子句中写出连接条件和查询条件。

【例 8-20】 查询计算机学院的学生选修课程信息。

```
USE XSCJ
GO
SELECT xm,xymc,kc.kcm,cj.fs
FROM xs,xy,cj,kc
WHERE xs.xh=cj.xh
AND kc.kch=cj.kch
AND xs.xyh=xy.xyh
AND xymc='计算机学院'
GO
```

查询结果如图 8-24 所示。连接查询时，如果多表中有重名属性列，必须在列名前标注表名。如果没有重名属性列，表名可以省略。

图 8-23 查询每名男同学的姓名、性别和所在学院的名称　　图 8-24 查询计算机学院的学生选修课程

2. SQL 连接方式

SQL 连接方式是指使用 JOIN…ON 连接多表。其语法格式如下：

SELECT select_list
FROM table_name JOIN table_name [JOIN table_name…]
ON condition
WHERE condition

使用 SQL 连接方式时，必须将连接的所有表或视图名放在 FROM 后，用 JOIN…ON 连接起来，连接条件放在 ON 后，而选择条件则放在 WHERE 后。

【例 8-21】 查询所有学生姓名、选修课程名称和分数。

```
USE XSCJ
GO
SELECT xm,kcm,fs
FROM xs JOIN cj JOIN kc
ON kc.kch=cj.kch
ON xs.xh=cj.xh
GO
```

查询结果如图 8-25 所示。本例查询结果使用 SQL 连接方式，连接时在 FROM 子句中将所有表用 JOIN 连接，ON 子句中写出连接条件，WHERE 子句中写出选择条件。由于是 3 个表连接，需要两个 JOIN 连接和两个 ON 子句，因为 3 个表是两两连接。

但注意，JOIN 连接和 ON 条件是有顺序的。当改变表的 JOIN 连接顺序或 ON 子句顺序后，结果就不一定正确，甚至于提示出错。例如，将两个 ON 子句顺序调换，运行后系统将提示错误，如图 8-26 所示。

图 8-25　查询学生姓名、课程名称和分数

图 8-26　提示错误

SQL 连接方式又分为内连接、外连接、交叉连接。其语法格式如下：

[INNER | { LEFT | RIGHT | FULL } [OUTER] [CROSS][<join_hint>] JOIN

说明：

1）INNER 表示内连接，是系统默认的连接方式。

2）OUTER 表示外连接。外连接又分为左外连接（LEFT）、右外连接（RIGHT）、完全外连接（FULL）。左外连接的结果集中除了包括满足条件的行外，还包括左表所有的行。右外连接的结果集中除了包括满足条件的行外，还包括右表所有的行。完全外连接的结果集中除了包括满足条件的行外，还包括左右两表所有的行。

3）CROSS 表示交叉连接，又称为自然连接，即生成一个笛卡儿积。

4）<join_hint>表示外连接提示。

【例 8-22】　查询学生选修的课程的情况，输出学号和课程名，如果有课程没有学生选修，也输出。

　　USE XSCJ
　　GO
　　SELECT xh,kcm
　　FROM kc LEFT JOIN cj
　　ON kc.kch=cj.kch
　　GO

查询结果如图 8-27 所示。本例使用了左外连接，将满足条件的学生的学号和课程名输出。如果 kc 表中还有不满足条件的记录，即没有被学生选修的课程名也输出，但在 xh 列中以 NULL 值输出，表示此门课程没有学生选修。

【例 8-23】　查询学生选修课程的情况，输出姓名和课程号，如果有学生没有选修课程，也输出。

　　USE XSCJ
　　GO
　　SELECT xm,cj.kch
　　FROM cj RIGHT JOIN xs

ON cj.xh=xs.xh
GO

查询结果如图 8-28 所示。本例使用了右外连接，将满足条件的学生的姓名和课程号输出。如果学生表中还有不满足条件的记录也输出，但在 kch 列中以 NULL 值输出，表示此学生没有选修任何课程。

图 8-27　左外连接　　　　　　　　　　　图 8-28　右外连接

【例 8-24】　查询所有学生选修所有课程的情况。
```
USE XSCJ
GO
SELECT xm,kcm
FROM xs CROSS JOIN kc
GO
```
查询结果如图 8-29 所示。本例使用了交叉连接，生成一个由 xs 表和 kc 表组成的笛卡儿积。

【例 8-25】　自连接。
```
USE XSCJ
GO
SELECT a.kch,a.fs
FROM cj a JOIN cj b
ON a.xh=b.xh
GO
```
查询结果如图 8-30 所示。自连接时，必须给表分别起别名加以区分。

图 8-29　交叉连接　　　　　　　　　　　图 8-30　自连接

T-SQL 提供的这两种连接方式，一般用户习惯使用传统连接方式，除非是外部连接和交叉连接，因为传统连接方式的语法简单。

8.2 数据汇总

在对表数据进行查询时，经常需要对结果进行汇总计算。T-SQL 提供了聚合函数对数据进行计算。

【例 8-26】 统计选修了 102 号课程的学生的总分、平均分、最高分和最低分。
```
USE XSCJ
GO
SELECT SUM(fs) AS '总分',AVG(fs) AS '平均分',MAX(fs) AS '最高分',MIN(fs) AS '最低分'
FROM cj
WHERE kch='102'
GO
```
查询结果如图 8-31 所示。

【例 8-27】 统计职工人数。
```
USE ZGGL
GO
SELECT COUNT(*) AS '职工人数',COUNT(ksh) AS '有科室号的职工人数'
FROM zg
GO
```
查询结果如图 8-32 所示。本例查询使用了聚合函数 COUNT(*)和 COUNT(column_name)，它们都用来统计行数据个数，但结果不一样。COUNT(*)统计行个数，COUNT(column_name)统计列中取值不为空的数据项个数。

图 8-31 统计分数

图 8-32 统计人数

8.3 排序

默认情况下，查询结果是按照表记录物理顺序输出的。但在实际应用中经常要对查询结果排序输出。本节主要介绍通过对数据进行排序再输出。

T-SQL 提供了 ORDER BY 子句对查询结果排序。其语法格式如下：

```
SELECT select_list
FROM table_name
WHERE condition
ORDER BY column_name | alias | position [ ASC | DESC ]
```

说明：在 ORDER BY 后可以包含多种元素，可以是列名，可以是列别名，也可以是列在 select_list 中出现的位置。关键字 ASC 表示将结果按升序排序，关键字 DESC 表示将结果按降序排序。排序关键字可以省略，默认按升序排序。

【例 8-28】 查询计算机学院学生信息，并按年龄从高到低排序输出。

```
USE XSCJ
GO
SELECT xm,xymc,csrq
FROM xs,xy
WHERE xs.xyh=xy.xyh
AND xymc='计算机学院'
ORDER BY csrq
GO
```

查询结果如图 8-33 所示。年龄从高到低排序其实是按照 csrq 值的升序排序的。

【例 8-29】 查询学生成绩信息，并按课程号和成绩的升序输出。

```
USE XSCJ
GO
SELECT xm,kch,fs
FROM xs,cj
WHERE xs.xh=cj.xh
ORDER BY cj.kch DESC,fs
GO
```

查询结果如图 8-34 所示。如果 ORDER BY 后有多列需要排序，按照从左向右的顺序依次排序。本例先按 kch 值降序排序输出，如果 kch 值相同，再按 fs 值的升序排序。

图 8-33 年龄单列排序输出

图 8-34 课程号和成绩多列排序输出

8.4 分组

使用聚合函数可以统计数据，但有时需要统计不同类别的数据。T-SQL 提供了 GROUP BY 子句对查询结果分组。其语法格式如下：

```
SELECT select_list
FROM table_name
WHERE condition
GROUP BY column_name
[ HAVING condition ] | | [ WITH CUBE | ROLLUP ]
```

说明：使用 GROUP BY 子句时，GROUP BY 后的 column_name 必须出现在 SELECT 后的 select_list 中，或者出现在聚合函数中，否则不允许分组。如果 GROUP BY 后的 column_name 有多个，则表示多次分组。HAVING 表示将分组结果再选择。WITH CUBE 或 WITH ROLLUP 表示将分组结果再统计。

如果使用 GROUP BY 子句时没有使用聚合函数，GROUP BY 子句就失去了分组的意义，作用等同于使用 DISTINCT 关键字。

【例 8-30】 统计每门课程的总分和平均分，并按平均分从高到低排序输出。

```
USE XSCJ
GO
SELECT kch,SUM(fs) AS '总分',AVG(fs) AS '平均分'
FROM cj
GROUP BY cj.kch
ORDER BY AVG(fs) DESC
GO
```

查询结果如图 8-35 所示。本例查询使用了 GROUP BY 子句，按照 kch 值对数据分组，kch 值相同的记录被分为一组，再分别进行统计总分和平均分，最后按平均分的降序输出结果。

【例 8-31】 统计每个学院学生的男女生人数。

```
USE XSCJ
GO
SELECT xymc,xb,COUNT(*) AS '人数'
FROM xs,xy
WHERE xs.xyh=xy.xyh
GROUP BY xymc,xb
GO
```

查询结果如图 8-36 所示。本例查询使用了 GROUP BY 子句，按照 xymc 值和 xb 值对数据分组，结果输出每个学院学生的男女生人数。

图 8-35 统计每门课程的总分和平均分

图 8-36 统计每个学院学生的男女生人数

比较以下语句：
```
USE XSCJ
GO
SELECT xymc,xb,COUNT(*) AS '人数'
FROM xs,xy
WHERE xs.xyh=xy.xyh
GROUP BY xb,xymc
GO
```
查询结果如图 8-37 所示。变换了 GROUP BY 子句后有多组分组顺序，虽然查询结果一样，但显示的行顺序不同。比较查询结果，如果 GROUP BY 子句后有多组分组，将按照从右向左的顺序依次分组。

【例 8-32】 统计每门课程选修的人数，并输出选修课程的总人数。
```
USE XSCJ
GO
SELECT kcm,COUNT(*) AS '人数'
FROM kc,cj
WHERE kc.kch=cj.kch
GROUP BY kcm
WITH CUBE
GO
```
查询结果如图 8-38 所示。输出结果不但有每门课程的选修人数，并且在最后一行统计有全部人数。

图 8-37　比较分组输出　　　　　　图 8-38　WITH CUBE 语句

【例 8-33】 将例 8-31 修改为，不仅要统计每个学院学生的男女生人数，同时还要统计各个学院的总人数。
```
USE XSCJ
GO
SELECT xymc,xb,COUNT(*) AS '人数'
FROM xs,xy
WHERE xs.xyh=xy.xyh
GROUP BY xymc,xb
WITH ROLLUP
GO
```

查询结果如图 8-39 所示。输出结果不但统计每个学院学生的男女生人数，同时在每个学院后面又添加一行统计，统计各个学院的总人数。

【例 8-34】 统计各个科室的女职工人数。

```
USE ZGGL
GO
SELECT ksh,xb,COUNT(*) AS '人数'
FROM zg
GROUP BY ksh,xb
HAVING xb='女'
GO
```

查询结果如图 8-40 所示。HAVING 子句将分组统计后的结果再统计。如果将 HAVING 子句替换为 WHERE 子句，查询结果相同。

```
USE ZGGL
GO
SELECT ksh,xb,COUNT(*) AS '人数'
FROM zg
WHERE xb='女'
GROUP BY ksh,xb
GO
```

图 8-39　WITH ROLLUP 语句

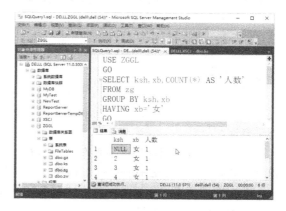

图 8-40　HAVING 子句

【例 8-35】 查询平均分在 90 分以上的课程名称和平均分。

```
USE XSCJ
GO
SELECT kcm,AVG(fs) AS '平均分'
FROM xs,kc,cj
WHERE xs.xh=cj.xh AND kc.kch=cj.kch
GROUP BY kcm
HAVING AVG(fs)>=90
GO
```

查询结果如图 8-41 所示。HAVING 子句是将分组统计后的结果再统计。

【例 8-36】 查询平均工资在 4000 元以上的科室名称和平均工资。

```
USE ZGGL
GO
```

```
SELECT ksm,AVG(gzs) AS '平均分'
FROM zg,gz,ks
WHERE zg.ksh=ks.ksh
AND zg.gzjb=gz.gzjb
GROUP BY ksm
HAVING AVG(gzs)>=4000
GO
```

查询结果如图 8-42 所示。

图 8-41 分组统计后再统计

图 8-42 查询科室名称和平均工资

8.5 子查询

在实际应用中，经常有一些 SELECT 语句需要使用其他 SELECT 语句的查询结果，此时需要子查询。

子查询就是嵌套在另一个查询（SELECT）语句中的查询（SELECT）语句，因此，子查询也称为嵌套查询。外部的 SELECT 语句称为外围查询（父查询），内部的 SELECT 语句称为子查询。子查询的结果将作为外围查询的参数，这种关系就好像是函数调用嵌套，将嵌套函数的返回值作为调用函数的参数。

虽然子查询和连接可能都要查询多个表，但子查询和连接的语法格式不一样，使用子查询最符合自然的表达查询方式，书写更容易。子查询是一个更为复杂的查询，因为子查询的外围查询可以是多种 SQL 语句，而且实现子查询有多种途径。使用子查询获得的结果完全可以使用多个 SQL 语句分开来执行。可以将多个简单的查询语句连接在一起，构成一个复杂的查询。子查询与连接相比，有一个显著的优点：子查询可以计算一个变化的聚合函数值，并返回到外围查询进行比较，而连接做不到。但多数情况子查询和连接是等价的。

使用子查询时要注意以下几点：

1）子查询需要用括号( )括起来。
2）子查询可以嵌套。
3）子查询的 SELECT 语句中不能使用 image、text 和 ntext 数据类型。
4）子查询返回的结果的数据类型必须匹配外围查询 WHERE 语句的数据类型。
5）子查询不能使用 ORDER BY 子句。

子查询具有两种不同的处理方式：无关子查询和相关子查询。

8.5.1 无关子查询

无关子查询指的是在外围查询之前执行,然后返回数据供外围查询使用,它和外围查询的联系仅此而已。在编写嵌套子查询的 SQL 语句时,如果被嵌套的查询中不包含对于外围查询的任何引用,就可以使用无关子查询。最常用的无关子查询方式是 IN(或 NOT IN)子句。其语法格式如下:

```
SELECT select_list
FROM table_name
WHERE condition [NOT] IN
(   SELECT select_list
    FROM table_name
    WHERE condition
)
```

说明:由关键字 IN 引入的子查询的 SELECT 的 select_list 中只允许有一项内容,即只能是一个列名或表达式。如果是 IN,条件满足则返回结果,否则不返回结果;如果是 NOT IN,则相反,条件不满足则返回结果。

【例 8-37】 查询年龄最小的学生的姓名和出生日期。

```
USE XSCJ
GO
SELECT xm,csrq
FROM xs
WHERE csrq IN
(
    SELECT MAX(csrq)
    FROM xs
)
GO
```

查询结果如图 8-43 所示。本例查询使用了 IN 无关子查询。先执行子查询,求得年龄最小,即 csrq 值最大的那个值,然后将子查询得到的结果返回,供外围查询使用。外围查询根据子查询返回的结果,再进行查询操作,输出符合条件的学生的学号和姓名。从查询结果看到,这里 IN 也可以用逻辑运算符"="替换,替换的前提是子查询返回的结果集必须是一个唯一值,而不是一个范围,或多个值。

【例 8-38】 查询选修了数据库原理课程的学生的姓名。

```
USE XSCJ
GO
SELECT xm
FROM xs
WHERE xh IN
(
    SELECT xh
    FROM cj
    WHERE kch IN
    (
        SELECT kch
        FROM kc
```

```
            WHERE kcm='数据库原理'
        )
    )
GO
```

查询结果如图 8-44 所示。本例查询使用了 IN 无关子查询嵌套。先执行最里面的子查询语句，求得数据库原理课程的课程号。然后返回结果供外围查询使用，求得选修了这门课的学生的学号。最后返回结果供最外围查询使用，结果输出学生的学号和姓名。从查询结果看到，这里 IN 不可以用逻辑运算符"="替换，因为子查询返回的结果集不唯一。

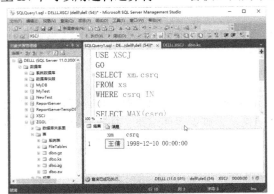

图 8-43　IN 无关子查询　　　　　　　　图 8-44　IN 嵌套子查询

无关子查询有时可以使用连接等价替换。例 8-38 等同于以下连接：

```
USE XSCJ
GO
SELECT xm
FROM xs,kc,cj
WHERE xs.xh=cj.xh AND cj.kch=kc.kch
AND kcm='数据库原理'
GO
```

无关子查询除了可以使用 IN 子句，还经常使用关系运算符与逻辑运算符（=，AND，SOME，ANY，ALL）。

【例 8-39】　查询比物理学院的学生年龄都大的其他学院的学生。

```
USE XSCJ
GO
SELECT xm,xymc
FROM xs,xy
WHERE xs.xyh=xy.xyh
AND xymc<>'物理学院'
AND csrq<ALL
(
    SELECT csrq
    FROM xs,xy
    WHERE xs.xyh=xy.xyh
    AND xymc='物理学院'
)
GO
```

查询结果如图 8-45 所示。本例查询使用了关系运算符"<"与逻辑运算符"ALL"。先执行

子查询语句，求得物理学院所有学生的出生日期。然后返回结果供外围查询使用，ALL 表示结果集的所有数据，只有全部满足才输出。即只有当不是物理学院的学生的出生日期大于结果集中所有的数据，结果才输出。

如果将例 8-39 中的 ALL 改为 SOME（或 ANY），则比较以下语句：

```
USE XSCJ
GO
SELECT xm,xymc
FROM xs,xy
WHERE xs.xyh=xy.xyh
AND xymc<>'物理学院'
AND csrq<SOME
(
    SELECT csrq
    FROM xs,xy
    WHERE xs.xyh=xy.xyh
    AND xymc='物理学院'
)
GO
```

查询结果如图 8-46 所示。SOME（或 ANY）表示结果集中的任一数据，如果有一个满足关系表达式就输出。如果不是物理学院的学生的出生日期大于结果集中的任一数据，就输出结果。

图 8-45　ALL 子查询

图 8-46　SOME 子查询

【例 8-40】　查询其他科室的、比人事科科长工资高的职工信息。

```
USE ZGGL
GO
SELECT zgh,xm,ksm,gzs
FROM zg,gz,ks
WHERE zg.ksh=ks.ksh
AND zg.gzjb=gz.gzjb
AND ksm<>'人事科'
AND gzs>ALL
(
    SELECT gzs
    FROM zg,gz,zw,ks
    WHERE zg.gzjb=gz.gzjb
    AND zg.zwh=zw.zwh
```

```
            AND zg.ksh=ks.ksh
            AND ksm='人事科'
            AND zwm='科长'
        )
        GO
```

查询结果如图 8-47 所示。

关系运算符用在子查询时，如果不用逻辑运算符 ALL、SOME、ANY（只用"="），则子查询的结果集必须是一个唯一值。

8.5.2 相关子查询

相关子查询在执行时，要使用到外围查询的数据。外围查询首先选择数据提供给子查询，然后子查询对数据进行比较，执行结束后再将它的查询结果返回到它的外围查询中。如果有结果返回，则外围查询输出。相关子查询通常使用关系运算符与逻辑运算符（EXISTS，AND，SOME，ANY，ALL）。

【例 8-41】 查找所有选修课程的学生的姓名。

```
        USE XSCJ
        GO
        SELECT DISTINCT xm
        FROM xs
        WHERE EXISTS
        (
            SELECT *
            FROM cj
            WHERE xs.xh=cj.xh
        )
        GO
```

查询结果如图 8-48 所示。

图 8-47　查询结果

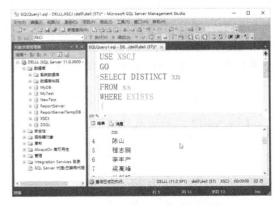

图 8-48　EXISTS 相关子查询

本例查询使用了 EXISTS 相关子查询。使用 EXISTS 关键字引入子查询可以将该子查询作为存在性测试，即测试是否存在满足子查询准则的数据。如果子查询返回的结果是空集，则判断为不存在，即 EXISTS 失败，NOT EXISTS 成功。如果子查询返回至少一行记录，则判断为存在，即 EXISTS 成功，NOT EXISTS 失败。关键字 EXISTS 一般直接跟在外围查询的 WHERE 关键字后面。它的前面没有列名、常量或者表达式。子查询的 SELECT 列表一般由"*"组成。关键字 EXISTS 一般与相关子查询一起使用，在使用时，对外表中的每一行子查询都要运行一遍，该行的值也要在子查询的 WHERE 子句中被使用。这样，通过 EXISTS 子句就能将外层表中的各行数据依次与子查询处理的内层表中的数据进行存在性比较，得到所需的结果。

【例 8-42】 查询成绩高于李丰产最低分数的学生的姓名、课程名和分数。

USE XSCJ
GO
SELECT xm,kcm,fs
FROM xs x,kc k,cj c
WHERE x.xh=c.xh AND k.kch=c.kch
AND c.fs>ANY
(
SELECT c.fs
FROM xs x,kc k,cj c
WHERE x.xh=c.xh AND c.kch=k.kch
AND x.xm='李丰产'
)
AND x.xm<>'李丰产'
GO

查询结果如图 8-49 所示。如果 AND、ANY（或 SOME）、ALL 用于相关子查询时，一般都是多表子查询。而且只能用在关系运算符之后。

子查询使用的位置是非常灵活的，可以用在 WHERE 子句中，也可以用在其他子句中。

【例 8-43】 查询每个学生的平均分。

USE XSCJ
GO
SELECT xm,平均分=
(
SELECT AVG(fs)
FROM cj c
WHERE x.xh=c.xh
)
FROM xs x
GO

查询结果如图 8-50 所示。本例子查询使用在 SELECT 语句中使用子查询，输出到列中。

 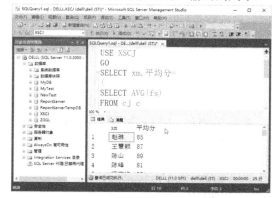

图 8-49　ANY 相关子查询　　　　　　图 8-50　在 SELECT 语句中使用子查询

8.6 集合操作

SELECT 查询操作的对象是集合，结果也是集合。T-SQL 提供了 UNION、EXCEPT 和 INTERSECT 三种集合操作。

1. 集合合并

UNION 将两个或更多查询的结果合并为单个结果集，该结果集包含联合查询中的所有查询的全部行。UNION 运算不同于连接查询。UNION 合并两个查询结果集的基本规则是：

1）所有查询中的列数和列的顺序必须相同。
2）数据类型必须兼容。

其语法格式如下：

　　{ <query specification> | (<query expression>) }
　　UNION [ALL]
　　<query specification> | (<query expression>)
　　[UNION [ALL] <query specification> | (<query expression>)
　　[...n]

说明：UNION 集合合并是将多个 SELECT 查询结果合并，参数 ALL 将全部行并入结果中，其中包括重复行。如果未指定，则删除重复行。

【例 8-44】 将 xy 表、kc 表查询结果合并。

```
USE XSCJ
GO
SELECT xyh,xymc
FROM xy
UNION
SELECT kch,kcm
FROM kc
GO
```

查询结果如图 8-51 所示。本例使用 UNION 将两个 SELECT 查询结果合并成一个结果集。
但是，并不是所有的查询结果都可以使用 UNION 连接。例如：

```
USE XSCJ
GO
SELECT xyh,xymc
FROM xy
UNION
SELECT xm,csrq
FROM xs
GO
```

查询结果如图 8-52 所示。系统提示合并失败，原因是数据类型不相容。

【例 8-45】 对 xy 表进行两次相同的查询，并将查询结果合并。一个用 UNION 合并，一个用 UNION ALL 合并。

UNION 合并
```
USE XSCJ
GO
SELECT xyh,xymc
```

FROM xy
UNION
SELECT xyh,xymc
FROM xy
GO

图 8-51 UNION 合并图   图 8-52 UNION 合并失败

UNION ALL 合并
USE XSCJ
GO
SELECT xyh,xymc
FROM xy
UNION ALL
SELECT xyh,xymc
FROM xy
GO

用 UNION 合并的查询结果如图 8-53 所示。

用 UNION ALL 合并，查询结果如图 8-54 所示。UNION ALL 是简单的合并，UNION 是去掉重复行后的合并。

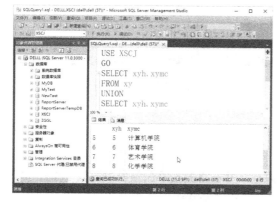

图 8-53 UNION 合并   图 8-54 UNION ALL 合并

2. 集合删除

EXCEPT 和 INTERSECT 是比较两个查询的结果，返回非重复值。EXCEPT 从左查询中返回右查询没有找到的所有非重复值。INTERSECT 返回 INTERSECT 操作数左右两边的两个查询都返回的所有非重复值。EXCEPT 和 INTERSECT 删除的两个查询的结果集基本规则是：

1）所有查询中的列数和列的顺序必须相同。

2）数据类型必须兼容。

其语法格式如下：

{ <query specification> | (<query expression>) }
{ EXCEPT | INTERSECT }
{ <query specification> | (<query expression>) }

【例 8-46】 使用 EXCEPT 将两个一样的查询结果合并。

```
USE ZGGL
GO
SELECT xm,xb
FROM zg
EXCEPT
SELECT xm,xb
FROM zg
GO
```

查询结果如图 8-55 所示。

如果将 EXCEPT 替换为 INTERSECT 查询结果如图 8-56 所示。

图 8-55　EXCEPT 查询

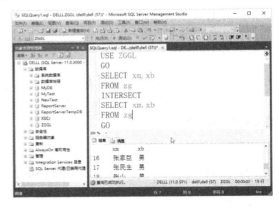

图 8-56　INTERSECT 查询

8.7　存储查询结果

一般情况下，SELECT 查询结果只是输出结果集，并不将数据添加到表中。但 T-SQL 提供了 INTO 关键字，可以将查询结果添加到表中存储。其语法格式如下：

INTO new_table

说明：根据选择列表中的列和 WHERE 子句选择的行，指定要创建的新表名。new_table 的格式通过对选择列表中的表达式进行取值来确定。new_table 中的列按选择列表指定的顺序创建。

new_table 中的每列与选择列表中的相应表达式具有相同的名称、数据类型和值。

当选择列表中包括计算列时，新表中的相应列不是计算列。新列中的值是在执行 SELECT…INTO 时计算出的。

【例 8-47】 将计算机学院的男生的姓名、性别和学院名称添加到 xs1 表中。
  USE XSCJ
  GO
  SELECT xm,xb,xymc
  INTO xs1
  FROM xs,xy
  WHERE xs.xyh=xy.xyh
  AND xb='男' AND xymc='计算机学院'
  GO

查询结果如图 8-57 所示。

将查询结果集添加到一个新创建的 xs1 表中存储，xs1 表可以在"对象资源管理器"窗口中看到，也可以打开表查看表中数据，如图 8-58 所示。

图 8-57 将简单查询存储到新表中　　　　图 8-58 打开表查看新建表中数据

打开新表的"表结构设计器"子窗口，看到存储查询结果的表的属性列的数据类型与查询的表的属性列数据类型虽然不相同，但数据类型相容，如图 8-59 所示。

【例 8-48】 统计各个学院的学生人数，并将结果添加到 xs2 表中。
  USE XSCJ
  GO
  SELECT xymc,count(*) AS '人数'
  INTO xs2
  FROM xs,xy
  WHERE xs.xyh=xy.xyh
  GROUP BY xymc
  GO

查询运行后，打开 xs2 表查看表中数据，如图 8-60 所示。由于新表中的第 2 列不是查询表原有的列，所以必须给该列命名别名。

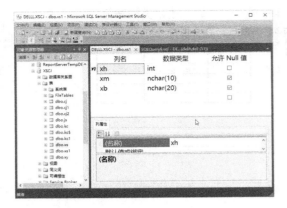
图 8-59　存储查询结果的表的属性列的数据类型

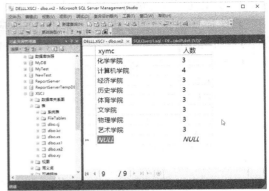
图 8-60　将分组统计结果存储到新表中

8.8　习题

1. 查询女学生的学号、姓名和出生日期。
2. 根据学生的年龄，显示年龄大于 20 岁的学生信息，并对该记录行进行标注。
3. 查询选修"大学英语"的学生的姓名，并按照分数从高到低输出前 3 名。
4. 查询艺术学院和化学学院在 1997 年出生的学生信息。
5. 查询计算机学院姓张，并且姓名是两个字的学生的信息。
6. 查询所有文学院学生选修课程信息，输出他们的姓名、学院名以及选修的课程名。
7. 统计各个科室男女职工的人数。
8. 查询各个科室的职工信息，如果有职工暂时没有被分配科室，也要显示出来。
9. 将职工姓名和科室名信息存储到一个新表中。

第 9 章 数据完整性、规则和索引

在 SQL Server 2012 中创建数据库和表，目的不仅仅是简单的存储数据供用户使用，更重要的是在保证数据的一致性和准确性的前提下，高效地存储、使用数据。

本章主要介绍数据完整性、规则和索引的概念及使用。

9.1 数据完整性

当操作表中数据时，由于种种原因，经常会遇到一些问题。例如，xs 表中 xh 列是不允许重复的。但有可能在工作人员输入信息时误操作，将两个学生的 xh 列值输入相同了。或者有个学生的 xh 列值在 cj 表中存在，但在 xs 表中找不到。如果当时没有发现，错误将一直存在，这样下去将可能影响其他一些信息存储的错误。像这样的错误如果由人工来检查，学校学生人数众多，检查的效果是难以想象的。这就要求数据库管理系统能自动实现这样的错误校正。

数据完整性是指存储在数据库的数据的一致性和准确性。数据完整性包括实体完整性、参照完整性和用户自定义完整性。SQL Server 2012 提供了强大的数据完整性功能，也分为 3 类：实体完整性、域完整性和引用完整性。在 SQL Server 2012 中，将完整性约束又称为表约束。

9.1.1 实体完整性

实体完整性也称为行完整性，是指表中的每一行都必须能够唯一标识，且不存在重复的数据行。在 SQL Server 2012 中，实体完整性可以通过主键约束和唯一性约束实现。

1．主键约束

第 6 章中已经介绍了，在表结构设计器中可以设置主键。某列（例如 xh 列、kch 列、zgh 列）被设置为主键，该列取值就不能为空，也不能重复。当表中主键列值违反主键约束，即出现重复值或有空值存在，系统会自动弹出错误提示框。例如当在 kc 表中输入一门新课，如果 kch 与其他数据重复，违反了主键约束，系统将提示出错，提示用户违反了 PRIMARY KEY 约束，如图 9-1 所示。

在 SQL Server 2012 中，主键约束是表对象，在"对象资源管理器"子窗口，在表的"键"对象，可以查看该对象，它以 图标（金色）表示，如图 9-2 所示。

图 9-1 违反主键约束

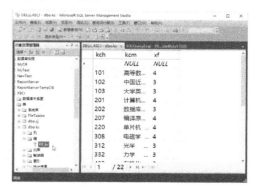

图 9-2 查看主键对象

• 179 •

如果主键设置需要修改或删除，可以进入表结构设计器中修改或删除，如图 9-3 所示。也可以针对主键对象修改或删除，如图 9-4 所示。

图 9-3　在表结构设计器中修改或删除主键约束

图 9-4　对主键对象修改或删除

使用 T-SQL 语句也可以实现主键约束。在 CREATE TABLE 或 ALTER TABLE 语句中，使用 PRIMARY KEY 子句，实现主键约束的创建、修改或删除。

【例 9-1】　使用 CREATE TABLE 语句创建 kc1 表。
```
USE XSCJ
GO
CREATE TABLE kc1
(
    kch     NCHAR(3) NOT NULL PRIMARY KEY,
    kcm     NCHAR(20) NOT NULL,
    xf      INT NULL,
)
GO
```

创建结果如图 9-5 所示。kch 被设置为主键，需要 PRIMARY KEY 子句。PRIMARY KEY 子句可以放在需要设置为主键的列名后面，也可以放在语句的最后。创建主键时，用户可以自行命名，系统也可以自动赋予主键名称。

【例 9-2】　使用 CREATE TABLE 语句创建 cj1 表。
```
USE XSCJ
GO
CREATE TABLE cj1
(
    xh      NCHAR(3) NOT NULL,
    kch     NCHAR(10) NOT NULL,
    fs      INT NULL,
    CONSTRAINT PK_cj1 PRIMARY KEY(xh,kch)
)
GO
```

创建结果如图 9-6 所示。xh 和 kch 被设置为主键（组合多列主键），PRIMARY KEY 就不能放在列名后，只能放在最后。CONSTRAINT 子句用来命名主键，也可以省略。

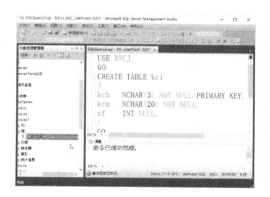
图 9-5　T-SQL 语句创建单列主键约束

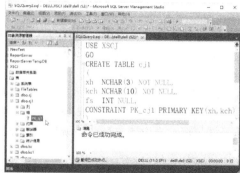
图 9-6　T-SQL 语句创建组合列主键约束

当使用 INSERT、UPDATE 语句违反主键约束时，系统会提示错误信息。

【例 9-3】　使用 INSERT 语句给 kc1 表添加多条新记录。
```
USE XSCJ
GO
INSERT kc1
VALUES('266','数据结构',5)
INSERT kc1
VALUES('266','数据库',3)
GO
```
运行结果如图 9-7 所示。因为 kch 列值有数据重复，违反了主键约束，系统将提示出错。

【例 9-4】　使用 INSERT 语句给 cj1 表添加多条新记录。
```
USE XSCJ
GO
INSERT cj1
VALUES('201','1011',90)
INSERT cj1
VALUES('201','1012',90)
INSERT cj1
VALUES('201','1011',95)
GO
```
运行结果如图 9-8 所示。因为 cj1 设置的是组合主键，所以只有当组合主键的值都有数据重复，才违反了主键约束，系统将提示出错。

图 9-7　系统提示违反主键约束

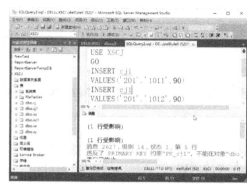
图 9-8　违反组合主键约束

2．唯一性约束

一个表只能有一个主键。但有的表中除了主键不能为空和不能有重复值存在之外，还有其他列也有同样的要求，例如 kc 表的 kcm 列、xy 表的 xymc 列也不允许为空和不能有重复值存在。这时就可以设置唯一性来实现。

在表结构设计器中打开 kc 表。选择右键菜单的"索引/键"选项，如图 9-9 所示。

显示"索引/键"对话框，如图 9-10 所示。在该对话框中，已经存在一个名为 PK_kc 的索引/键。这是在建表设置主键时系统自动创建的主键约束。

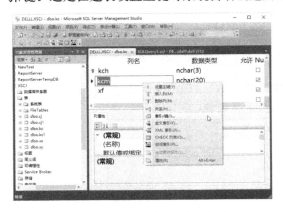

图 9-9　选择"索引/键"选项　　　　　图 9-10　"索引/键"对话框

设置唯一性约束，选择"索引/键"对话框的"添加"按钮，添加一个新的索引/键对象。用户可以对新建的索引/键选项设置。选择"类型"下拉列表框选项"唯一键"。再选择"列"选项，将列选择为"kcm（ASC）"，其中 kcm 是这个索引/键作用的列名，ASC 为该列数据排序为升序，如图 9-11 所示，关闭并保存即唯一性设置成功。

如果选择"类型"下拉列表框选项"索引"，这是创建唯一性索引。还需要将"是唯一的"选项设置为"是"，约束效果相同，如图 9-12 所示。

图 9-11　唯一性设置列　　　　　图 9-12　设置"是唯一的"选项

唯一性约束是表对象，在表的"索引"中可以查看，如图 9-13 所示。主键约束和唯一性约束都在表的"索引"中以索引对象的形式存在。它们不仅以名称区分，还以图标显示区分。

如果唯一性约束设置需要修改或删除，可以在表结构设计器中修改或删除，也可以针对键对象修改或删除，如图 9-14 所示。

图 9-13　查看唯一性约束对象

图 9-14　修改或删除唯一性约束对象

当用户在 kc 表中输入一个新课程，如果 kcm 列数据与其他已存在的 kcm 列数据相同，违反了唯一性约束，系统将弹出错误提示框，如图 9-15 所示。

使用 T-SQL 语句也可以实现唯一性约束。在 CREATE TABLE 或 ALTER TABLE 语句中，使用 UNIQUE 子句，实现唯一性约束的创建、修改或删除。

【例 9-5】　使用 ALTER TABLE 语句修改 Kc 表。

```
USE XSCJ
GO
ALTER TABLE kc1
    ADD CONSTRAINT IX_kcm1 UNIQUE(kcm)
GO
```

当使用 INSERT、UPDATE 语句违反唯一性约束时，系统会提示错误信息，如图 9-16 所示。

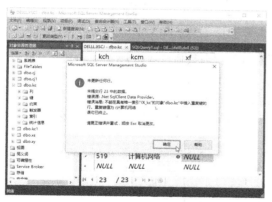

图 9-15　违反唯一性约束

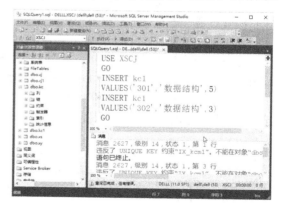

图 9-16　系统提示错误信息

主键约束和唯一性约束从约束效果看，基本相同。不同的是，一个表只能有一个主键约束，但可以有多个唯一性约束。

9.1.2 域完整性

域完整性也称为列完整性，是指一个数据集对某一个列是否有效，以及确定是否允许为空值。在 SQL Server 2012 中，域完整性可以通过空值约束、默认约束和检查约束实现。

1. 空值约束

在第 6 章中已经介绍了，在表结构设计器中可以设置"允许 Null 值"。某列被设置为"NULL"或"NOT NULL"，该列取值就可以为空或不能为空。一旦某列被设置为主键或唯一性索引，系统自动将其设置为"NOT NULL"。当表中某列被设置为"NOT NULL"，而其值违反约束，系统自动提示错误信息，如图 9-17 所示。

如果空值约束设置需要修改或删除，可以在表结构设计器中修改或删除，如图 9-18 所示。

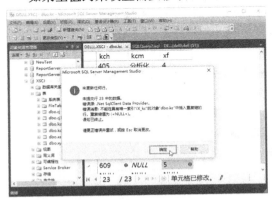
图 9-17 违反空值约束

图 9-18 修改"允许 Null 值"

使用 T-SQL 语句也可以实现空值约束。在 CREATE TABLE 或 ALTER TABLE 语句中，使用 NULL 或 NOT NULL，实现空值约束的创建、修改或删除。空值约束不是对象，所以在"对象资源管理器"子窗口中看不到。

2. 默认约束

默认约束也称为默认值约束，在第 6 章中已经介绍。当某列（例如 xb 列）设置默认值，即设置了默认约束。该列取值可以是新输入的数据，如果没有则取默认值，如图 9-19 所示。

默认约束是表对象，在表的"约束"中可以查看。如果默认约束对象需要重命名或删除，可以选择快捷菜单选项。如果修改默认约束的值，可以在表结构设计器中修改或删除，如图 9-20 所示。

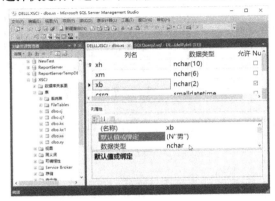
图 9-19 设置默认值或绑定

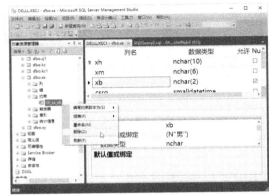
图 9-20 修改默认值或绑定

使用 T-SQL 语句也可以实现默认约束。在 CREATE TABLE 或 ALTER TABLE 语句中，使用 DEFAULT 子句实现默认约束的创建、修改或删除。

【例 9-6】 使用 CREATE TABLE 语句创建 xs1 表。
```
USE XSCJ
GO
CREATE TABLE xs1
(
    xh    INT PRIMARY KEY,
    xm    NCHAR(10),
    xb    NCHAR(20) DEFAULT('女')
)
GO
```

【例 9-7】 使用 ALTER TABLE 语句修改 kc 表，给 xf 列添加默认值约束。
```
USE XSCJ
GO
ALTER TABLE kc
    ADD CONSTRAINT DF_kc_xf DEFAULT 4 FOR xf
GO
```

在 T-SQL 命令中，如果只设置默认值，系统将自动命名和创建一个默认值约束。

3. 检查约束

例如在 xs 表中，xb 列只能取值"男"或"女"。如果误输入其他值则肯定是错误的。又例如在 cj 表中，fs 列通常只能取值 0~100，超出范围也错误。这些错误都是逻辑性错误。这时就可以设置检查约束来进行约束。检查约束又称为 CHECK 约束。

在表结构设计器中打开 xs 表，选择快捷菜单"CHECK 约束"选项，如图 9-21 所示。

显示"CHECK 约束"对话框，选择"添加"按钮，添加一个新的检查约束对象，如图 9-22 所示。

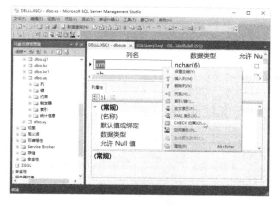
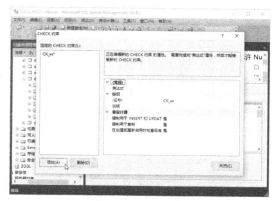

图 9-21　选择"CHECK 约束"菜单选项　　　　图 9-22　"CHECK 约束"对话框

选择"表达式"选项，弹出"CHECK 约束表达式"对话框。在"CHECK 约束表达式"对话框中输入约束表达式。例如输入 xb 列 CHECK 约束表达式：xb='男' OR xb='女'，如图 9-23 所示。

设置成功后，当 xb 列数据违反此 CHECK 约束，系统弹出错误提示框，如图 9-24 所示。

图 9-23 "CHECK 约束表达式"对话框　　　　图 9-24 违反 CHECK 约束

CHECK 约束是表对象，在表的"约束"中可以查看。如果 CHECK 约束对象需要重命名或删除，可以选择右键菜单选项。如果修改 CHECK 约束的约束表达式，可以在"CHECK 约束"对话框中操作，如图 9-25 所示。

使用 T-SQL 语句也可以实现 CHECK 约束。在 CREATE TABLE 或 ALTER TABLE 语句中，使用 CHECK 子句实现。

【例 9-8】 使用 CREATE TABLE 语句创建 js 表。

```
USE XSCJ
GO
CREATE TABLE js
(
xm NCHAR(10),
xb   NCHAR(2) DEFAULT '男' ,CONSTRAINT js_xb CHECK(xb='男' OR xb='女')
)
GO
```

【例 9-9】 使用 ALTER TABLE 语句修改 cj 表。

```
USE XSCJ
GO
ALTER TABLE cj
    ADD CONSTRAINT cj_fs CHECK(fs>=0 and fs<=100)
GO
```

当使用 INSERT、UPDATE 语句违反唯一性约束时，系统也会提示错误信息，如图 9-26 所示。

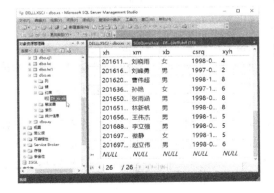

图 9-25 修改 CHECK 约束　　　　图 9-26 系统 CHECK 约束错误提示

9.1.3 引用完整性

引用完整性也称为参照完整性约束，或关联完整性约束，或外部约束关系，或外部键约束。它保证在主键（在被参照表中，也称为主键表）和外部键（在参照表中，也称为外键表）之间的关系总是得到维护。例如在 xs 表中有 xh 列，在 cj 表中也有 xh 列。它们名称相同，数据类型相同，甚至表达的含义也相同，所以它们之间一定存在着某种关联，即存在引用完整性，即 cj 表的 xh 列取值参照 xs 表的 xh 列取值。在 SQL Server 2012 中，引用完整性就是通过定义外键关系来实现的。

在表结构设计器中设置外键关系，可以在主键表中进行，也可在外键表中进行。在 SQL Server 2012 中通常在外键表中操作。例如打开 cj 表，在表结构设计器中，右击选择快捷菜单中的"关系"选项，如图 9-27 所示。

显示"外键关系"对话框，选择"添加"按钮，添加一个新外部关系对象，如图 9-28 所示。

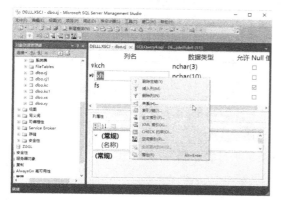

图 9-27　选择"关系"选项

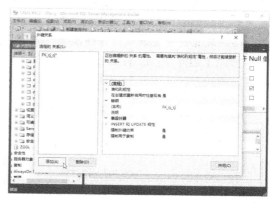

图 9-28　"外键关系"对话框

选择"表和列规范"选项，弹出"表和列"对话框。用户选择主键表和主键列，以及外键表和外部键列。用户选择主键表和外键表前，需要判断谁是主键表，谁是外键表。如果相关联的两个列，一个是表的主键，一个不是主键，通常主键所在的表就是主键表，另一个是外键表。如果相关联的两个列，都是表的主键，这时就需要用户根据表之间的逻辑关系来判断。例如 xh 列在 xs 表中是主键，而在 cj 表中只是部分主键，因此 xs 表是主键表，cj 表是外键表。如果从逻辑关系判断，通常都是先有 xs 表，再有 cj 表，即先有学生信息，才有学生选课考试成绩信息。因此也可以断定，xs 表是主键表，cj 表是外键表。在选择时还应注意，设置时主键表和外键表的列应该对应（例如，xs 表的 xh 列对应 cj 表的 xh 列），而且列数也应相同，如图 9-29 所示。

确定退出后，在"外键关系"对话框中，展开"INSERT 和 UPDATE 规范"选项，"更新规则"和"删除规则"选项有 4 个选项设置：不执行任何操作、级联、设置 Null、设置默认值。默认设置是"不执行任何操作"，即当表被设置有外部约束关系，则主键表不能修改涉及外部键值记录的主键值，主键表不能删除涉及外部键值的记录；外键表不能添加主键表主键值范围之外的记录，外键表不能将涉及主键表主键值的外部键值修改到主键值范围之外。例如修改 xs 表的某个 xh 列值，正好这个 xh 列值在 cj 表的 xh 列中存在，这时不允许修改。又例如删除 xs 表的某条记录，正好这条记录的 xh 列值在 cj 表的 xh 列中存在，这时不允许删除。又例如向 cj 表中添加新记录，这条新记录 xh 列值不在 xs 表的 xh 列值范围内，不允许添加。又例如修改 cj 表中记录，这条记录 xh 列值修改过后不在 xs 表的 xh 列值范围内，不允许修改，如图 9-30 所示。

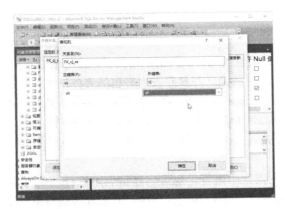
图9-29 "表和列"对话框

图9-30 展开"INSERT和UPDATE规范"选项

如果"更新规则"和"删除规则"选项设置为"级联",上述操作有的可以执行。当主键表如果修改或删除涉及外部键值记录的主键值或记录,自动级联修改或删除涉及的外部键值或记录,即级联允许主键表执行任何操作。确定并保存即外部关系约束设置成功。

按照上述操作,cj 表的 kch 列与 kc 表的 kch 列,xy 表的 xyh 列与 xs 表的 xyh 列也都需要建立外键关系。如图9-31、图9-32所示。

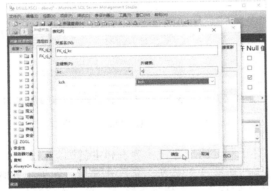
图9-31 cj 表的 kch 列与 kc 表的 kch 列外键关系　　图9-32 xy 表的 xyh 列与 xs 表的 xyh 列外键关系

引用完整性约束是表对象,在"对象资源管理器"子窗口中可以看到。展开表的"键"可以查看。引用完整性约束在表的"键"中也以键对象的形式存在,它以 图标(灰色)表示,如图9-33所示。

如果外键关系对象需要重命名或删除,可以选择快捷菜单中的选项,如图9-34所示。如果修改外键关系设置,可以在"外键关系"对话框中操作。如果删除的表设置有外键关系,必须先删除参照表,即外键表,再删除被参照表,即主键表。

使用 T-SQL 语句也可以实现外部约束关系。在 ALTER TABLE 语句中,使用 FOREIGN KEY 子句和 REFERENCES 子句实现。

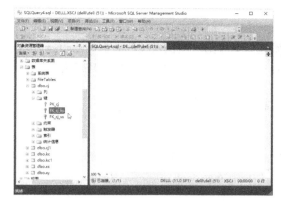
图 9-33 外键关系对象

图 9-34 修改外键关系

【例 9-10】 使用 CREATE TABLE 语句创建 cj2 表，同时创建和 kc 表的外键关系。
```
USE XSCJ
GO
CREATE TABLE cj2
(
kch    NCHAR(3),
xh    NCHAR(10),
fs    INT,CONSTRAINT PK_cj2_fs FOREIGN KEY(kch) REFERENCES kc(kch)
)
GO
```
使用 T-SQL 语句创建外键关系，FOREIGN KEY 子句后面指定本表的外部键对应的列名，REFERENCES 子句后面指定主键表表名和主键的列名。

当使用 INSERT、UPDATE、DELETE 语句违反唯一性约束时，系统会提示错误信息。

9.2 规则

规则（Rules）不是数据库中必须定义的对象，但定义规则可以保证表中的数据都能满足设计者的要求。虽然规则功能强大，在 SQL Server 系列中一直存在，但微软公司在 SQL Server 2012 联机帮助中说明，规则将在后续版本中删除。

9.2.1 规则的概念

规则是用于执行一些与检查约束相同的功能，但检查约束比规则更简明。一个列或别名数据类型只能被绑定一个规则。不过，一个列可以同时有一个规则以及一个或多个检查约束与其相关联。在这种情况下，SQL Server 2012 将评估所有限制。约束是某一个表的对象，只作用于某一个表。规则是数据库对象，作用于整个数据库。CHECK 约束被指定为 CREATE TABLE 语句或 ALTER TABLE 语句的一部分，而规则作为独立的对象创建，然后绑定在指定的列上。规则也是一种维护数据库中数据完整性的手段，使用它可以避免表中出现不符合逻辑的数据。

9.2.2 创建规则

创建规则只能使用 T-SQL 语句命令方式,而且创建规则只能在当前的数据库中进行。T-SQL 语句提供了规则创建语句 CREATE RULE,但是不能在单个批处理中将 CREATE RULE 语句与其他 T-SQL 语句组合在一起。其语法格式如下:

```
CREATE RULE [ schema_name . ] rule_name
AS condition_expression
[ ; ]
```

【例 9-11】 使用 CREATE RULE 语句创建规则,指定变量取值在 1~6 之间。

```
USE XSCJ
GO
CREATE RULE xf_Rull
AS @x_r BETWEEN 1 AND 6
GO
```

创建结果将新建一个名为 xf_Rull 的规则。在 SQL Server 2012 中,规则也是一个数据库对象。在对象资源管理器子窗口中,展开当前数据库的"可编程性"的"规则"对象,可以看到新建的 dbo.xf_Rull 的规则对象,如图 9-35 所示。

9.2.3 查看规则

创建规则只能使用 T-SQL 语句命令方式创建,但可以在 SQL Server Management Studio 的对象资源管理器中看到规则。也可以调用相关系统存储过程,例如执行 sp_help 系统存储过程获得关于规则的报告,如图 9-36 所示。

图 9-35 创建规则　　　　　　　　　图 9-36 sp_help 获得规则的报告

以规则名称作为参数来执行 sp_helptext 系统存储过程显示规则的文本,如图 9-37 所示。

若要重命名规则,可以执行 sp_rename 系统存储过程,如图 9-38 所示。

图 9-37 sp_helptext 显示规则的文本

图 9-38 sp_rename 重命名规则

9.2.4 绑定规则

绑定规则是指将已经存在的规则应用到列或用户自定义的数据类型中。创建规则后,规则只是作为一个数据库对象单独存在。只有将规则绑定到列,规则才会起到约束功能。执行 sp_bindrule 系统存储过程可将规则绑定到列或别名数据类型。规则必须与列数据类型兼容。只有当尝试在别名数据类型的数据库列中插入值或进行更新时,绑定到别名数据类型的规则才会激活。其语法格式如下:

  sp_bindrule [@rulename =] 'rule' ,
    [@objname =] 'object_name'
    [, [@futureonly =] 'futureonly_flag']

【例 9-12】 执行 sp_bindrule 系统存储过程,将规则绑定到 kc1 表的 xf 列。
  USE XSCJ
  GO
  EXEC sp_bindrule 'x_Rull','kc1.xf'
  GO
绑定规则结果如图 9-39 所示。
当 kc1 表中 xf 列值违反规则,系统自动弹出错误提示框,如图 9-40 所示。

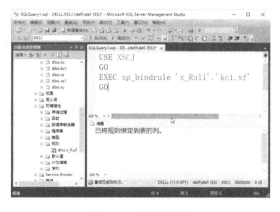
图 9-39 绑定规则

图 9-40 违反规则

9.2.5 解除规则

如果某列已经不适用于某规则，则可以解除规则。执行存储过程 sp_unbindrule 可以将规则从绑定列或用户自定义的数据类型解除。其语法格式如下：

  sp_unbindrule [@objname =] 'object_name'
    [, [@futureonly =] 'futureonly_flag']

【例 9-13】 执行 sp_unbindrule 解除规则。

```
USE XSCJ
GO
EXEC sp_unbindrule 'kc1.xf'
GO
```

解除规则结果如图 9-41 所示。

9.2.6 删除规则

如果此数据库不需要某规则，则可以删除。在创建同名的新规则之前，必须首先删除原有规则，而在删除原有规则之前，必须先解除绑定。

可以选择快捷菜单中的"删除"选项，删除规则，也可以执行 DROP RULE 语句删除规则。其语法格式如下：

  DROP RULE { [schema_name .] rule_name } [,...n] [;]

【例 9-14】 执行 CREATE RULE 语句删除规则。

```
USE XSCJ
GO
DROP RULE x_Rull
GO
```

删除规则结果如图 9-42 所示。

  图 9-41 解除规则   图 9-42 删除规则

9.3 索引

索引是关系数据库的一个基本概念。用户使用数据库最常用的操作就是查询数据，在数据量比较大时，搜索满足条件的数据可能需要很长的时间。为了提高数据检索的能力，数据库中引入了索引的概念。

索引如同书籍的目录，有了索引，用户可以快速找到表或索引视图中的特定信息。索引包含从表或视图中一个或多个列生成的键，以及映射到指定数据的存储位置的指针。通过创建设计良好的索引以支持查询，可以提高查询性能。对于包含 SELECT、UPDATE 或 DELETE 语句的各种查询，索引会很有用。索引还可以强制表中的行具有唯一性，从而确保表数据的完整性。

SQL Server 2012 在存储数据时，数据按照输入的时间顺序被放置在数据页上。一般情况下，数据存放的顺序与数据本身是没有任何联系的。而索引是与表或视图关联的磁盘上的结构，可以加快从表或视图中检索行的速度。索引包含由表或视图中的一列或多列生成的键，使 SQL Server 2012 可以快速有效地查找与键值关联的行。

索引主要有以下作用：
1）快速存取、查询数据。
2）保证数据的一致性。
3）实现表与表之间的参照完整性。
4）在使用 GROUP BY、ORDER BY 子句进行查询时，利用索引可以减少排序和分组的时间。

但索引也有自身的缺点：
1）索引和维护索引要耗费时间。
2）索引需要占用物理存储空间。
3）当对表中的数据进行添加、修改和删除时，索引也要动态维护。

因此，没有必要对表中所有列建立索引，而应该根据实际需要建立索引。

9.3.1 索引的分类

如果一个表没有创建索引，则数据行不按任何特定顺序存储，这种结构称为堆集。SQL Server 2012 支持在表中任何列（包括计算列）上定义索引。SQL Server 中可用的索引类型，见表 9-1。

表 9-1 索引类型表

索引类型	说 明
聚集	聚集索引基于聚集索引键按顺序排序和存储表或视图中的数据行。聚集索引按 B 树索引结构实现，B 树索引结构支持基于聚集索引键值对行进行快速检索
非聚集	既可以使用聚集索引来为表或视图定义非聚集索引，也可以根据堆来定义非聚集索引。非聚集索引中的每个索引行都包含非聚集键值和行定位符。此定位符指向聚集索引或堆中包含该键值的数据行。索引中的行按索引键值的顺序存储，但是不保证数据行按任何特定顺序存储，除非对表创建聚集索引
唯一	唯一索引确保索引键不包含重复的值，因此，表或视图中的每一行在某种程度上是唯一的。唯一性可以是聚集索引和非聚集索引的属性
列存储	一种基于按列对数据进行垂直分区的 xVelocity 内存优化列存储索引，作为大型对象（LOB）存储
带有包含列的索引	一种非聚集索引，它扩展后不仅包含键列，还包含非键列
计算列上的索引	从一个或多个其他列的值或某些确定的输入值派生的列上的索引
筛选	一种经过优化的非聚集索引，尤其适用于涵盖从定义完善的数据子集中选择数据的查询。筛选索引使用筛选谓词对表中的部分行进行索引。与全表索引相比，设计良好的筛选索引可以提高查询性能、减少索引维护开销并可降低索引存储开销

续表

索引类型	说明
空间	一种经过优化的非聚集索引,尤其适用于涵盖从定义完善的数据子集中选择数据的查询。筛选索引使用筛选谓词对表中的部分行进行索引。与全表索引相比,设计良好的筛选索引可以提高查询性能、减少索引维护开销并可降低索引存储开销
XML	XML 数据类型列中 XML 二进制大型对象(BLOB)的已拆分持久表示形式
全文	一种特殊类型的基于标记的功能性索引,由 SQL Server 全文引擎生成和维护。用于帮助在字符串数据中搜索复杂的词

在 SQL Server 2012 中,除了表可以创建索引,视图也可以创建索引。根据视图创建的索引称为视图索引。

虽然 SQL Server 2012 中提供了许多种索引类型,但通常可以简单地将索引根据其索引键值是否唯一,分为唯一索引和不唯一索引。根据索引列个数,可以分为单列索引和组合索引或复合索引。而最常见的索引分类,是按索引的组织方式分类,分为聚集索引和非聚集索引。

1. 聚集索引

聚集索引基于聚集索引键按顺序排序和存储表或视图中的数据行。聚集索引按 B 树索引结构实现,B 树索引结构支持基于聚集索引键值对行进行快速检索。在聚集索引中,表中各行的物理顺序与索引键值的逻辑顺序相同。每个表只能有一个聚集索引,因为数据行本身只能按一个顺序排序。

只有当表包含聚集索引时,表中的数据行才按排序顺序存储。如果表具有聚集索引,则该表称为聚集表。如果表没有聚集索引,则其数据行存储在一个称为堆的无序结构中。

以 xs 表为例,如果经常按照 xm 列查询记录,则可以在 xm 列上创建聚集索引。聚集索引行与记录行之间的映射关系,如图 9-43 所示。

图 9-43 聚集索引行与记录行之间的映射关系

2. 非聚集索引

一个表中只能有一个聚集索引,如果要在一个表建立多个索引,则可以创建非聚集索引。非聚集索引具有独立于数据行的结构。非聚集索引包含非聚集索引键值,并且每个键值项都有指向包含该键值的数据行的指针。

从非聚集索引中的索引行指向数据行的指针称为行定位器。行定位器的结构取决于数据页是存储在堆中还是聚集表中。对于堆,行定位器是指向行的指针。对于聚集表,行定位器是聚集索引键。

聚集索引和非聚集索引都可以是唯一索引的。每当修改了表数据后，都会自动维护索引。如果对表列定义了主键约束（即 PRIMARY KEY 约束）和唯一约束（即 UNIQUE 约束）时，会自动创建索引。如果是主键约束，系统默认是聚集、唯一索引。

9.3.2 创建索引

创建索引时，首先必须考虑一些设计准则。

1. 设计索引时应考虑的准则

（1）创建索引之前应考虑的准则

1）了解数据库本身的特征。
2）了解最常用的查询的特征。
3）了解查询中使用的列的特征。
4）确定哪些索引选项可在创建或维护索引时提高性能。

（2）设计索引时应考虑的数据库准则

1）一个表如果建有大量索引，反而会影响 INSERT、UPDATE 和 DELETE 语句的性能，因为在表中的数据更改时，所有索引都必须进行适当调整。

2）避免对经常更新的表进行过多的索引，并且索引应保持较窄，就是说，列要尽可能少。

3）使用多个索引可以提高更新少而数据量大的查询的性能。大量索引可以提高不修改数据的查询（例如 SELECT 语句）的性能，因为查询优化器有更多的索引可供选择，从而可以确定最快的访问方法。

4）对小表进行索引可能不会产生优化效果，因为查询优化器在遍历用于搜索数据的索引时，花费的时间可能比执行简单的表扫描还长。因此，小表的索引可能从来不用，但仍必须在表中的数据更改时进行维护。

5）视图包含聚集函数、连接或聚集函数和连接的组合时，视图的索引可以显著地提升性能。

2. 创建索引

（1）管理工具界面方式创建

在 SQL Server Management Studio 中，在表设计器中打开 xs 表，右击，选择快捷菜单中的"索引/键"选项，如图 9-44 所示。

显示"索引/键"对话框，由于 xs 表已经将 xh 列设置为主键，因此已经存在了一个以主键为索引键的唯一索引，如图 9-45 所示。

图 9-44　创建索引

图 9-45　"索引/键"对话框

如果需要根据 xm 列创建索引，选择"添加"按钮，添加一个索引/键对象。选择"类型"选项设置为"索引"，选择"列"选项设置 xm 列，选择"是唯一的"选项设置为"否"，如图 9-46 所示，关闭并保存退出即可。

用户在 xs 表的"索引"对象中可以查看到新建的索引对象，如图 9-47 所示。

图 9-46　创建新索引　　　　　　　　　图 9-47　查看索引对象

用户也可以使用向导创建索引。这是一种最完整的创建方式。例如，在 xy 表中，根据 xymc 列创建索引。右击"索引"选项，选择快捷菜单中的"新建索引"的"非聚集索引"选项。不能选择"聚集索引"选项的原因是，xy 表设置有主键，系统已经默认创建了一个聚集索引，而且一个表只能创建一个聚集索引，如图 9-48 所示。

显示"新建索引"对话框，如图 9-49 所示，在"新建索引"对话框中，可以通过选择不同的选项来设置索引。在"常规"页中，在"索引名称"中输入新建索引名称"xymIndex"，在"索引类型"中默认为"非聚集"。

图 9-48　"新建索引"选项　　　　　　　图 9-49　"新建索引"对话框

选择"添加"按钮，将 xym 列添加到"索引键列"中，如图 9-50 所示。其他页还可以设置索引的其他属性。关闭保存退出即可。用户在 xy 表的"索引"对象中可以查看索引，如图 9-51 所示。

图 9-50　选择索引列　　　　　　　　图 9-51　查看向导索引创建的索引对象

（2）命令行方式创建

在 SQL Server 2012 中，T-SQL 提供了索引创建语句 CREATE INDEX。其语法格式如下：

CREATE [UNIQUE] [CLUSTERED | NONCLUSTERED] INDEX index_name
　　ON <object> (column [ASC | DESC] [,...n])
　　[INCLUDE (column_name [,...n])]
　　[WHERE <filter_predicate>]
　　[WITH (<relational_index_option> [,...n])]
　　[ON { partition_scheme_name (column_name)
　　　　| filegroup_name
　　　　| default
　　　　}
　　]
　　[FILESTREAM_ON { filestream_filegroup_name | partition_scheme_name | "NULL" }]

CREATE INDEX 语句语法说明：

1）index_name 是所创建的索引名。

2）UNIQUE、CLUSTERED、NONCLUSTERED 是索引类型。其中，UNIQUE 表示唯一索引，CLUSTERED 表示聚集索引，NONCLUSTERED 表示非聚集索引，而且必须先创建 UNIQUE 索引，然后才能创建 NONCLUSTERED 索引。

3）ON column 用于指定创建索引的列。

4）ASC 表示索引按升序创建，DESC 表示索引按降序创建。

【例 9-15】　已经新建一个 xs1 表，列和 xs 表相同，没有任何索引设置。根据 xm 列创建一个名为 xm1Index 的聚集索引。

　　USE XSCJ
　　GO
　　CREATE UNIQUE NONCLUSTERED INDEX xm1Index
　　ON xs1(xm)

索引创建成功，如图 9-52 所示。

9.3.3 查看索引

索引创建完毕，用户可以通过多种方式查看。

1. "对象资源管理器"子窗口查看约束

右击索引对象，选择快捷菜单中的"属性"选项，可以查看索引的属性，如图 9-53 所示。

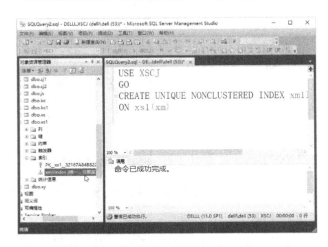 

图 9-52　T-SQL 命令创建索引　　　　图 9-53　查看索引的属性

2. 使用 sp_helpindex 系统存储过程

sp_helpindex 是 SQL Server 2012 系统存储过程，可以查看指定表或视图的索引信息。其语法格式如下：

　　sp_helpindex table_name | view_name

【例 9-16】 执行 sp_helpindex 系统存储过程查看 xs 表的索引信息。

　　USE XSCJ
　　GO
　　sp_helpindex Xs
　　Go

执行结果如图 9-54 所示。结果中显示了 xs 表的索引信息，包括索引名称、索引列名称等。

3. 从系统视图 sys.indexes 中查询索引

sys.indexes 是 SQL Server 2012 系统视图，它保存了指定数据库中的所有表或视图等对象的索引信息。

【例 9-17】 使用连接方式，将系统视图 sys.indexes 与系统视图 sys.objects 相关联，获得更详细的结果集。

　　USE XSCJ
　　GO
　　SELECT o.name AS '表名',i.name AS '索引名',i.type_desc AS '类型描述'
　　FROM sys.objects o JOIN sys.indexes i
　　ON o.object_id=i.object_id
　　GO

执行结果如图 9-55 所示。结果中显示了 XSCJ 数据库中所有的索引信息，包括表名、索引名称、索引类型。

图 9-54 sp_helpindex 系统存储过程查看索引

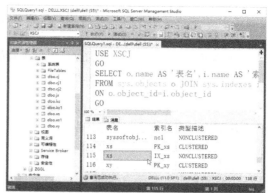

图 9-55 系统视图 sys.indexes 中查询索引

9.3.4 修改索引

如果索引设置不合适可以修改。

1. 管理工具界面方式修改

索引可以在表结构设计器中修改，也可以选择快捷菜单中的选项对索引进行删除、重命名、禁用、重新生成、重新组织等操作，如图 9-56 所示。

其中，禁用可防止用户访问该索引，对于聚集索引，还可防止用户访问基础表数据。索引定义保留在元数据中，非聚集索引的索引统计信息仍保留。重新生成并启用已禁用的索引，可使用 ALTER INDEX REBUILD 语句或 CREATE INDEX WITH DROP_EXISTING 语句。无论何时对基础数据执行插入、更新或删除操作，SQL Server 数据库引擎都会自动维护索引。随着时间的推移，这些修改可能会导致索引中的信息分散在数据库中（含有碎片）。当索引包含的页中的逻辑排序（基于键值）与数据文件中的物理排序不匹配时，就存在碎片。碎片非常多的索引可能会降低查询性能，导致应用程序响应缓慢。可以通过重新组织索引或重新生成索引来修复索引碎片。

也可以通过选择快捷菜单中的"编写索引脚本为"选项的"CREATE 到"、"DROP 到"或"DROP 和 CREATE 到"选项的"新查询编辑器窗口"，对索引进行修改，如图 9-57 所示。

图 9-56 快捷菜单

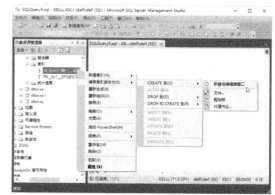

图 9-57 编辑修改索引

选择选项后，系统会自动创建一个查询编辑器，并同时生成相应的 T-SQL 语句，如图 9-58

所示。运行该段 T-SQL 语句,即可执行相应操作。

2. 命令行方式修改

在 SQL Server 2012 中,T-SQL 提供了索引修改语句 ALTER INDEX。其语法格式如下:

```
ALTER INDEX { index_name | ALL }
    ON <object>
    { REBUILD | DISABLE | REORGANIZE }
```

ALTER INDEX 语句语法说明:

1) REBUILD 子句指定重新生成索引。

2) DISABLE 子句指禁用索引。

3) REORGANIZE 子句指重新组织索引。

【例 9-18】 禁用例 9-15 创建的索引。

```
USE XSCJ
GO
ALTER INDEX xm1Index
ON xs1 DISABLE
GO
```

运行结果如图 9-59 所示。

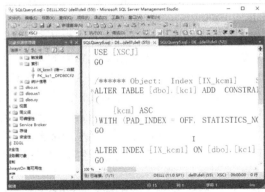

图 9-58 查询编辑器

图 9-59 禁用索引

【例 9-19】 重新启用该索引。

```
USE XSCJ
GO
ALTER INDEX xm1Index
ON xs REBUILD
GO
```

9.3.5 删除索引

如果索引不需要了,可以删除。

1. 管理工具界面方式删除

索引可以在表结构设计器中删除,也可以选择快捷菜单中的选项对索引进行删除,如图 9-60 所示。

2．命令行方式删除

在 SQL Server 2012 中，T-SQL 提供了索引修改语句 ALTER INDEX。其语法格式如下：

  DROP INDEX index_name

【例 9-20】　使用 T-SQL 命令删除索引。

  USE XSCJ
  GO
  DROP INDEX xm1Index
  ON xs1
  GO

运行结果如图 9-61 所示。

图 9-60　删除索引

图 9-61　T-SQL 命令删除索引

9.3.6　其他类型索引

除了以上常用的索引之外，SQL Server 2012 其他的索引，还有全文索引、空间索引、筛选索引、XML 数据类型列索引等。

1．全文索引

全文索引是一种特殊类型的基于标记的功能性索引，它是由 SQL Server 全文引擎生成和维护的。生成全文索引的过程不同于生成其他类型的索引。全文引擎并非基于特定行中存储的值来构造 B 树结构，而是基于要编制索引的文本中的各个标记来生成倒排、堆积且压缩的索引结构。

从 SQL Server 2012 开始，全文索引与数据库引擎集成在一起，而不是像 SQL Server 早期版本那样位于文件系统中。对于新数据库，全文目录现在为不属于任何文件组的虚拟对象；它仅是一个表示一组全文索引的逻辑概念。

（1）定义全文索引

全文索引可以通过全文索引向导定义。例如给 kc 表定义全文索引。单击 kc 表，选择快捷菜单中的"全文索引"选项的"定义全文索引"子选项，如图 9-62 所示。

显示欢迎使用全文索引向导，如图 9-63 所示，单击"下一步"按钮。

显示"选择索引"页面，选择索引，而且必须选择唯一索引，如图 9-64 所示，单击"下一步"按钮。

显示"选择表列"页面，选择表列，如图 9-65 所示，选择"下一步"按钮。

图 9-62 选择"定义全文索引"子选项

图 9-63 全文索引向导起始页

图 9-64 选择索引

图 9-65 选择表列

显示"选择更改跟踪"页面，选择更改跟踪模式。其中，"自动"表示当基础数据发生变化，全文索引将自动更新。"手动"表示不希望基础数据发生变化时全文索引自动更新，对基础数据的更改将保留下来，不过如果要将更改应用到全文索引，必须手动启动或安排此进程。"不跟踪更改"表示不希望使用基础数据的更改对全文索引进行更新，如图 9-66 所示，单击"下一步"按钮。

显示"选择目录、索引文件组和非索引字表"页面，如果还没有全文目录，可以新建目录。还可以选择索引文件组等设置，如图 9-67 所示，单击"下一步"按钮。

图 9-66 选择更改跟踪

图 9-67 选择目录等

显示"定义填充计划"页面,在此可以创建全文索引和全文目录的填充计划,也可以在下一步后,在创建完全文索引后再创建填充计划,如图9-68所示。可以选择"新建表计划"按钮。

显示"新建全文索引表计划"页面,可以根据需要设置索引名称,以及执行设置等操作,如图9-69所示。

图9-68 定义填充计划

图9-69 新建全文索引表计划

设置完毕,在"定义填充计划"页面中,就出现了刚才设置的索引,如图9-70所示,单击"下一步"按钮。

显示"全文索引向导说明"页面,如图9-71所示,最后单击"完成"按钮,完成全文索引定义。

图9-70 出现设置的索引

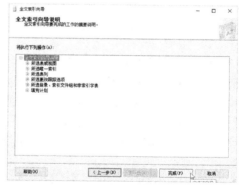

图9-71 全文索引向导说明

在"全文索引向导进度"页面中显示"成功"提示,如图9-72所示,最后单击"关闭"按钮。

(2) 查看和修改全文向导

全文索引定义完毕,可以查看或修改全文索引。选择快捷菜单中的"全文索引"选项的"属性"子选项,如图9-73所示。

显示"全文索引属性"对话框,可以在"常规"页中设置全文索引是否已启用,是否自动跟踪等,如图9-74所示。

可以在"列"页中设置可用列,如图9-75所示。

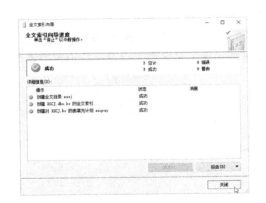

图 9-72 成功完成全文索引向导

图 9-73 "全文索引"选项的"属性"子选项

图 9-74 "全文索引属性"对话框的"常规"页

图 9-75 "全文索引属性"对话框的"列"页

(3) 启用、禁用和删除全文索引

全文索引定义完毕,不会立即自动启用,需要手工启动。选择"全文索引"选项的"启用全文索引"子选项、"禁用全文索引"子选项、"删除全文索引"子选项,可以启用全文索引、禁用全文索引和删除全文索引,如图 9-76 所示。

启用成功后,系统弹出提示框,提示成功启用,如图 9-77 所示。

图 9-76 启用全文索引

图 9-77 成功启用全文索引

（4）填充全文索引

填充全文索引实际就是更新全文索引，其目的是让全文索引能够反映最新的表数据。

SQL Server 2012 支持 3 种类型的填充：完全填充、基于更改跟踪的自动或手动填充，以及基于时间戳的增量式填充。

完全填充方式发生在首次填充全文目录或全文索引时。启用全文索引即进行了第一次的完全填充。以后就可以使用基于更改跟踪的自动或手动填充和基于时间戳的增量式填充。基于更改跟踪的自动或手动填充也是通过选择快捷菜单选项来进行设置。

基于时间戳的增量式填充，在"全文索引属性"对话框中，选择"计划"页。编辑全文索引表计划。设置计划的名称、执行一次的日期时间等。设置完成，可以修改填充类型，如图 9-78 所示。

图 9-78　修改全文索引填充类型

（5）使用全文索引

设置完全文索引并填充完毕之后，就可以通过全文搜索来查询数据了。使用全文搜索来查询数据所用到的 T-SQL 语句也是 SELECT 语句，只是在设置查询条件时和前面所说过的 SELECT 语句的查询条件设置有些不同。在 T-SQL 语言中，可以在 SELECT 语句的 WHERE 子句里设置全文搜索的查询条件，也可以在 FROM 子句里设置查询条件，此时将返回结果作为 FROM 子句中的表格来使用。

如果要在 WHERE 子句里设置全文搜索的查询条件，可以使用 CONTAINS 和 FREETEXT 两个谓词；如果要在 FROM 子句里设置全文搜索的查询条件，可以使用 CONTAINSTABLE 和 FREETEXTTABLE 两个行集值函数。

2．空间索引

SQL Server 2012 及更高版本支持空间数据。这包括对平面空间数据类型 geometry 的支持，该数据类型支持欧几里得坐标系统中的几何数据（点、线和多边形）。空间索引是对包含空间数据的表列（空间列）定义的。每个空间索引指向一个有限空间。例如，geometry 列的索引指向平面上用户指定的矩形区域。只能对类型为 geometry 或 geography 的列创建空间索引。只能对具有主键的表定义空间索引。

3．筛选索引

筛选索引是一种经过优化的非聚集索引，尤其适用于涵盖从定义完善的数据子集中选择数据的查询。筛选索引使用筛选谓词对表中的部分行进行索引。与全表索引相比，设计良好的筛选索引可以提高查询性能、减少索引维护开销并可降低索引存储开销。

筛选索引与全表索引相比具有以下优点：
- 提高了查询性能和计划质量。
- 减少了索引维护开销。
- 减少了索引存储开销。

4. XML 数据类型列索引

可以对 XML 数据类型列创建 XML 索引。它们对列中 XML 实例的所有标记、值和路径进行索引，从而提高查询性能。

XML 索引分为下列类别：
- 主 XML 索引。
- 辅助 XML 索引。

XML 类型列的第一个索引必须是主 XML 索引。使用主 XML 索引时，支持下列类型的辅助索引：PATH、VALUE 和 PROPERTY。根据查询类型的不同，这些辅助索引可能有助于改善查询性能。

9.3.7 优化索引

用户通过创建索引希望达到提高 SQL Server 数据检索速度的目的，然而在数据检索中，SQL Server 并不是对所有的索引都能利用。只有那些能加快数据的查询速度的索引才能被选用，如果利用索引查询的速度还不如正常的表扫描方式查询的速度，SQL Server 就仍然会采用正常的表扫描法查询。

1. 索引性能分析

SQL Server 提供了多种分析索引和查询性能的方法。常用的有 SHOWPLAN 和 STATISTICS IO 两种命令。

（1）SHOWPLAN

通过在查询语句中设置 SHOWPLAN 选项，用户可以选择是否让 SQL Server 显示查询计划。在查询计划中，系统将显示 SQL Server 在执行查询的过程中连接表时所采用的每个步骤以及选择哪个索引，从而可以帮助用户分析创建的索引是否被系统使用。

设置显示查询计划的语句有：

SET SHOWPLAN_XML | SHOWPLAN_TEXT | SHOWPLAN_ALL ON

本句执行后，如果是 SHOWPLAN_XML，SQL Server 不执行 SQL 语句，而返回如何在正确的 XML 文档中执行语句的执行计划信息。如果是 SHOWPLAN_TEXT，SQL Server 以文本格式返回每个查询的执行计划信息。如果是 SHOWPLAN_ALL，输出比 SHOWPLAN_TEXT 更详细的信息。设置完并执行 SQL 后，还要关闭该设置。

【例 9-21】 使用 SHOWPLAN 选项查询，并显示查询处理过程。

```
USE XSCJ
GO
SET SHOWPLAN_XML ON
GO
SELECT xm,xb,csrq
FROM xs
GO
```

```
SET SHOWPLAN_XML OFF
GO
```

查询结果如图 9-79 所示，显示的是一行链接提示信息。

查看链接，系统显示本次查询处理过程的情况，如图 9-80 所示。

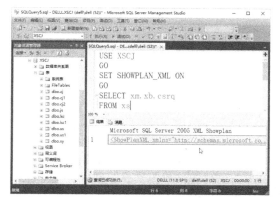

图 9-79　链接提示信息　　　　　　　　　图 9-80　显示查询处理过程

（2）STATISTICS IO

通过在查询语句中设置 STATISTICS IO 选项，用户可以使 SQL Server 显示数据检索语句执行后生成的有关磁盘活动量的文本信息。

【例 9-22】　使用 STATISTICS IO 选项查询，并显示查询处理过程。

```
USE XSCJ
GO
SET STATISTICS IO ON
GO
SELECT KcName,Credit
FROM Kc
GO
SET STATISTICS IO OFF
GO
```

查看查询结果的"消息"选项卡，如图 9-81 所示，显示本次查询的磁盘 I/O 的信息。

2．查看索引碎片

无论何时对基础数据执行插入、更新或删除操作，SQL Server 都会自动维护索引。随着时间的推移，这些修改可能会导致索引中的信息分散在数据库中（包含碎片）。当索引包含的页中的逻辑顺序与数据文件的物理顺序排序不匹配时，就存在碎片。碎片过多的索引可能会降低查询性能，导致应用程序相应缓慢。用户可以通过重新组织索引或重新生成索引来修复索引碎片。

选择索引对象的"属性"选项，显示"索引属性"对话框。选择"碎片"页，可以查看索引碎片详细信息，如图 9-82 所示。

3．重组索引和重建索引

重组索引是通过对页级进行物理重新排序，使其与叶结点的逻辑顺序相匹配，从而对表或视图的聚集索引和非聚集索引的页级别进行碎叶整理，使页有序可以提高索引扫描性能。

重建索引将删除已存在的索引并创建一个新的索引。此过程中将删除碎片，通过使用指定的或现有的填充因子设置压缩页来回收磁盘空间，并在连续页中对索引进行重新排序。这样可以减少获取所请求数据所需的页读取数,从而提高磁盘性能。

图 9-81　本次查询的磁盘 I/O 的信息

图 9-82　查看索引碎片信息

用户可以通过选择"重新生成"和"重新组织"选项,如图 9-83 所示。

如果选择"重新生成"选项,显示"重新生成索引"对话框,可以重新生成索引,如图 9-84 所示。

图 9-83　"重新生成"和"重新组织"选项

图 9-84　"重新生成索引"对话框

9.4　数据库关系图

在定义完整性约束、索引时,有一个最大的缺陷,就是只能在一个表中设置。而现实的数据库系统中,许多完整性约束都需要涉及多个表。虽然设置最后将作用于所有涉及的表,但不直观,不形象。SQL Server 2012 提供了功能强大的数据库关系图设计器,通过它设计数据库关系图,帮助用户进行可视化的关系设置。数据库关系图设计器是一种可视化工具,它允许用户对所连接的数据库进行设计和可视化处理。设计数据库时,可以使用数据库设计器创建、编辑或删除表、列、键、索引、关系和约束。为使数据库可视化,可创建一个或更多的关系图,以显示数据库中的部分或全部表、列、键和关系。

数据库关系图其实是 SQL Server 2012 的一个数据库对象,在"对象资源管理器"子窗口中可以查看到,如图 9-85 所示。

下面以新建的 XSCJ1 数据库（XSCJ1 数据库和 XSCJ 数据库一样，有 xs、kc、xy 和 cj 共 4 个表，表结构和表数据一模一样，只是没有各种约束等设置）为例，介绍数据库关系图的操作。

右击"数据库关系图"项，选择快捷菜单中的"新建数据库关系图"选项，如图 9-86 所示。

图 9-85　"数据库关系图"对象　　　　　图 9-86　选择"新建数据库关系图"选项

系统提示是否创建，如图 9-87 所示。

选择"是"按钮，显示"添加表"对话框，如图 9-88 所示。选择需要添加到关系图中的表，选择"添加"按钮，将 XSCJ1 数据库中所有表都添加到数据库关系图中。

图 9-87　"添加表"对话框　　　　　　　图 9-88　表添加到数据库关系图中

添加完毕，显示"数据库关系图"设计器窗口，如图 9-89 所示。

在默认情况下，在数据库关系图中，只显示添加的 4 个表的表名和属性列部分。用户可以根据自己的需要设置数据库关系图中表显示的形式。单击一个表，根据快捷菜单"表视图"选项，可以显示标准、列名、键、仅表名等形式，如图 9-90 所示。其他的菜单选项有：设置（删除）主键、插入列、删除列、从数据库中删除表、从关系图中删除、添加相关表、关系、索引/键、CHECK 约束等选项。选择某选项，如同在表结构设计器中设置一样，设置效果也相同。

右击数据库关系图空白处，使用快捷菜单中的选项设置数据库关系图视图，如图 9-91 所示。选择某选项，如同在表结构设计器中操作一样，设置效果也相同。

接下来设置各种完整性。首先设置实体完整性，即设置主键。例如要将 xy 表的 xyh 列设置主键。右击 xy 表，选择快捷菜单的"设置主键"选项，即设置主键成功，如图 9-92 所示。其他表的主键设置和此操作相同。

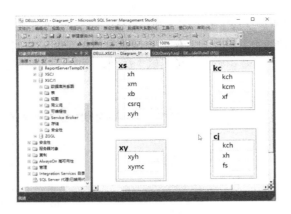

图 9-89　表添加到数据库关系图中

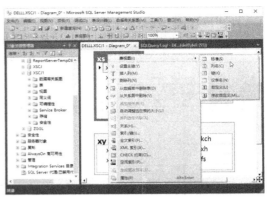

图 9-90　设置表视图

图 9-91　设置数据库关系图视图

图 9-92　设置主键

接下来设置域完整性。例如要将 xs 表的 xb 列的取值范围定于为"男"或"女"。右击 xs 表的 xb 列，选择快捷菜单中的"CHECK 约束"选项，如图 9-93 所示。

显示"CHECK 约束"对话框，如图 9-94 所示。用户可以在"CHECK 约束"对话框中设置约束以实现域完整性。

图 9-93　"CHECK 约束"选项

图 9-94　"CHECK 约束"对话框

通常在最后设置引用完整性。设置引用完整性时，数据库关系图提供了最直观、最便捷的方法。用户不仅可以选择快捷菜单中的"关系"选项设置，还可以直接操作。例如 xs 表的 xh 列与 cj 表的 xh 列存在外部约束关系。首先用鼠标选中 xs 表的 xh 列，按着左键不松开，然后将鼠标箭头拖至 cj 表的 xh 列。鼠标箭头右下方出现一个"+"符号，还有一个虚线，如图 9-95 所示。

松开鼠标键，弹出"表和列"对话框。对话框已经自动设置好外部约束关系，即 xs 表是主键表，cj 表是外键表，主键列和外部键列都是 xh 列，如图 9-96 所示。

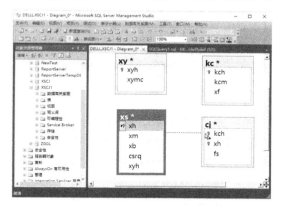

图 9-95　在引用完整性列间拖动鼠标

图 9-96　"表和列"对话框

确定退出，外键关系即设置成功。用户会发现在 xs 表与 cj 表之间有一条连线。连线两头标识不一样，钥匙标识指向主键所在的主键表，另一头标识指向外部键所在的外键表，如图 9-97 所示。

同样方法，可以设置 xs 表和 xy 表的外部约束关系，kc 表与 cj 表的外部约束关系。鼠标拖拉没有顺序，从主键表拖至外键表，或者从外键表拖至主键表都可以。系统会自动判断哪个表是主键表，哪个表是外键表，如图 9-98 所示。

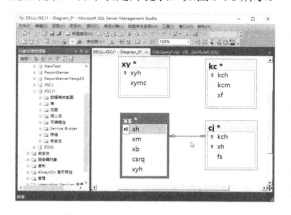

图 9-97　xs 表与 cj 表外部约束关系

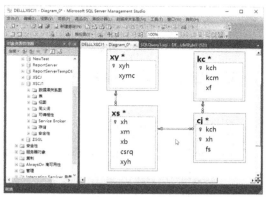

图 9-98　全部外部约束关系

如果外部约束关系设置不当，还可以删除。右击连线，选择快捷菜单中的"从数据库中删除关系"选项即可删除外键关系，如图 9-99 所示。也可以选择快捷菜单中的"属性"选项。

"数据库关系图"设计器窗口中显示该关系的属性子窗口，用户可以在该属性子窗口中修改关系，如图 9-100 所示。

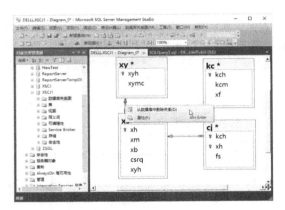

图 9-99 删除外部约束关系

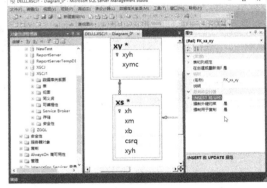

图 9-100 在"属性"子窗口中修改关系

为了便于用户更加直观地观察表之间的外键关系，用户还可以在外键关系的连线上添加关系名称以注释，即关系标签。选择快捷菜单中的"显示关系标签"选项，如图 9-101 所示。

系统将自动给各个外键关系连线加上标签，即各个外键关系名，如图 9-102 所示。是不是看着现在的关系图有些眼熟？是的，现在的关系图就如同这个数据库系统的 E-R 图。

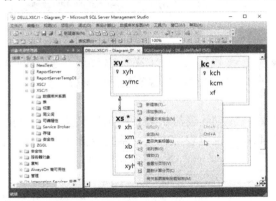

图 9-101 "显示关系标签"选项

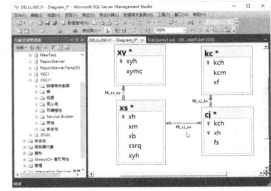

图 9-102 给外键关系连线添加标签

设置完毕，给关系图命名，如图 9-103 所示。最后存盘退出。

用户可以在对象资源管理器子窗口中看到该关系图对象。如图 9-104 所示。

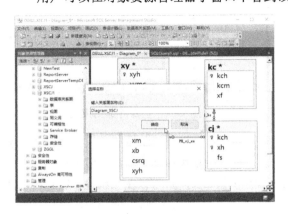

图 9-103 给关系图命名关系

图 9-104 关系图对象

如果用户需要修改、删除关系图，可以选择快捷菜单的删除、重命名、修改等选项，如图 9-105 所示。总之，数据库关系图设计器将许多功能集于一身，功能强大，操作可视化，方便快捷。

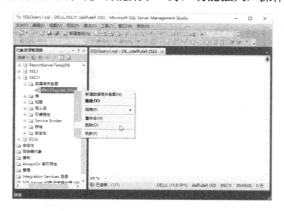

图 9-105　修改关系图

9.5　习题

1．SQL Server 2012 的数据完整性分为哪三类？
2．主键约束和唯一性约束有何区别？
3．规则与表约束有何区别？
4．对 ZGGL 数据库进行规则操作：
1）创建规则，指定变量取值在 0~10000 之间。
2）将该规则绑定到 gz 表的 gzs 列。
3）向 gz 表添加新记录，观察违反规则的情况。
4）最后解除该规则，并将其删除。
5．简述索引的概念以及分类。
6．在 SQL Server Management Studio 中使用向导，根据 cj 表的 fs 列创建一个索引。要求该索引不唯一，也不是聚集索引。
7．在查询编辑器中使用 T-SQL 语言，根据 zg 表的 csrq 列创建一个索引。要求该索引不唯一，也不是聚集索引。
8．给自己创建的数据库新建数据库关系图。

第10章 视图和用户定义函数

数据库的基本表,是数据库设计人员按照专业观点设计的,但并不一定符合普通用户的需求。SQL Server 2012 可以根据用户需求重新定义表的逻辑结构,这就是视图。SQL Server 2012 还提供了用户定义函数,用于补充系统函数所没有的功能。

本章主要介绍视图和用户定义函数的概念及使用。

10.1 视图

视图也是数据库的基本概念,几乎所有的数据库管理系统都引入了视图。在 SQL Server 2012 中,视图是一种数据库对象。

10.1.1 视图概述

视图是从一个或多个表或其他视图中导出的表,其结构和数据是建立在对表的查询的基础上的。视图看上去同表似乎一样,也是包括几个被定义的列和行,但就本质而言,这些列和行来源于其所引用的表,并且在引用视图时动态生成。所以视图不是真实存在的基础表,而是一张虚表,视图(除了索引视图)所对应的数据并不实际地以视图结构存储在数据库中,而是存储在视图所引用的表中。或者说,视图是保存在数据库中的 SELECT 语句查询,其内容由查询定义。SELECT 语句的结果集构成视图所返回的虚拟表。

视图一经定义,便存储在数据库中。对视图的操作与对表的操作一样,但它限制了用户查询、修改和删除数据。当对通过视图看到的数据进行修改时,相应的基本表的数据也要发生变化,同时,若基本表的数据发生变化,则这种变化也可以自动地反映到视图中。

对其中所引用的基础表来说,视图的作用类似于筛选。定义视图的筛选可以来自当前或其他数据库的一个或多个表,或者其他视图。分布式查询也可用于定义使用多个异类源数据的视图。

视图通常用来集中、简化和自定义每个用户对数据库的不同认识。视图可用作安全机制,方法是允许用户通过视图访问数据,而不授予用户直接访问视图基础表的权限。视图可用于提供向后兼容接口来模拟曾经存在但其架构已更改的表。还可以在向 SQL Server 复制数据和从其中复制数据时使用视图,以便提高性能并对数据进行分区。

1. 视图的优点

使用视图有很多优点,主要表现在:

1)为用户集中数据,简化用户的数据查询和处理。视图可以使用户只关心他感兴趣的某些特定数据,使得分散在多个表中的数据,通过视图定义在一起。

2)简化操作,屏蔽了数据库的复杂性。

3)重新定制数据,使得数据便于共享。

4)合并分割数据,有利于数据输出到应用程序中。

5)简化了用户权限的管理,增加了安全性。

2．视图的使用范围

视图通常用来集中、简化和自定义每个用户对数据库的不同认识。通常在以下情况下使用视图：

1）着重于特定数据。视图使用户能够着重于他们感兴趣的特定数据和所负责的特定任务。不必要的数据或敏感数据可以不出现在视图中。

2）简化数据操作。视图可以简化用户处理数据的方式。可以将常用连接、投影、UNION 查询和 SELECT 查询定义为视图，用户不必在每次对该数据执行附加操作时指定所有条件和条件限定。

3）自定义数据。视图允许用户以不同方式查看数据，即使在他们同时使用相同的数据时也是如此。

4）数据的导入与导出。可使用视图将数据导出到其他应用程序。

5）跨服务器组合分区数据库。

10.1.2 视图的类型

在 SQL Server 2012 中，视图可以分为标准视图、索引视图、分区视图和系统视图。

1．标准视图

标准视图组合了一个或多个表中的数据，用户可以使用标准视图对数据库进行查询、修改、删除等基本操作，是用户使用频率最高的一种视图。标准视图可以获得使用视图的大多数优点。

2．索引视图

索引视图是被具体化了的视图，即它已经过计算并存储。可以为视图创建索引，即对视图创建一个唯一的聚集索引。索引视图可以显著提高某些类型查询的性能。索引视图尤其适于聚合许多行的查询。但它们不太适于经常更新的基本数据集。

与任何其他视图一样，索引视图的数据依赖于基表。这种依赖性意味着如果更改分配给索引视图的基表，索引视图可能会无效。例如，重命名分配给视图的列将使视图无效。为防止发生这类问题，SQL Server 支持创建带"架构绑定"的视图。架构绑定禁止对表或列进行任何会使视图无效的修改。使用查询和视图设计器创建的任何索引视图都会自动获得架构绑定，因为 SQL Server 要求该索引视图具有架构绑定。架构绑定并不意味着不能修改视图，而是意味着不能用会更改视图结果集的方法修改基础表或视图。

3．分区视图

分区视图在一台或多台服务器间水平连接一组成员表中的分区数据。这样，数据看上去如同来自于一个表。连接同一个 SQL Server 实例中的成员表的视图是一个本地分区视图。如果视图在服务器间连接表中的数据，则它是分布式分区视图。

4．系统视图

系统视图公开了目录元数据。用户可以使用系统视图返回与 SQL Server 实例或在该实例中定义的对象有关的信息。SQL Server 提供的公开元数据的系统视图集合包括目录视图、兼容性视图、信息架构视图、复制视图等。

在这 4 种视图中，标准视图是最常用的，而且使用范围也最广。限于本书篇幅有限，因此本章只介绍标准视图。

10.1.3 创建视图准则

在创建视图前应考虑如下准则：

1）只能在当前数据库中创建视图。但是，如果使用分布式查询定义视图，则新视图所引用的表和视图可以存在于其他数据库，甚至其他服务器中。

2）视图名称必须遵循标识符的规则，且在每个数据库中都必须唯一。此外，该名称不得与当前数据库中任何表的名称相同。

3）用户可以对其他视图创建视图。SQL Server 2012 允许嵌套视图。但嵌套不得超过 32 层。根据视图的复杂性及可用内存，视图嵌套的实际限制可能低于该值。

4）不能将规则或默认约束与视图相关联。

5）不能将 AFTER 触发器与视图相关联，只有 INSTEAD OF 触发器可以与之相关联。

6）定义视图的查询不能包含 COMPUTE 子句、COMPUTE BY 子句或 INTO 关键字。

7）定义视图的查询不应包含 ORDER BY 子句，除非在 SELECT 语句的选择列表中还有一个 TOP 子句。

8）定义视图的查询不能包含指定查询提示的 OPTION 子句。

9）定义视图的查询不能包含 TABLESAMPLE 子句。

10）不能为视图定义全文索引定义。

11）不能创建临时视图，也不能对临时表创建视图。

12）不能删除参与到使用 SCHEMABINDING 子句创建的视图中的视图、表或函数，除非该视图已被删除或更改而不再具有架构绑定。另外，如果对参与具有架构绑定的视图的表执行 ALTER TABLE 语句，而这些语句又会影响该视图的定义，则这些语句将会失败。

13）下列情况下必须指定视图中每列的名称：

① 视图中的任何列都是从算术表达式、内置函数或常量派生而来。

② 视图中有两列或多列源应具有相同名称。

③ 希望为视图中的列指定一个与其源列不同的名称。

10.1.4 创建视图

在 SQL Server 2012 中，创建标准视图就如同创建表。

1. 管理工具界面方式创建视图

使用创建视图向导创建视图是一种最直观、最方便快捷的方式。

展开 XSCJ 数据库，右击"视图"选项，选择快捷菜单中的"新建视图"选项，如图 10-1 所示。

在显示的"添加表"对话框中，用户可以选择需要到视图中的表、视图、函数和同义词，如图 10-2 所示。

图 10-1 选择"新建视图"选项

图 10-2 "添加表"对话框

添加完毕，显示"视图设计器"窗口，如图 10-3 所示。该窗口又分为多个子窗口。通常，最上边部分是关系图子窗口，如同数据库的关系图，显示所有添加表的结构及它们之间的关系。中间部分是条件子窗口，用户可以选择视图操作涉及的列的列名、别名、表名、顺序类型等。下边部分是 SQL 语句子窗口，显示用户设置的相应的 T-SQL 语句代码。当执行视图时，最下边的查询结果子窗口显示视图的查询结果。

例如，用户选择关系图子窗口中的 xm、xymc 列，被选中的列名左边显示对钩。在关系图子窗口中选择操作的同时，视图设计器会自动在条件子窗口中设置对应的选择，SQL 语句子窗口会自动生成对应的 T-SQL 语句。当然用户也可以自行设置条件子窗口中的选项，可以选择排序类型等。用户也可以在 SQL 语句子窗口中修改 SQL 语句子窗口中的 T-SQL 语句，如图 10-4 所示。

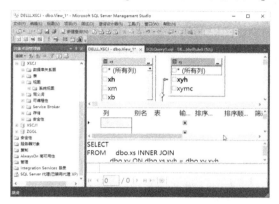

图 10-3　视图设计器　　　　　　　　　图 10-4　设计视图

操作完毕，单击"运行"按钮，即可在查询结果子窗口看到视图的结果显示，如图 10-5 所示。视图创建完毕，给视图命名"View_1"，保存并退出。

用户可以在"视图"选项中查看该视图对象，包括创建该视图所涉及的列信息等，如图 10-6 所示。

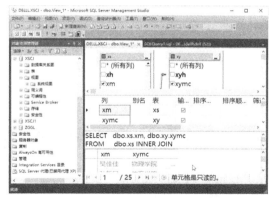 

图 10-5　运行视图　　　　　　　　　图 10-6　存储视图

2. 命令行方式创建视图

T-SQL 提供了 CREATE VIEW 语句创建一个视图。其语法格式如下：

CREATE VIEW [schema_name .] view_name [(column [,...n])]
[WITH <view_attribute> [,...n]]

```
        AS select_statement [ ; ]
        [ WITH CHECK OPTION ]
```
CREATE VIEW 语句语法说明：

1) schema_name 用于指定视图的所有者，包括数据库名、所有者名、视图名。

2) view_name 用于指定视图的名字。

3) column 用于指定视图中包括的基本表的列。

4) WITH <view_attribute>用于指定视图的属性。视图属性包括 ENCRYPTION（存储视图语句时是否加密）、SCHEMABINDING（是否显示视图关联）、VIEW_METADATA（指定返回结果是否是元数据）。

5) AS select_statement 就是用于创建视图的 SELECT 语句。

【例 10-1】 在 XSCJ 数据库中创建视图，查询计算机学院学生们的选修课程成绩信息。

```
USE XSCJ
GO
CREATE VIEW VIEW_fs_jsj(姓名,学院名,课程名,分数)
AS
SELECT xs.xm,xy.xymc,kc.kcm,cj.fs
FROM xs,xy,kc,cj
WHERE xs.xh=cj.xh
AND kc.kch=cj.kch
AND xs.xyh=xy.xyh
AND xymc='计算机学院'
GO
```

执行结果如图 10-7 所示。

【例 10-2】 在 XSCJ 数据库中创建视图，查询所有选修有课程的学生们的总分和平均分。

```
CREATE VIEW VIEW_cj_AVG_SUM(姓名,平均分,总分)
AS
SELECT xs.xm,AVG(fs),SUM(fs)
FROM xs,kc,cj
WHERE xs.xh=cj.xh
AND kc.kch=cj.kch
GROUP BY xs.xm
GO
```

执行结果如图 10-8 所示。

图 10-7 创建 VIEW_fs_jsj 视图

图 10-8 创建 VIEW_cj_AVG_SUM 视图

10.1.5 查询视图

视图创建完毕,就可以如同查询基本表一样查询视图了。展开 XSCJ 数据库的"视图"选项,右击查询的视图,选择快捷菜单中的"编辑前 200 行"选项就可以查询视图,如图 10-9 所示。

也可以执行 T-SQL 语句查询视图。如果某个视图依赖于已删除的表(或视图),则当用户试图使用该视图时,数据库引擎将产生错误消息。如果创建了新表或视图(该表的结构与以前的基表没有不同之处)以替换删除的表或视图,则视图将再次可用。如果新表或视图的结构发生更改,则必须删除并重新创建该视图。

【例 10-3】 查询 VIEW_fs_jsj 视图。

```
USE XSCJ
GO
SELECT *
FROM VIEW_fs_jsj
WHERE 分数>=90
GO
```

执行结果如图 10-10 所示。

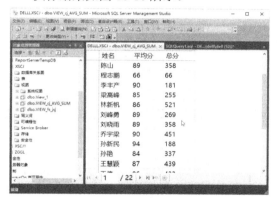

图 10-9 查询视图

图 10-10 T-SQL 语句查询视图

10.1.6 可更新视图

通过视图可以修改表数据,与操作表方法相同。但并不是所有的视图都可以更新,只有对满足可更新条件的视图才能进行更新。即便是可更新视图,也不是所有的数据都可以更新。

只要满足下列条件,即可通过视图修改基本表的数据:

1)任何修改(包括 UPDATE、INSERT 和 DELETE 语句)都只能引用一个基本表的列。

2)在视图中修改的列必须直接引用表列中的基础数据。它们不能通过其他方式派生,例如使用聚合函数(AVG、COUNT、SUM、MIN、MAX、GROUPING 等)计算,不能通过表达式并使用列计算出其他列。使用集合运算符(UNION、UNION ALL、CROSSJOIN、EXCEPT 和 INTERSECT)形成的列得出的计算结果不可更新。

3)被修改的列不受 GROUP BY、TOP、HAVING 或 DISTINCT 子句的影响。

上述限制适用于视图的 FROM 子句中的任何子查询,就像其应用于视图本身一样。能够修改表数据的视图称为可更新视图。例如,例 10-4 创建的视图是可更新的视图,而例 10-5 创建的视图不是可更新的视图。

若要对 SQL Server 2012 的视图进行表数据更新,可以在视图中直接操作,就像在基本表中操作一样。即使是可更新视图,也不能随意更新数据,一定要符合更新规则,否则系统会提示出错。如果视图所依赖的基本表有多个,则不能向该视图添加数据,因为这将影响多个基本表。修改数据时,若视图依赖于多个基本表,那么一次只能修改一个基本表中的数据。删除数据时,若视图依赖于多个基本表,就不能通过视图删除数据。就算更新时不会提示出错,也有可能会造成逻辑错误。所以,如果用户一定要通过视图更新基本表数据,则必须谨慎。也可以通过执行 T-SQL 语句更新视图。

【例 10-4】 通过 VIEW_fs_jsj 视图,给王倩的数据库原理的分数加 5 分。

```
USE XSCJ
GO
UPDATE VIEW_fs_jsj
SET 分数=分数+5
WHERE 姓名='王倩' AND 课程名='数据库原理'
GO
```

执行结果如图 10-11 所示。由于 VIEW_fs_jsj 视图是可更新视图,所以可以修改成功。

【例 10-5】 通过 VIEW_cj_AVG_SUM 视图,修改林新帆的总分。

```
USE XSCJ
GO
UPDATE VIEW_cj_AVG_SUM
SET 平均分=平均分+2
WHERE 姓名='林新帆'
GO
```

执行结果如图 10-12 所示。由于 VIEW_cj_AVG_SUM 视图中使用了聚合函数,是不可更新视图,所以系统提示错误。

图 10-11 通过可更新视图修改数据

图 10-12 不可更新视图不能修改数据

10.1.7 修改视图定义

虽然视图和表从查询结果看差不多,但修改视图定义与修改基本表结构不一样。修改视图定义是指修改视图的指定列的列名、别名、表名、是否输出、顺序类型等属性。

修改视图定义时,可以通过视图设计器窗口修改。右击要修改的视图,选择快捷菜单"设计"选项,如图 10-13 所示。

显示视图设计器窗口后进行修改,如图 10-14 所示。修改视图操作和创建视图操作相同。

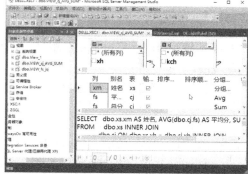

图 10-13 选择"设计"菜单选项　　　　图 10-14 通过视图设计器窗口修改

也可以通过 T-SQL 语句修改视图定义。T-SQL 提供了视图修改语句 ALTER VIEW。其语法格式如下：

　　ALTER VIEW [schema_name .]view_name [(column [,...n])]
　　[WITH <view_attribute> [,...n]]
　　AS select_statement [;]
　　[WITH CHECK OPTION]

【例 10-6】　修改 VIEW_fs_jsj 视图，不再是查询计算机学院的学生成绩信息，而是文学院学生的成绩信息。

　　USE XSCJ
　　GO
　　ALTER VIEW VIEW_fs_jsj(姓名,学院名,课程名,分数)
　　AS
　　SELECT xs.xm,xy.xymc,kc.kcm,cj.fs
　　FROM xs,xy,kc,cj
　　WHERE xs.xh=cj.xh
　　AND kc.kch=cj.kch
　　AND xs.xyh=xy.xyh
　　AND xymc='文学院'
　　GO

执行结果如图 10-15 所示。

查询视图，查询结果显示文学院学生的课程成绩信息，如图 10-16 所示。

图 10-15 T-SQL 命令修改视图　　　　图 10-16 查询结果

10.1.8 删除视图

如果不需要视图，可以将视图删除。右击要删除的视图，选择快捷菜单"删除"选项，即可删除视图。

也可以通过 T-SQL 语句删除视图。T-SQL 提供了视图删除语句 DROP VIEW。其语法格式如下：

  DROP VIEW view_name

【例 10-7】 删除 VIEW_cj_AVG_SUM 视图。

  DROP VIEW VIEW_cj_AVG_SUM
  GO

删除视图不会影响基本表结构和数据，也不会影响对表的其他操作。

10.2 用户定义函数

第 7 章已经详细介绍了 SQL Server 2012 的系统函数，例如数学函数、聚合函数等，用户可以直接调用。而用户在编程时，常常根据自己的需要将一个或多个 T-SQL 语句组成一个子程序，以便反复调用。在 SQL Server 2012 中，允许用户自己定义函数。用户定义函数由函数名、参数、编程语句和返回值组成。

SQL Server 2012 的用户定义函数分为两种类型：标量值函数和表值函数。标量值函数使用 RETURN 语句返回单个数据值，返回数据类型可以是除了 text、ntext、image、cursor 和 timestamp 外的任何数据类型。表值函数返回值为整个表，即返回 table 数据类型。表值函数又分为内嵌表值函数和多语句表值函数。若用户定义函数包括单个 SELECT 语句且该语句可更新，则该函数返回的表也可更新，这样的函数称为内嵌表值函数。若用户定义函数包含多个 SELECT 语句，则该函数返回的表不可更新，这样的函数称为多语句表值函数。

用户定义函数不支持输出参数，而且不能修改全局数据库状态。

创建用户定义函数，T-SQL 提供了 CREATE FUNCTION 语句创建。也可以在对象资源管理器窗口中，选择相应的函数创建，如图 10-17 所示。

选择创建后，显示查询编辑器窗口，里面已经存在有一个函数模板程序，但最终还是要在查询编辑器窗口中使用 T-SQL 语句来完成创建，如图 10-18 所示。

图 10-17 新建用户定义函数

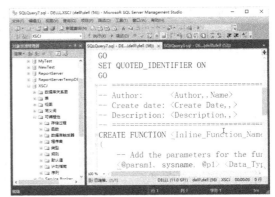

图 10-18 函数模板程序

10.2.1 标量值函数

在 SQL Server 2012 中，T-SQL 提供了 CREATE FUNCTION 语句创建标量值函数。其语法格式如下：

```
CREATE FUNCTION [ schema_name. ] function_name
( [ { @parameter_name [ AS ][ type_schema_name. ] parameter_data_type
    [ = default ] [ READONLY ] }
    [ ,...n ]
  ]
)
RETURNS return_data_type
    [ WITH <function_option> [ ,...n ] ]
    [ AS ]
    BEGIN
      function_body
        RETURN scalar_expression
    END
```

CREATE FUNCTION 语句创建标量值函数语法说明：

1）function_name 是所创建标量值函数的函数名。
2）@parameter_name 是用户定义函数中的参数。可声明一个或多个参数。
3）default 是参数的默认值。
4）READONLY 指示不能在函数定义中更新或修改参数。如果参数类型为用户定义的表类型，则应指定 READONLY。
5）RETURNS 是返回值的数据类型。
6）AS 后面是函数主体语句。
7）RETURN 是函数本身返回值。

【例 10-8】 创建标量值函数 FUN_SUM，函数返回两个数的和。

```
USE XSCJ
GO
CREATE FUNCTION FUN_SUM
(@i INT,@j INT)
RETURNS INT
AS
BEGIN
  DECLARE @s INT
  SET @s=@i+@j
  RETURN @s
END
GO
```

执行结果如图 10-19 所示。用户可以在该数据库的"可编程性"选项的"函数"子选项中的"标量值函数"子选项中查看到。该函数名前系统自动加上"dbo."作为该函数名的前缀，即该函数的所有者是当前数据库。

创建完成后，就可以调用该函数。注意调用该函数时，一定要将该函数名的前缀"dbo."加上。

【例 10-9】 调用 FUN_SUM 函数,求两个数的和。
```
USE XSCJ
GO
DECLARE @m INT
DECLARE @n INT
SET @m=10
SET @n=20
SELECT dbo.FUN_SUM(@m,@n)
GO
```
执行结果如图 10-20 所示。

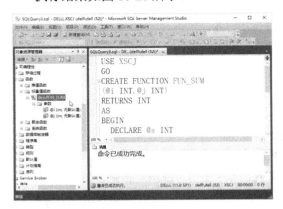 

图 10-19 标量值函数 FUN_SUM 创建完成　　　　图 10-20 调用 FUN_SUM 函数

【例 10-10】 创建标量值函数 FUN_AVGfs,代入某课程号,函数返回某门课程的平均分。
```
USE XSCJ
GO
CREATE FUNCTION FUN_AVGfs(@f INT)
RETURNS FLOAT
AS
BEGIN
   DECLARE @avgfs FLOAT
   SELECT @avgfs=AVG(fs)
   FROM cj
   WHERE kch=@f
   GROUP BY kch
   RETURN @avgfs
END
GO
```
执行结果如图 10-21 所示。创建完成后,调用该函数。
```
USE XSCJ
GO
SELECT dbo.FUN_AVGfs(102)
GO
```
执行结果如图 10-22 所示。

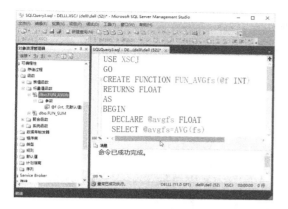 

图 10-21　创建有输入参数的标量值函数　　　图 10-22　输入参数调用函数

10.2.2　内嵌表值函数

在 SQL Server 2012 中，T-SQL 提供了 CREATE FUNCTION 语句创建内嵌表值函数。其语法格式如下：

CREATE FUNCTION [schema_name.] function_name
([{ @parameter_name [AS] [type_schema_name.] parameter_data_type
　　[= default] [READONLY] }
　　[,...n]
　]
)
RETURNS TABLE
　　[WITH <function_option> [,...n]]
　　[AS]
　　RETURN [( ] select_stmt [ )]

CREATE FUNCTION 语句创建内嵌表值函数语法说明：

1）RETURNS 返回的数据类型是 TABLE 类型。

2）RETURN 后是 SELECT 语句。select_stmt 定义内联表值函数返回值的单个 SELECT 语句。

3）TABLE 指定表值函数的返回值为表。只有常量和局部变量可以传递到表值函数。在内嵌表值函数中，TABLE 返回值是通过单个 SELECT 语句定义的。内嵌函数没有关联的返回变量。

【例 10-11】　创建内嵌表值函数，代入某学院的学院号，函数返回该学院信息。

```
USE XSCJ
GO
CREATE FUNCTION FUN_xy(@h INT)
RETURNS TABLE
AS
RETURN
(
  SELECT xyh,xymc
  FROM xy
  WHERE xyh=@h
)
GO
```

· 225 ·

执行结果如图 10-23 所示。创建完成后，调用该函数。

USE XSCJ
GO
SELECT *
FROM dbo. FUN_xy (3)
GO

执行结果如图 10-24 所示。结果显示学院号为"3"号的学院信息。

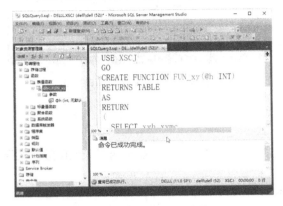
图 10-23　创建内嵌表值函数

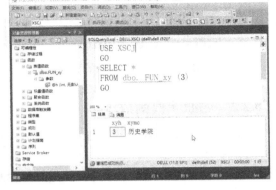
图 10-24　调用内嵌表值函数

10.2.3　多语句表值函数

在 SQL Server 2012 中，T-SQL 提供了 CREATE FUNCTION 语句创建多语句表值函数。其语法格式如下：

```
CREATE FUNCTION [ schema_name. ] function_name
( [ { @parameter_name [ AS ] [ type_schema_name. ] parameter_data_type
    [ = default ] [READONLY] }
    [ ,...n ]
]
)
RETURNS @return_variable TABLE <table_type_definition>
    [ WITH <function_option> [ ,...n ] ]
    [ AS ]
    BEGIN
                function_body
        RETURN
    END
```

CREATE FUNCTION 语句创建多语句表值函数语法说明：

1）@return_variable 是 TABLE 变量，用于存储和累积应作为函数值返回的行。只能将 @return_variable 指定用于 T-SQL 函数。

2）RETURN 后没有语句。

【例 10-12】　创建多语句表值函数。

USE XSCJ
GO
CREATE FUNCTION FUN_xy1(@xym NCHAR(20))

```
    RETURNS @sxy    TABLE
    (
      sxh    INT PRIMARY KEY NOT NULL,
      sxm NCHAR(10)           NOT NULL,
      sxb   NCHAR(2)          NOT NULL
    )
    AS
    BEGIN
      INSERT @sxy
        SELECT xh,xm,xb
        FROM xs
        WHERE xh=
        (
          SELECT xyh
          FROM xy
          WHERE xymc=@xym
        )
      RETURN
    END
    GO
```
执行结果如图 10-25 所示。调用该函数。
```
    USE XSCJ
    GO
    SELECT *
    FROM dbo.FUN_xy1('艺术学院')
    GO
```
执行结果如图 10-26 所示，结果显示艺术学院学生的信息。

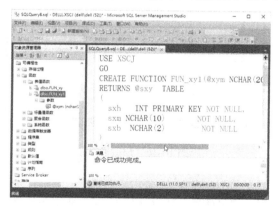

图 10-25　创建多语句表值函数

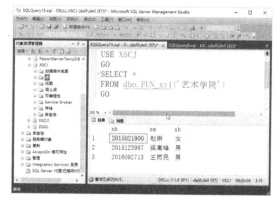

图 10-26　调用多语句表值函数。

10.2.4　修改和重命名用户定义函数

与系统函数不同，用户定义函数可以随时修改和重命名。修改和重命名可以使用管理工具界面方式，也可使用命令行方式。

1. 管理工具界面方式

右击需要修改的用户定义函数，选择快捷菜单中的"重命名"选项，即可重命名函数。选择快捷菜单中的"修改"选项，如图 10-27 所示。

即可在显示的查询编辑器窗口中修改函数，如图 10-28 所示。

 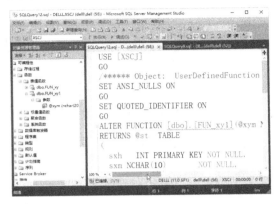

图 10-27　选择"修改"选项　　　　　　　　图 10-28　修改函数

也可以选择快捷菜单中的"编写函数脚本为"选项的"ALTER 到"子选项的"新查询编辑器窗口"子选项，如图 10-29 所示。

也可以修改函数，如图 10-30 所示。两个查询编辑器窗口中都会出现修改函数的 T-SQL 语句，虽然有个别语句不同，但功能相同。

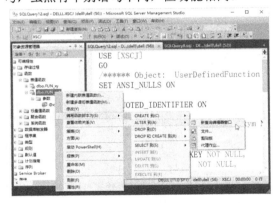 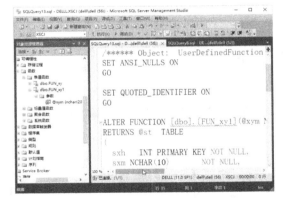

图 10-29　"新查询编辑器窗口"子选项　　　　图 10-30　修改函数

2. 命令行方式

T-SQL 提供了 ALTER FUNCTION 语句修改用户定义函数。ALTER FUNCTION 语句的使用方法与 CREATE FUNCTION 语句相似。

T-SQL 还提供了 sp_rename 系统存储过程重命名函数。例如重命名 dbo.FUN_xs1 函数：

　　EXEC sp_rename 'dbo.FUN_xs1','dbo.FUN_ xs2'

10.2.5　删除用户定义函数

与系统函数不同，用户定义函数还可以在不需要时删除。删除也可以使用管理工具界面方式和命令行方式。

右击需要删除的用户定义函数，选择快捷菜单"删除"选项即可。也可使用 T-SQL 提供的 DROP FUNCTION 语句删除用户定义函数。例如删除 dbo.FUN_xs2 函数：

DROP FUNCTION dbo.FUN_xs2

10.3 习题

1．简述视图的概念以及分类。
2．可更新视图必须满足哪些条件？
3．在 SQL Server Management Studio 中使用向导创建一个视图，包括 xh、xm、kch、kcm、fs 列，该视图是可更新视图吗？
4．在查询窗口中使用 T-SQL 语言创建一个视图，包括 zgh、xm、ksh、ksm、gzs，该视图是可更新视图吗？
5．定义一个用户标量函数，用以实现判断并返回三个数中的最大数。
6．创建内嵌表值函数，代入某课程的课程号，函数返回该课程的信息。

第 11 章 存储过程、触发器和游标

在大型数据库系统中，存储过程和触发器具有很重要的作用。无论是存储过程还是触发器，都是 SQL 语句和流程控制语句的集合。就本质而言，触发器也是一种存储过程，它在特定语言事件发生时自动执行。存储过程在运算时生成执行代码，所以，以后再运行时，其执行效率很高。SQL Server 2012 不仅提供了用户自定义存储过程的功能，而且也提供了许多可作为工具使用的系统存储过程。在存储过程中还经常使用一种称为游标的机制来处理数据。

本章主要介绍存储过程、触发器和游标的概念、分类，以及它们的使用方法。

11.1 存储过程

使用 SQL Server 2012 创建应用程序时，SQL 语言是应用程序和 SQL Server 数据库之间的主要编程接口。使用 SQL 程序时，可以将程序存储在本地，然后创建向 SQL Server 发送命令并处理结果的应用程序，也可以将 SQL 程序作为存储过程存储在 SQL Server 中，创建执行存储过程并处理结果的应用程序。

11.1.1 存储过程概述

存储过程是 T-SQL 语句的预编译集合，或对.NET Framework 公共语言运行时（CLR）方法的引用构成一个组。这些语句在一个名称下存储并作为一个单元进行处理，经编译后存储在数据库中。用户通过指定存储过程的名字并给出参数（如果该存储过程带有参数）来执行存储过程。

存储过程由参数、编程语句和返回值组成。可以通过输入参数向存储过程中传递参数值，也可以通过输出参数向调用者传递多个输出值。存储过程中的编程语句可以是 T-SQL 的控制语句、表达式、访问数据库的语句，也可以调用其他的存储过程。存储过程只能有一个返回值，通常用于表示调用存储过程的结果是成功还是失败。

利用 SQL Server 创建一个应用程序时，使用 T-SQL 进行编程有两种方法：一是在本地存储 T-SQL 程序，并创建应用程序向 SQL Server 发送命令来对结果进行处理；二是可以把部分用 T-SQL 编写的程序作为存储过程存储在 SQL Server 中，然后创建应用程序来调用存储过程，对数据结果进行处理。

SQL Server 推荐使用第二种方法，即在 SQL Server 中使用存储过程而不是在客户计算机上调用 T-SQL 编写的一段程序，原因在于存储过程具有以下优点。

1．存储过程允许标准组件式编程

存储过程在被创建以后可以在程序中被多次调用，而不必重新编写该存储过程的 T-SQL 语句。这可以改进应用程序的可维护性，并允许应用程序统一访问数据库。而且数据库专业人员可随时对存储过程进行修改，但对应用程序源代码毫无影响（因为应用程序源代码只包含调用存储过程的语句），从而极大地提高了程序的可移植性。

2. 存储过程能够实现较快的执行速度

如果某一操作包含大量的 T-SQL 代码或被多次执行,那么存储过程要比 T-SQL 代码批处理的执行速度快很多。因为存储过程是预编译的,在首次运行一个存储过程时,查询优化器对其进行分析、优化,并得到执行计划存储在系统表中。而批处理的 T-SQL 语句在每次运行时都要进行编译和优化,因此速度相对要慢。

3. 存储过程能够减少网络流量

对于同一个针对数据库对象的操作(如查询、修改),如果这一操作所涉及的 T-SQL 语句被组织成一个存储过程,那么当在客户计算机上调用该存储过程时,网络中传送的只是调用存储过程的语句,而不是多条 T-SQL 语句。

4. 存储过程可被作为一种安全机制来充分利用

数据库系统管理员可以对执行某一存储过程的权限进行限制,从而实现对相应的数据访问权的限制,避免非授权用户对数据的访问,保证数据的安全。

11.1.2 存储过程的类型

在 SQL Server 2012 中,存储过程分为 3 类:系统存储过程、用户自定义存储过程和扩展存储过程。

1. 系统存储过程

SQL Server 2012 中的许多管理活动都是通过一种特殊的存储过程执行的,这种存储过程被称为系统存储过程。系统存储过程主要存储在 master 数据库中并以 sp_ 为前缀,并且系统存储过程主要是从系统表中获取信息,从而为数据库系统管理员管理 SQL Server 提供支持。通过系统存储过程,SQL Server 中的许多管理性或信息性的活动(如获取数据库和数据库对象的信息)都可以被顺利有效地完成。从物理意义上讲,系统存储过程存储在源数据库中,并且带有 sp_ 前缀;从逻辑意义上讲,系统存储过程出现在每个系统定义数据库和用户定义数据库的 sys 构架中。

在 SQL Server Management Studio 中可以查看系统存储过程。选择 XSCJ 数据库,选择"可编程性"选项下的"存储过程"子选项,在"系统存储过程"子选项下可以看到当前数据库的所有系统存储过程。其中就包括前面章节介绍过的 sp_rename、sp_unbindrule 等系统存储过程,如图 11-1 所示。

用户还可以选择某个系统存储过程,进行查看、修改等操作,如图 11-2 所示。

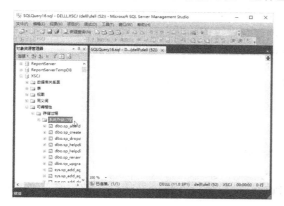

图 11-1 当前数据库的系统存储过程

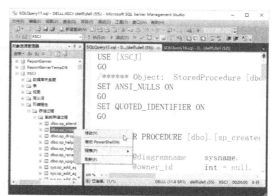

图 11-2 修改系统存储过程

2．用户自定义存储过程

用户自定义存储过程是由用户创建并能完成某一特定功能的存储过程，是封装了可重用代码的 T-SQL 语句模块。存储过程可以接受输入参数、向客户端返回表格或标量结果和消息、调用数据定义语言和数据操作语言语句，以及返回输出参数。在 SQL Server 中，用户自定义的存储过程有两种类型：T-SQL 存储过程或 CLR（公共语言运行时）存储过程。

T-SQL 存储过程是 T-SQL 语句的集合，可以接收和返回用户提供的参数。本书介绍的存储过程指的就是用户自定义存储过程，而且是 T-SQL 存储过程。

CLR 存储过程中包含对.NET Framework 公共语言运行(CLR)方法的引用，这些引用在.NET Framework 程序集中是作为类的公共静态方法实现的。

3．临时存储过程

临时存储过程又分为局部临时存储过程和全局临时存储过程。局部临时存储过程名称以"#"开头，存放在 tempdb 数据库中，只由创建并连接的用户使用，当该用户断开连接时将自动删除局部临时存储过程。全局临时存储过程名称以"##"开头，也存放在 tempdb 数据库中，允许所有连接的用户使用，在所有用户断开连接时自动被删除。

4．扩展存储过程

扩展存储过程允许使用高级编程语言（例如 C 语言）创建应用程序的外部例程，从而使得 SQL Server 的实例可以动态地加载和运行 DLL。扩展存储过程直接在 SQL Server 实例的地址空间中运行。

5．远程存储过程

远程存储过程是位于远程服务器上的存储过程。

11.1.3 创建存储过程

创建存储过程，可以单击"存储过程"选项，选择"新建存储过程"选项创建存储过程。如同用户定义函数一样，在"查询编辑器"窗口里面已经存在有一个存储过程模板程序。如图 11-2 所示。也可以在"查询编辑器"窗口使用 T-SQL 语句创建存储过程。

当创建存储过程时，需要确定存储过程的 3 个组成部分：
1）所有的输入参数以及传给调用者的输出参数。
2）被执行的针对数据库的操作语句，包括调用其他存储过程的语句。
3）返回给调用者的状态值，以指明调用是成功还是失败。

T-SQL 提供了 CREATE PROCEDURE 语句创建存储过程。其语法格式如下：

```
CREATE { PROC | PROCEDURE } [schema_name.] procedure_name [ ; number ]
    [ { @parameter [ type_schema_name. ] data_type }
        [ VARYING ] [ = default ] [ OUT | OUTPUT ] [READONLY]
    ] [ ,...n ]
[ WITH <procedure_option> [ ,...n ] ]
[ FOR REPLICATION ]
AS { <sql_statement> [;][ ...n ] | <method_specifier> }
```

CREATE PROCEDURE 语句语法说明：

1）CREATE PROCEDURE 定义自身可以包括任意数量和类型的 T-SQL 语句，但下列语句不能在存储过程的任何位置使用：

CREATE AGGREGATE、CREATE RULE、CREATE DEFAULT、CREATE SCHEMA、CREATE 或 ALTER FUNCTION、CREATE 或 ALTER TRIGGER、CREATE 或 ALTER PROCEDURE、

CREATE 或 ALTER VIEW、SET PARSEONLY、SET SHOWPLAN_ALL、SET SHOWPLAN_TEXT、SET SHOWPLAN_XML、USE database_name。

2）@parameter 是过程中的参数。在 CREATE PROCEDURE 语句中可以声明一个或多个参数。

3）OUTPUT 指示参数是输出参数。此选项的值可以返回给调用 EXECUTE 的语句。使用 OUTPUT 参数将值返回给过程的调用方。

4）数据库对象均可在存储过程中创建。可以引用在同一存储过程中创建的对象，只要引用时已经创建了该对象即可。

5）可以在存储过程内引用临时表。如果在存储过程内创建本地临时表，则临时表仅为该存储过程而存在；退出该存储过程后，临时表将消失。

6）如果执行的存储过程调用另一个存储过程，则被调用的存储过程可以访问由第一个存储过程创建的所有对象，包括临时表在内。

7）如果执行对远程 SQL Server 实例进行更改的远程存储过程，则不能回滚这些更改。远程存储过程不参与事务处理。

8）在存储过程内，如果用于语句（例如 SELECT 或 INSERT）的对象名没有限定架构，则架构将默认为该存储过程所在的架构。在存储过程内，如果创建该存储过程的用户没有限定 SELECT、INSERT、UPDATE 或 DELETE 语句中引用的表名或视图名，则默认情况下，通过该存储过程对这些表或视图进行的访问将受到该过程创建者的权限的限制。

9）如果希望其他用户无法查看存储过程的定义，则可以使用 WITH ENCRYPTION 子句创建存储过程。这样，过程定义将以不可读的形式存储。

10）不要以 sp_ 为前缀创建任何存储过程。sp_前缀是 SQL Server 用来命名系统存储过程的，使用这样的名称可能会与以后的某些系统存储过程发生冲突。

【例 11-1】 在 XSCJ 数据库中创建存储过程，将 cj 表中所有 312 号课程的分数加 5 分。

```
USE XSCJ
GO
CREATE PROC PROC_Addfs
AS
UPDATE cj
SET fs=fs+5
WHERE kch='312'
GO
```

执行结果如图 11-3 所示。存储过程创建成功。用户可以在该数据库的"可编程性"选项的"存储过程"子选项中的查看到该存储过程。如同用户定义函数一样，存储过程名前系统也自动加上"dbo."作为前缀。

【例 11-2】 新建 PROC_Addfs1 存储过程，由参数指定给 cj 表中 312 号课程的分数加分。

```
USE XSCJ
GO
CREATE PROC PROC_Addfs1
@addfs INT
AS
UPDATE cj
SET fs=fs+@addfs
WHERE kch='312'
GO
```

执行结果如图 11-4 所示。

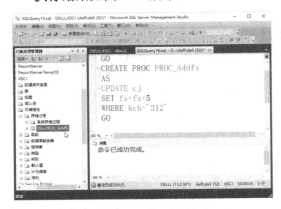

图 11-3 创建存储过程 PROC_Addfs

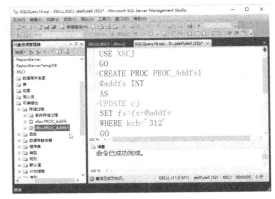

图 11-4 创建存储过程 PROC_Addfs1

【例 11-3】 创建带有通配符参数的存储过程。

下面的存储过程只从 xs 表中返回指定的一些学生（提供名字和姓氏）的信息。该存储过程对传递的参数进行模式匹配，如果没有提供参数，则返回所有学生的信息。

```
USE XSCJ
GO
CREATE PROC PROC_xm
@sxm NCHAR(20)='%'
AS
SELECT *
FROM xs
WHERE xm LIKE @sxm
GO
```

执行结果如图 11-5 所示。

【例 11-4】 创建使用 OUTPUT 参数的存储过程。

以下是创建的存储过程，它返回参数指定学院学生的平均年龄。通过使用 OUTPUT 参数，外部过程或 T-SQL 语句可以访问在过程执行期间设置的值。OUTPUT 变量必须在过程创建和变量使用期间进行定义。参数名称和变量名称不一定要匹配，不过，数据类型和参数类型必须匹配。

```
USE XSCJ
GO
CREATE PROCEDURE PROC_Aven1
@s NCHAR(2),
@a INT OUTPUT
AS
  Set @a=
  (
    SELECT AVG(YEAR(GETDATE())-YEAR(csrq))
    FROM xs
    WHERE xh=@s
  )
GO
```

执行结果如图 11-6 所示。

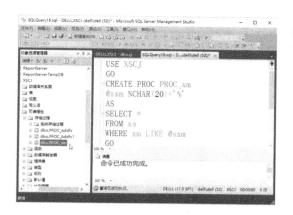

图 11-5 创建带有通配符参数的存储过程

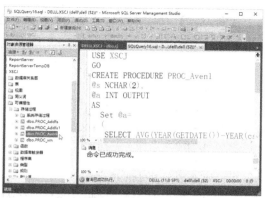

图 11-6 创建使用 OUTPUT 参数的存储过程

11.1.4 调用存储过程

和函数一样,存储过程需要通过调用才能执行。T-SQL 语句提供了 EXECUTE 语句执行存储过程。EXECUTE 通常缩写为 EXEC。

【例 11-5】 调用例 11-1 创建的存储过程。

```
USE XSCJ
GO
EXECUTE dbo.PROC_Addfs
GO
```

执行结果如图 11-7 所示。

【例 11-6】 调用例 11-2 创建的存储过程。

```
USE XSCJ
GO
EXEC dbo.PROC_Addfs1 2
GO
```

执行结果如图 11-8 所示。由于 PROC_Addfs1 有参数,因此在调用时需要输入参数值。参数值与存储过程名中间用空格分开。

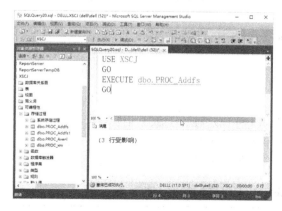

图 11-7 调用 PROC_Addfs 存储过程

图 11-8 调用 PROC_Addfs1 存储过程

【例 11-7】 调用例 11-3 创建的存储过程。
```
USE XSCJ
GO
EXEC dbo.PROC_xm '赵%'
GO
```
执行结果如图 11-9 所示。

【例 11-8】 执行例 11-4 创建的存储过程。
```
USE XSCJ
GO
DECLARE @s INT
EXEC dbo.PROC_Aven1 '1',@s OUTPUT
PRINT '2 号学院的学生平均年龄是'+STR(@s)+'岁'
GO
```
执行结果如图 11-10 所示。

图 11-9　调用 PROC_xm 存储过程　　　　图 11-10　调用 PROC_Aven1 存储过程

11.1.5　获取存储过程信息

用户可以定义存储过程，也可以查看存储过程。SQL Server 2012 提供了 sp_helptext 系统存储过程查看存储过程的源代码。

【例 11-9】 使用 sp_helptext 系统存储过程查看存储过程的源代码。
```
USE XSCJ
GO
EXEC sp_helptext PROC_Aven1
GO
```
执行结果如图 11-11 所示，显示了 PROC_Aven1 存储过程的 T-SQL 语句。

还可以从系统视图 INFORMATION_SCHEMA.ROUTINES 中获取存储过程信息。INFORMATION_SCHEMA.ROUTINES 各列的含义，见表 11-1。

表 11-1　INFORMATION_SCHEMA.ROUTINES 各列的含义

属　　性	描　　述
ROUTINE_CATALOG	存储过程或函数所属的数据库
ROUTINE_SCHEMA	存储过程或函数所属的架构

续表

属　性	描　述
ROUTINE_NAME	存储过程或函数名
ROUTINE_TYPE	为存储过程返回 PROCEDURE；为函数返回 FUNCTION
DATA_TYPE	函数返回值的数据类型
NUMERIC_PRECISION	返回值的数字精度
NUMERIC_PRECISION_RADIX	返回值的数字精度基数
NUMERIC_SCALE	返回值的小数位数
DATATIME_PRECISION	如果返回值属于 datetime 类型，则表示秒的小数精度，否则，返回 NULL
ROUTINE_BODY	对于 T-SQL 函数，返回 SQL；对于外部编写的函数，返回 EXTERNAL
ROUTINE_DEFINITION	如果函数或存储过程未加密，返回函数或存储过程的定义文本最前面的 4000 字符，否则，返回 NULL
CREATED	创建例程的时间
LAST_ALTERED	最后一次修改函数的时间

【例 11-10】 使用 INFORMATION_SCHEMA.ROUTINES 系统存储过程查看存储过程信息。

```
USE XSCJ
GO
SELECT *
FROM INFORMATION_SCHEMA.ROUTINES
GO
```

执行结果如图 11-12 所示。

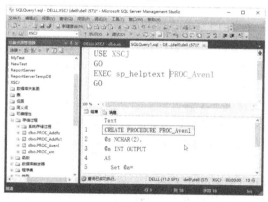

图 11-11　显示 PROC_Aven1 存储过程代码

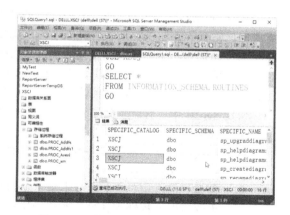

图 11-12　使用系统存储过程查看存储过程

11.1.6　修改和重命名存储过程

与系统存储过程不同，用户定义存储过程可以随时修改和重命名。修改和重命名可以使用管理工具界面方式，也可使用命令行方式。

1. 管理工具界面方式

右击需要修改的用户定义存储过程，选择快捷菜单中的"修改"选项，即可进入"查询编辑器"窗口存储过程，如图 11-13 所示。用户可以在"查询编辑器"窗口中显示的 T-SQL 语句中修改存储过程。右击需要重命名的用户存储过程，选择快捷菜单中的"重命名"选项，即可重命名存储过程。

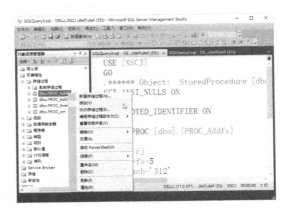

图 11-13　修改存储过程

2. 命令行方式

T-SQL 提供了 ALTER PROCEDURE 语句修改用户定义存储过程。ALTER PROCEDURE 语句的使用方法与 CREATE PROCEDURE 语句相似。

T-SQL 还提供了 sp_rename 系统存储过程重命名存储过程。例如重命名 dbo.PROC_Name 存储过程：

  EXEC sp_rename 'dbo.PROC_Name','dbo.PROC_Name1'

11.1.7　重新编译存储过程

在执行诸如添加索引或更改索引列中的数据等操作更改了数据库时，应重新编译访问数据库表的原始查询计划以对其重新优化。在 SQL Server 2012 重新启动后，第一次运行存储过程时自动执行此优化。当存储过程使用的基础表发生变化时，也会自动执行此优化。但如果添加了存储过程可能从中受益的新索引，将不会自动执行优化，直到下一次 SQL Server 重新启动并再运行该存储过程时为止。在这种情况下，强制在下次执行存储过程时对其重新编译会很有用。

SQL Server 中，强制重新编译存储过程的方式有以下 3 种：

- sp_recompile 系统存储过程强制在下次执行存储过程时对其重新编译。例如，下面的代码使得存储过程 PROC_Name 在下次执行时被重新编译：

  sp_recompile PROC_Name

- 创建存储过程时在其定义中指定 WITH RECOMPILE 选项，可以指明 SQL Server 将不为该存储过程缓存计划，在每次执行该存储过程时对其重新编译。当存储过程的参数值在各次执行间都有较大差异，导致每次均需创建不同的执行计划时，可使用 WITH RECOMPILE 选项。此选项并不常用，因为每次执行存储过程时都必须对其重新编译，这样会导致存储过程的执行速度变慢。
- 可以在执行存储过程时指定 WITH RECOMPILE 选项，强制对其重新编译。仅当所提供的参数是非典型参数，或自创建该存储过程后数据发生显著变化时，才应使用此选项。

11.1.8　删除存储过程

如果数据库中不再需要存储过程了，则可以删除。

1. 管理工具界面方式

右击需要删除的用户定义存储过程，选择快捷菜单中的"删除"选项，如图 11-14 所示。
显示"删除对象"对话框，单击"确定"按钮即可删除存储过程，如图 11-15 所示。

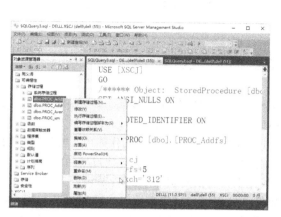

图 11-14　选择删除选项

图 11-15　删除存储过程对话框

2．命令行方式

T-SQL 提供了 DROP PROCEDURE 语句删除用户定义存储过程。
使用 DROP PROCEDURE 语句删除存储过程，其语法格式如下：

　　DROP PROCEDURE PROC_Name

11.2　触发器

触发器是一种特殊的存储过程，它在特定语言事件发生时自动执行。
本节主要介绍触发器的概念、作用及其使用方法。

11.2.1　触发器概述

触发器是一种特殊类型的存储过程，它不同于前面介绍过的存储过程，主要是通过事件进行触发而被执行的，存储过程也可以通过存储过程名字而被直接调用。当对某一个表进行诸如 UPDATE、INSERT、DELETE 这些操作时，SQL Server 就会自动执行触发器所定义的 SQL 语句，从而确保对数据的处理必须符合由这些 SQL 语句所定义的规则。

触发器的主要作用就是实现由主键和外键所不能保证的复杂的参照完整性和数据一致性。除此之外，触发器还有其他许多不同的功能。

1．强化约束（Enforce restriction）

触发器能够实现比 CHECK 语句更为复杂的约束。

2．跟踪变化（Auditing changes）

触发器可以侦测数据库内的操作，不允许数据库中未经许可的特定更新和变化。

3．级联运行（Cascaded operation）

触发器可以侦测数据库内的操作，并自动地级联影响整个数据库的各项内容。例如，某个表上的触发器中包含有对另外一个表的数据操作（如删除、更新、插入),而该操作又导致该表上的触发器被触发。

4．存储过程的调用（Stored procedure invocation）

为了响应数据库更新，触发器可以调用一个或多个存储过程，甚至可以通过外部过程的调用，从而在数据库管理系统本身之外进行操作。

由此可见，触发器可以实现高级形式的业务规则、复杂行为限制和定制记录等功能。

11.2.2 触发器的类型

SQL Server 包括两大类触发器：DML 触发器和 DDL 触发器。

1．DML 触发器

当数据库中发生数据操作语言（DML）事件时，将调用 DML 触发器。DML 事件包括在指定表或视图中修改数据的 INSERT 语句、UPDATE 语句或 DELETE 语句。DML 触发器可以查询其他表，还可以包含复杂的 T-SQL 语句。系统将触发器和触发它的语句作为可在触发器内回滚的单个事务对待，如果检测到错误（例如，磁盘空间不足），则整个事务就自动回滚。DML 触发器可用于强制业务规则和数据完整性、查询其他表并包括复杂的 T-SQL 语句。

DML 触发器类似于约束，因为它可以强制实体完整性或域完整性。一般情况下，实体完整性总应在最低级别上通过索引进行强制，这些索引应是 PRIMARY KEY 和 UNIQUE 约束的一部分，或者是独立于约束而创建的。域完整性应通过 CHECK 约束进行强制，而引用完整性则应通过 FOREIGN KEY 约束进行强制。当约束支持的功能无法满足应用程序的功能要求时，DML 触发器非常有用。

DML 触发器在以下几方面非常有用：

1）DML 触发器可通过数据库中的相关表实现级联更改。不过，通过级联引用完整性约束可以更有效地进行这些更改。

2）DML 触发器可以防止恶意或错误的 INSERT、UPDATE 以及 DELETE 操作，并强制执行比 CHECK 约束定义的限制更为复杂的其他限制。

与 CHECK 约束不同，DML 触发器可以引用其他表中的列。

3）DML 触发器可以评估数据修改前后表的状态，并根据该差异采取措施。

4）一个表中的多个同类 DML 触发器（INSERT、UPDATE 或 DELETE）允许采取多个不同的操作来响应同一个修改语句。

用户可设计以下类型的 DML 触发器。

（1）AFTER 触发器

在执行 INSERT、UPDATE 或 DELETE 语句的操作之后执行 AFTER 触发器。如果违反了约束，则永远不会执行 AFTER 触发器，因此，这些触发器不能用于任何可能防止违反约束的处理。该类型触发器要求只有执行某一操作（如 INSERT、UPDATE 或 DELETE）之后，触发器才被触发，且只能在表上定义。可以为针对表的同一操作定义多个触发器。

（2）INSTEAD OF 触发器

使用 INSTEAD OF 触发器可以代替通常的触发动作。还可为带有一个或多个基表的视图定义 INSTEAD OF 触发器，而这些触发器能够扩展视图可支持的更新类型。INSTEAD OF 触发器执行时并不执行其所定义的操作（INSERT、UPDATE、DELETE），而仅是执行触发器本身。

AFTER 触发器和 INSTEAD OF 触发器的功能比较，见表 11-2。

表 11-2　AFTER 触发器和 INSTEAD OF 触发器的功能比较

功　能	AFTER 触发器	INSTEAD OF 触发器
适用范围	表	表和视图
每个表或视图包含触发器的数量	每个触发操作（UPDATE、DELETE 和 INSERT）包含多个触发器	每个触发操作（UPDATE、DELETE 和 INSERT）包含一个触发器
级联引用	无任何限制条件	不允许在作为级联引用完整性约束目标的表上使用 INSTEAD OF UPDATE 和 DELETE 触发器
执行	晚于： 　约束处理 　声明性引用操作 　创建插入的和删除的表 　触发操作	早于： 　约束处理 替代： 　触发操作 晚于： 　创建插入的和删除的表
执行顺序	可指定第一个和最后一个执行	不适用
插入的和删除的表中的 varchar(max)、nvarchar(max)和 varbinary(max)列引用	允许	允许
插入的和删除的表中的 text、ntext 和 image 列引用	不允许	允许

2. DDL 触发器

像常规触发器一样，DDL 触发器将激发，以响应各种数据定义语言（DDL）事件。但与 DML 触发器不同的是，它们不会为响应针对表或视图的 UPDATE、INSERT 或 DELETE 语句而触发，相反，它们会为响应多种数据定义语言语句而激发。这些语句主要是以 CREATE、ALTER、DROP、GRANT、DENY、REVOKE 或 UPDATE STATISTICS 开头的 T-SQL 语句对应。执行 DDL 式操作的系统存储过程也可以激发 DDL 触发器。

触发器的作用域取决于事件。例如，每当数据库中发生 CREATE TABLE 事件时，都会触发为响应 CREATE TABLE 事件创建的 DDL 触发器。每当服务器中发生 CREATE LOGIN 事件时，都会触发为响应 CREATE LOGIN 事件创建的 DDL 触发器。

数据库范围内的 DDL 触发器都作为对象存储在创建它们的数据库中。

如果要执行以下操作，可使用 DDL 触发器：
1）要防止对数据库架构进行某些更改。
2）希望根据数据库中发生的操作以响应数据库架构中的更改。
3）要记录数据库架构中的更改或事件。

仅在运行触发 DDL 触发器的 DDL 语句后，DDL 触发器才会激发。DDL 触发器无法作为 INSTEAD OF 触发器使用。

用户可以设计在运行一个或多个特定 T-SQL 语句后触发的 DDL 触发器，也可以设计在执行属于一组预定义的相似事件的任何 T-SQL 事件后触发的 DDL 触发器。例如，如果希望在运行 CREATE TABLE、ALTER TABLE 或 DROP TABLE 语句后触发的 DDL 触发器，则可以在 CREATE TRIGGER 语句中指定 FOR DDL_TABLE_EVENTS。

11.2.3 触发器的设计规则

使用 T-SQL 语句 CREATE TRIGGER 可以创建触发器。其语法格式如下：

```
CREATE TRIGGER [ schema_name . ]trigger_name
ON { table | view }
[ WITH <dml_trigger_option> [ ,…n ] ]
{ FOR | AFTER | INSTEAD OF }
{ [ INSERT ] [ , ] [ UPDATE ] [ , ] [ DELETE ] }
[ WITH APPEND ]
[ NOT FOR REPLICATION ]
AS  { sql_statement    [ ; ] […n ] | EXTERNAL NAME <method specifier [ ; ] > }
```

说明：

1) CREATE TRIGGER 语句必须是批处理的第一个语句。

2) 表的所有者具有创建触发器的默认权限，表的所有者不能把该权限传给其他用户。

3) 触发器是数据库对象，所以其命名必须符合数据库对象命名规则。

4) 尽管在触发器的 SQL 语句中可以参照其他数据库中的对象，但是，触发器只能创建在当前数据库中。

5) 虽然触发器可以参照视图或临时表，但不能在视图或临时表上创建触发器，而只能在基表或在创建视图的表上创建触发器。

6) 一个触发器只能对应一个表，这是由触发器的机制决定的。

当创建一个触发器时，必须指定触发器的名字，在哪一个表上定义触发器，指定激活触发器的修改语句，如 INSERT、DELETE、UPDATE。当然，两个或三个不同的修改语句也可以同时触发同一个触发器，如 INSERT 和 UPDATE 语句可以触发同一个触发器。

11.2.4 使用触发器

本节将通过实例介绍在 SQL Server 2012 中如何使用触发器。

【例 11-11】 创建 DDL 触发器。

下列代码说明了如何使用 DDL 触发器来防止数据库中的任一表被修改或删除。

```
USE XSCJ
GO
CREATE TRIGGER safety
ON database
FOR DROP_TABLE, ALTER_TABLE
AS
    PRINT '你必须使 safety 触发器无效才能执行对表的操作!'
    ROLLBACK
GO
```

执行结果如图 11-16 所示。

展开"可编程性"下的"数据库触发器"，可以看到建立的 safety 数据库触发器。当用户在数据库中修改表的结构或删除表时，存盘退出时，都会触发 safety 触发器。该触发器显示提示信息，并且回滚用户试图执行的操作，如图 11-17 所示。

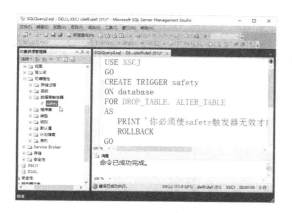
图 11-16 创建 DDL 触发器

图 11-17 提示信息

【例 11-12】 使用包含提醒消息的 DML 触发器。
USE XSCJ
GO
CREATE TRIGGER reminder
ON Student
AFTER INSERT, UPDATE
AS RAISERROR ('你在插入或修改学生表的数据', 16, 10)
GO

执行后，在"数据库触发器"中并没有生成新的对象，而是在 xs 表下的"触发器"中生成新的触发器对象，如图 11-18 所示。

当用户向表中新添、或修改数据时，系统显示提示框提示出错，未更新任何行，按 Esc 键退出操作，如图 11-19 所示。

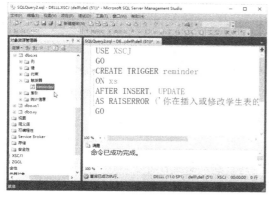
图 11-18 生成新触发器对象

图 11-19 提示出错

【例 11-13】 显示触发器信息。
右击 xs 表下的"触发器"中的 reminder 触发器对象，选择快捷菜单中的"修改"选项，进入查询窗口修改触发器，如图 11-20 所示。

【例 11-14】 使用系统存储过程 sp_help 查看触发器的一般信息。
　　　EXEC sp_help reminder
执行结果如图 11-21 所示。

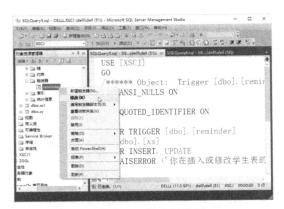

图 11-20 修改触发器　　　　　　　　图 11-21 查看触发器

【例 11-15】 使用系统存储过程 sp_helptext 查看触发器正文。
EXEC sp_helptext reminder
执行结果如图 11-22 所示。

【例 11-16】 使用系统存储过程 sp_depends 查看触发器的引用信息。
EXEC sp_depends reminder
执行结果如图 11-23 所示。

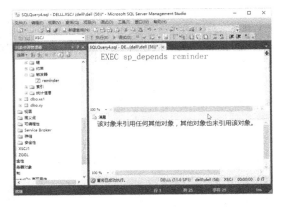

图 11-22 查看触发器正文　　　　　　图 11-23 查看触发器的引用信息

11.2.5 启用、禁用和删除触发器

用户可以启用、禁用或删除触发器。前提是，只有触发器所有者才有权这样操作。

用户可以通过选择快捷菜单中的"禁用"、"启用"和"删除"选项来禁用、启用或删除触发器，如图 11-24 所示。

用 T-SQL 命令 TRIGGER 禁用指定的触发器，其语法格式如下：
DISABLE TRIGGER 触发器名字 ON 表名

用 T-SQL 命令 TRIGGER 启用指定的触发器，其语法格式如下：
ENABLE TRIGGER 触发器名字 ON 表名

用 T-SQL 命令 DROP TRIGGER 删除指定的触发器，其语法格式如下：
DROP TRIGGER 触发器名字

【例 11-17】 使用 T-SQL 命令禁用并删除 reminder 触发器。
```
USE XSCJ
GO
DISABLE TRIGGER dbo.reminder ON Student
GO
DROP TRIGGER dbo.reminder
GO
```
执行结果如图 11-25 所示。

删除触发器所在的表时，SQL Server 将自动删除与该表相关的触发器。

图 11-24　禁用、启用或删除触发器　　　图 11-25　T-SQL 命令禁用并删除触发器

11.2.6　嵌套触发器和递归触发器

如果一个触发器在执行操作时激发了另一个触发器，而这个触发器又接着引发下一个触发器，所有触发器一次触发，这些触发器就是嵌套触发器。触发器最深可以嵌套至 32 层，如果嵌套链条中的任何触发器引发一个无限循环，则超过最大嵌套级的触发器将被终止，并且回滚整个事务。

系统默认配置允许嵌套触发器。用户可以通过调用系统存储过程 sp_configure 和通过服务器实例属性配置选项指定是否使用嵌套触发器。

调用系统存储过程 sp_configure 的语法格式如下：

EXEC sp_configure 'nested triggers', '{0 | 1}'

当设置为 1 时，允许嵌套；否则不允许嵌套。

或者在"服务器属性"对话框中，选择"高级"选项，将其中的"允许触发器激发其他触发器"选项设置为 True，如图 11-26 所示。

图 11-26　允许触发器激发其他触发器

11.3 游标

在 SQL Server 2012 等关系数据库中的操作会对整个行集起作用。例如，由 SELECT 语句返回的行集包括满足该语句的 WHERE 子句中条件的所有行。这种由语句返回的完整行集称为结果集。应用程序，特别是交互式联机应用程序，并不总能将整个结果集作为一个单元来有效地处理。这些应用程序需要一种机制以便每次处理一行或一部分行，游标就是提供这种机制的一种扩展。

11.3.1 游标概述

游标就是一种定位并控制结果集的机制，可以减少客户端应用程序的工作量和访问数据库的次数，通常在存储过程中使用。在存储过程中使用 SELECT 语句查询数据库时，查询返回的数据存放在结果集中。用户在得到结果集后，需要逐行逐列地获取其中包含的数据，从而在应用程序中使用这些值。

用数据库语言来描述，游标是映射结果集并在结果集内的单个行上建立的一个位置实体。有了游标，用户就可以访问结果集中的任意一行数据。在将游标放置到某行之后，可以在该行或从该位置开始的行块上执行操作，而指向游标结果集中某一条记录的指针称为游标位置。

游标具有以下功能：
1）允许定位在结果集的特定行。
2）从结果集的当前位置检索一行或多行。
3）支持对结果集中当前位置的行进行数据修改。
4）如果其他用户需要对显示在结果集中的数据库数据进行修改，游标可以提供不同级别的可见性支持。
5）提供脚本、存储过程、触发器中使用的、访问结果集中的数据的 T-SQL 语句。

在 SQL Server 2012 中，游标是一个结果集中的记录指针，该指针与某个查询结果相联系。在某一时刻，该指针只指向一条记录，即游标是通过移动指向记录的指针来处理数据的。就如同用户在浏览记录时，表的全记录就是一个结果集。用户查看记录通常是一行一行的，而且总有一条记录的前面有一个黑色的三角标识，该标识就好像是一个记录指针，如图 11-27 所示。

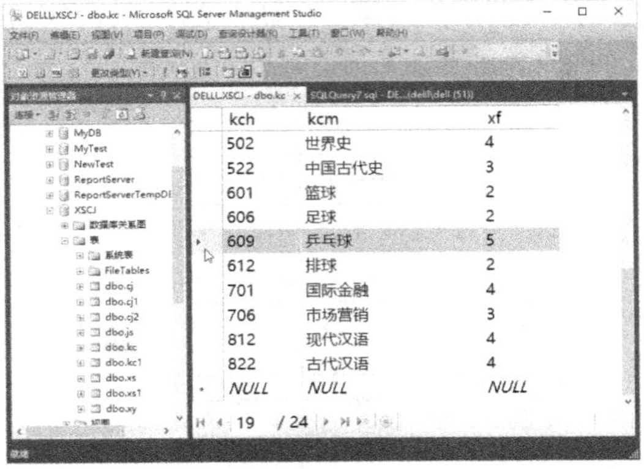

图 11-27 记录指针

11.3.2 游标的类型

1. SQL Server 2012 游标的类型

在 SQL Server 2012 中，根据游标的用途、使用方式等不同，可以将游标分为多种类型。根据游标用途的不同，SQL Server 2012 将游标分为 3 种。

（1）T-SQL 游标

基于 DECLARE CURSOR 语法，主要用于 T-SQL 脚本、存储过程和触发器。T-SQL 游标在服务器上实现并由从客户端发送到服务器的 T-SQL 语句管理。它们还可能包含在批处理、存储过程或触发器中。本书只介绍 T-SQL 游标的使用。

（2）应用程序编程接口（API）服务器游标

支持 OLE DB 和 ODBC 中的 API 游标函数。API 服务器游标在服务器中实现。每次客户端应用程序调用 API 游标函数时，SQL Native Client OLE DB 访问接口或 ODBC 驱动程序将把请求传输到服务器中，以便对 API 服务器游标进行操作。

（3）客户端游标

由 SQL Native Client ODBC 驱动程序和实现 ADO API 的 DLL 在内部实现。客户端游标通过在客户端高速缓存所有结果集行来实现。每次客户端应用程序调用 API 游标函数时，SQL Native Client ODBC 驱动程序或 ADO DLL 对客户端上高速缓存的结果集行执行游标操作。

由于 T-SQL 游标和 API 服务器游标都在服务器上实现，所以它们统称为服务器游标。

2. 用服务器游标代替客户端游标的优点

用服务器游标代替客户端游标有以下几个优点：

1）性能更高。在访问游标中的部分数据时，使用服务器游标能够提供最佳的性能，因为这种方式只通过网络发送所提取的数据。客户端游标则将整个结果集高速缓存在客户端。

2）更精确的定位更新。服务器游标直接支持定位操作，客户端游标可以模拟定位游标更新，如果有多个行满足 UPDATE 语句的 WHERE 子句的条件，这将导致意外更新。

3）内存使用效率更高。在使用服务器游标时，客户端无须高速缓存大量数据或维护游标位置的信息，因为这些工作由服务器完成。

3. SQL Server 2012 支持的服务器游标类型

SQL Server 2012 支持 4 种 API 服务器游标类型。

（1）静态游标

静态游标的完整结果集在打开游标时建立在 tempdb 中。静态游标总是按照打开游标时的原样显示结果集。游标不反映在数据库中所做的任何影响结果集成员身份的更改，也不反映对组成结果集中行的列值所做的更改。静态游标不会显示打开游标以后在数据库中新插入的行，即使这些行符合游标 SELECT 语句的搜索条件。如果组成结果集的行被其他用户更新，则新的数据值不会显示在静态游标中。静态游标会显示打开游标以后从数据库中删除的行。静态游标中不反映 UPDATE、INSERT 或者 DELETE 操作（除非关闭游标，然后重新打开），甚至不反映使用打开游标的同一连接所做的修改。

SQL Server 2012 静态游标始终是只读的。由于静态游标的结果集存储在 tempdb 的工作表中，因此结果集中的行大小不能超过 SQL Server 表的最大行大小。

（2）动态游标

动态游标与静态游标相反。当滚动游标时，动态游标反映结果集中所做的所有更改。结果集中的行数据值、顺序和成员在每次提取时都会改变。所有用户做的全部 UPDATE、INSERT 和

DELETE 语句均通过游标可见。

在 SQL Server 2012 中，动态游标工作表更新始终可以进行。也就是说，即使键列作为更新的一部分更改了，当前行仍将被刷新。当前行被标记为删除（因为它本身不应用于键集游标），但是该行并未插入至工作表的末端（因为它用于键集游标）。结果是游标刷新未找到行并报告此行丢失。SQL Server 2012 保持游标工作表同步，并且刷新能够找到行，因为它具有新的键。

（3）只进游标

只进游标不支持滚动，它只支持游标从头到尾顺序提取。行只在从数据库中提取出来后才能检索。对所有由当前用户发出或由其他用户提交，并影响结果集中的行的 INSERT、UPDATE 和 DELETE 语句，其效果在这些行从游标中提取时是可见的。由于游标无法向后滚动，则在提取行后对数据库中的行进行的大多数更改通过游标均不可见。当值用于确定所修改的结果集（例如更新聚集索引涵盖的列）中行的位置时，修改后的值通过游标可见。

SQL Server 2012 将只进和滚动都作为能应用于静态游标、键集驱动游标和动态游标的选项。T-SQL 游标支持只进静态游标、键集驱动游标和动态游标。

（4）键集驱动游标

打开键集驱动的游标时，该游标中各行的成员身份和顺序是固定的。键集驱动的游标由一组唯一标识符（键）控制，这组键称为键集。键是根据以唯一方式标识结果集中各行的一组列生成的。键集是打开游标时来自符合 SELECT 语句要求的所有行中的一组键值。键集驱动的游标对应的键集是打开该游标时在 tempdb 中生成的。

当用户滚动游标时，对非键集列中的数据值所做的更改（由游标所有者做出或由其他用户提交）是可见的。在游标外对数据库所做的插入在游标内不可见，除非关闭并重新打开游标。

11.3.3 游标的使用

使用 T-SQL 游标的流程是首先声明游标，然后打开游标，再读取游标中的数据，获取游标的属性和状态，最后一定要关闭游标，释放游标占用的资源。如果游标不再使用，还应该删除游标。

1．声明游标

声明游标是指利用 SELECT 查询语句创建游标的结构，指明游标的结果集中包括哪些数据。声明游标有两种方式：SQL-92 方式和 T-SQL 扩展方式。

（1）SQL-92 方式提供了声明游标语句 DECLARE CURSOR。其语法格式如下：

DECLARE cursor_name [INSENSITIVE] [SCROLL] CURSOR
FOR
select_statement
[FOR { READ ONLY | UPDATE [OF column_name [,...n]] }]

说明：

1）cursor_name 为游标名。

2）INSENSITIVE 表示声明一个静态游标。

3）SCROLL 表示声明一个滚动游标，可使用所有的提取选项滚动，包括 FIRST、LAST、PRIOR、NEXT、RELATIVE、ABSOLUTE。如果省略 SCROLL，则只能使用 NEXT 提取选项。

4）select_statement 表示 SELECT 查询语句。

5）READ ONLY 表示声明一个只读游标。

6）UPDATE 指定游标中可以更新的列。如果有 OF column_name，则只能修改指定的列。

如果没有，则可以修改所有列。

（2）T-SQL 扩展方式也提供了声明游标语句 DECLARE CURSOR。其语法格式如下：
DECLARE cursor_name CURSOR
[LOCAL | GLOBAL]
[FORWORD_only | SCROLL]
[STATIC | KEYSET | DYNAMIC | FAST_FORWARD]
[READ_ONLY | SCROLL_LOCKS | OPTIMISTIC]
[TYPE_WARING]
FOR select_list
[FOR UPDATE [OF column_name [,…n]]]

说明：

1）LOCAL 为定义游标的作用域仅限在其所在的存储过程、触发器或批处理中。当建立游标的存储过程执行结束后，游标会被自动释放。

2）GLOBAL 为定义游标的作用域，说明所声明的游标是全局游标，作用于整个会话层中。只有当用户脱离数据库时，该游标才会被自动释放。

如果既未使用 GLOBAL，也未使用 LOCAL，那么 SQL Server 2012 将默认为 LOCAL。

3）FORWARD_ONLY 选项指明在从游标中提取数据记录时，只能按照从第一行到最后一行的顺序，此时只能选用 FETCH NEXT 操作。

4）STATIC 选项的含义与 INSENSITIVE 选项一样，SQL Server 2012 会将游标定义所选取出来的数据记录存放在一个临时表内（建立在 tempdb 数据库下）。对该游标的读取操作皆由临时表来应答。

5）KEYSET 指出当游标被打开时，游标中列的顺序是固定的，并且 SQL Server 2012 会在 tempdb 内建立一个表，该表即为 KEYSET KEYSET 的键值可唯一识别游标中的某行数据。

6）DYNAMIC 指明基础表的变化将反映到游标中，使用这个选项会最大程度地维护数据的一致性。然而，与 KEYSET 和 STATIC 类型游标相比较，此类型游标需要大量的游标资源。

7）FAST_FORWARD 指明一个 FORWARD_ONLY、READ_ONLY 型游标。此选项已为执行进行了优化。如果 SCROLL 或 FOR_UPDATE 选项被定义，则 FAST_FORWARD 选项不能被定义。

8）SCROLL_LOCKS 指明锁被放置在游标结果集所使用的数据上。当数据被读入游标中时，就会出现锁。这个选项确保对一个游标进行的更新和删除操作总能被成功执行。如果 FAST_FORWARD 选项被定义，则不能选择该选项。另外，由于数据被游标锁定，所以当考虑到数据并发处理时，应避免使用该选项。

9）OPTIMISTIC 指明在数据被读入游标后，如果游标中的某行数据已发生变化，那么对游标数据进行更新或删除可能会导致失败。如果使用了 FAST_FORWARD 选项，则不能使用该选项。

10）TYPE_WARNING 指明若游标类型被修改成与用户定义的类型不同时，将发送一个警告信息给客户端。

【例 11-18】　利用标准方式声明一个游标。
USE XSCJ
GO
DECLARE xs_Cur CURSOR
FOR

```
SELECT xh,xm,xb,xymc
FROM xs,xy
WHERE xs.xyh=xy.xyh
AND xymc='计算机学院'
FOR READ ONLY
GO
```

运行结果如图 11-28 所示。本例利用标准方式声明一个名为 xs_Cur 的游标，是只读的，游标只能从头到尾顺序读取数据。

【例 11-19】 利用 T-SQL 扩展方式声明一个游标。

```
USE XSCJ
GO
DECLARE Pro_Cur CURSOR
DYNAMIC
FOR
SELECT kch,kcm
FROM kc
WHERE xf=4
FOR UPDATE OF kcm
GO
```

运行结果如图 11-29 所示。本例利用 T-SQL 扩展方式声明一个名为 Pro_Cur 的游标。该游标与单个表的查询结果集关联，是动态的，可前后滚动，其中 kcm 列数据可以修改。

图 11-28 声明 xs_Cur 的游标

图 11-29 声明 Pro_Cur 游标

2．打开游标

声明了游标后，必须首先打开才能使用。T-SQL 提供了打开游标语句 OPEN。其语法格式如下：

OPEN [GLOBAL] cursor_name

如果指定了 GLOBAL，该游标是全局游标。

【例 11-20】 打开 xs_Cur 游标。

```
USE XSCJ
GO
OPEN xs_Cur
GO
```

【例 11-21】 打开 Pro_Cur 游标。
```
USE XSCJ
GO
OPEN Pro_Cur
GO
```

3．读取游标

打开游标后，就可以从结果集中提取数据了。T-SQL 提供了读取游标语句 FETCH。其语法格式如下：

```
FETCH
[ [ NEXT | PRIOR | FIRST | LAST
| ABSOLUTE { n | @nvar }
| RELATIVE { n | @nvar }
]
FROM
]
{ { [ GLOBAL ] cursor_name } | @cursor_variable_name }
[ INTO @variable_name [ ,…n ] ]
```

说明：

1）如果 SCROLL 选项未在标准方式的 DECLARE CURSOR 语句中指定，则 NEXT 是唯一受支持的 FETCH 选项。如果在标准方式的 DECLARE CURSOR 语句中指定了 SCROLL 选项，则支持所有 FETCH 选项。

如果使用 T-SQL 扩展方式声明游标，则如果指定了 FORWARD_ONLY 或 FAST_FORWARD，则 NEXT 是唯一受支持的 FETCH 选项。如果未指定 DYNAMIC、FORWARD_ONLY 或 FAST_FORWARD 选项，并且指定了 KEYSET、STATIC 或 SCROLL 中的某一个，则支持所有 FETCH 选项。DYNAMIC SCROLL 游标支持除 ABSOLUTE 以外的所有 FETCH 选项。

@@FETCH_STATUS 函数报告上一个 FETCH 语句的状态。相同的信息记录在由 sp_describe_cursor 返回的游标中的 fetch_status 列中。这些状态信息应该用于在对由 FETCH 语句返回的数据进行任何操作之前，以确定这些数据的有效性。

2）NEXT 为紧跟当前行返回的结果行，并且当前行递增为返回行。如果 FETCH NEXT 为对游标的第一次提取操作，则返回结果集中的第一行。NEXT 为默认的游标提取选项。PRIOR 为返回紧邻当前行前面的结果行，并且当前行递减为返回行。如果 FETCH PRIOR 为对游标的第一次提取操作，则没有行返回并且游标置于第一行之前。FIRST 为返回游标中的第一行并将其作为当前行。LAST 为返回游标中的最后一行，并将其作为当前行。

3）ABSOLUTE { n | @nvar} 为指定绝对行。如果 n 或 @nvar 为正数，则返回从游标头开始的第 n 行，并将返回行变成新的当前行。如果 n 或 @nvar 为负数，则返回从游标末尾开始的第 n 行，并将返回行变成新的当前行。如果 n 或 @nvar 为 0，则不返回行。n 必须是整数常量，并且 @nvar 的数据类型必须为 smallint、tinyint 或 int。

4）RELATIVE { n | @nvar} 为指定相对行。如果 n 或 @nvar 为正数，则返回从当前行开始的第 n 行，并将返回行变成新的当前行。如果 n 或 @nvar 为负数，则返回当前行之前第 n 行，并将返回行变成新的当前行。如果 n 或 @nvar 为 0，则返回当前行。在对游标完成第一次提取时，如果在将 n 或 @nvar 设置为负数或 0 的情况下指定 FETCH RELATIVE，则不返回行。n 必须是整数常量，@nvar 的数据类型必须为 smallint、tinyint 或 int。

5) GLOBAL 指定游标是全局游标。

6) cursor_name 为从中进行提取的打开的游标的名称。如果同时具有以 cursor_name 作为名称的全局和局部游标存在，如果指定为 GLOBAL，那么 cursor_name 是指全局游标，如果未指定 GLOBAL，则是指局部游标。

7) @cursor_variable_name 为游标变量名，引用要从中进行提取操作的打开的游标。

8) INTO @variable_name[,…n]为允许将提取操作的列数据放到局部变量中。列表中的各个变量从左到右与游标结果集中的相应列相关联。各变量的数据类型必须与相应的结果集列的数据类型匹配，或是结果集列数据类型所支持的隐式转换。变量的数目必须与游标选择列表中的列数一致。

为了获得 FETCH 语句的执行情况，系统还提供了游标函数。通过使用游标函数，用户可以了解游标的运行和执行状态。其中常用的一个游标函数是@@FETCH_STATUS，该函数可以获取 FETCH 语句的状态，返回值为 0 表示 FETCH 语句执行成功；返回值为-1 表示 FETCH 语句执行失败；返回值等于-2 表示提取的行为不存在。另一个常用函数是@@CURSOR_ROWS，该函数用于返回连接上最后打开的游标中当前存在的行数量。返回值为-m 表示游标被异步填充，返回值是键集中当前的行数；返回值为-1 表示游标为动态；返回值为 0 表示没有被打开的游标，没有符合最后打开的游标的行，或最后打开的游标已被关闭或被释放；返回值为 n 表示游标已完全填充，返回值是在游标中的总行数。

【例 11-22】 从 xs_Cur 游标中读取数据。

  USE XSCJ
  GO
  FETCH NEXT FROM xs_Cur
  GO

运行结果如图 11-30。由于游标 xs_Cur 为只进游标，所以只能使用 NEXT 读取数据。

每运行一次该语句，将显示下一条记录，直到到达表尾为止（即没有记录为止），如图 11-31 所示。

图 11-30　第一次读取数据

图 11-31　读取表尾数据

【例 11-23】 从 Pro_Cur 游标中读取数据。

  USE XSCJ
  GO
  FETCH NEXT FROM Pro_Cur
  FETCH FIRST FROM Pro_Cur

```
FETCH LAST FROM Pro_Cur
FETCH PRIOR FROM Pro_Cur
FETCH RELATIVE 3 FROM Pro_Cur
GO
```

运行结果如图 11-32。由于游标 Pro_Cur 为动态游标，所以可以使用 NEXT、FIRST、LAST、PRIOR 等，向前或向后读取数据，直到到达表尾或表头为止。

4．关闭游标

如果一个已打开的游标暂时不用，就可以关闭。T-SQL 提供了关闭游标语句 CLOSE。其语法格式如下：

CLOSE cursor _name

【例 11-24】 关闭 Stu_Cur 游标。

```
CLOSE xs_Cur
```

5．删除游标

如果一个游标不需要，就可以删除，但原则上必须先关闭游标。T-SQL 提供了删除游标语句 DEALLOCATE。其语法格式如下：

DEALLOCATE cursor _name

【例 11-25】 关闭并删除 Pro_Cur 游标。

```
USE XSCJ
GO
CLOSE Pro_Cur
DEALLOCATE Pro_Cur
GO
```

运行结果如图 11-33。

图 11-32 从 Pro_Cur 游标中读取数据

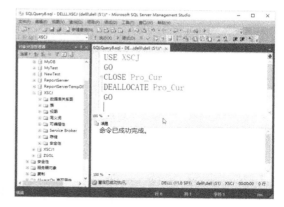

图 11-33 关闭并删除游标

11.4 习题

1. 存储过程和触发器的作用是什么？使用它们有什么好处？
2. SQL Server 2012 中存储过程的类型有哪些？
3. 在有些情况下，为什么需要重新编译存储过程？
4. SQL Server 2012 中触发器的类别有哪些？

5．创建存储过程和触发器的 SQL 语句是什么？
6．简述游标的概念和分类。
7．在 XSCJ 数据库中创建存储过程，将 cj 表中所有不及格的分数加 5 分，并调用该存储过程。
8．利用标准方式声明一个游标，查询 kc 表中的 kch 和 kcm 信息，并读取数据。
9．利用 T-SQL 扩展方式声明一个游标，查询 xs 表中的 xh、xm、xb 信息，并读取数据。
要求：
1）读取最后一条记录。
2）读取第一条记录。
3）读取当前记录指针位置后第 2 条记录。

第 12 章　系统安全管理

数据库的安全性是指保护数据库以防止不合法的使用所造成的数据泄露、更改或破坏。系统安全保护措施是否有效是数据库系统的主要指标之一。数据库的安全性和计算机系统的安全性（包括操作系统、网络系统的安全性）是紧密联系、相互支持的。

对于数据库管理来说，保护数据不受内部和外部侵害是一项重要的工作。SQL Server 2012 身份验证、授权和验证机制可以保护数据免受未经授权的泄漏和篡改。

本章主要介绍 SQL Server 2012 的安全管理机制。

12.1　身份验证模式

要想全面了解 SQL Server 2012 的安全管理机制，必须首先了解 SQL Server 2012 的安全管理机制的身份验证模式。各层 SQL Server 安全控制策略是通过各层安全控制系统的身份验证实现的。身份验证是指当用户访问系统时，系统对该用户的账号和口令的确认过程。身份验证的内容包括确认用户的账号是否有效、能否访问系统、能访问系统的哪些数据等。

12.1.1　身份验证概述

身份验证方式是指系统确认用户的方式。SQL Server 系统是基于 Windows 操作系统的，早期的 SQL Server 系统只能运行在 Windows NT/2000 操作系统上。Windows 对用户有自己的身份验证方式，用户必须提供自己的用户名和相应的口令才能访问 Windows 系统。

这样，SQL Server 的安全系统可在任何服务器上通过两种方式实现：SQL Server 和 Windows 结合使用（SQL Server and Windows）、只使用 Windows（Windows Only）。访问 Windows 系统用户能否访问 SQL Server 系统取决于 SQL Server 系统身份验证方式的设置。

用户标识与验证在 SQL Server 中对应的是 Windows 登录账号和口令以及 SQL Server 用户登录账号和口令。

用户必须使用一个登录账号，才能连接到 SQL Server 中。SQL Server 可以识别两类的身份验证方式，即：SQL Server 身份验证（SQL Server Authentication）方式和 Windows 身份验证（Windows Authentication）方式。这两种方式都有自己的登录账号类型。

当使用 SQL Server 身份验证方式时，由 SQL Server 系统管理员定义 SQL Server 账号和口令。当用户连接 SQL Server 时，必须提供登录账号和口令。当使用 Windows 身份验证方式时，由 Windows 账号或者组控制用户对 SQL Server 系统的访问。这时，用户不必提供 SQL Server 的账号和口令就能连接到系统上。但是，在该用户连接之前，SQL Server 系统管理员必须将 Windows 账号或者 Windows 组定义为 SQL Server 的有效登录账号。

当 SQL Server 在 Windows NT/2000 之后的操作系统上运行时，系统管理员必须指定系统的身份验证模式类型。SQL Server 的身份验证模式有两种：Windows 身份验证（Windows Authentication）模式和混合模式（Mixed Mode）。

Windows 身份验证模式只允许使用 Windows 身份验证方式，这时用户无法以 SQL Server 的登录账号登录服务器。它要求用户登录到 Windows，当用户访问 SQL Server 时，不用再次登录。而混合身份验证模式既允许使用 Windows 身份验证方式，又允许使用 SQL Server 身份验证方式。它使用户既可以登录 SQL Server，也可用 Windows 的集成登录。

1. Windows 身份验证模式

Windows 身份验证是默认模式（通常称为集成安全），因为此 SQL Server 安全模型与 Windows 紧密集成。信任特定 Windows 用户和组账户登录 SQL Server。已经过身份验证的 Windows 用户不必提供附加的凭据。

SQL Server 提供了多层安全。在最外层，SQL Server 的登录安全性直接集成到 Windows 的安全性上，它允许 Windows 服务器验证用户。使用这种验证方式，SQL Server 就可以利用 Windows 的安全特性。

Windows 身份验证方式具有下列优点：提供了更多的功能，例如，安全确认和口令加密、审核、口令失效、最小口令长度和账号锁定；通过增加单个登录账号，允许在 SQL Server 系统中增加用户组；允许用户迅速访问 SQL Server 系统，而不必使用另一个登录账号和口令。

SQL Server 系统按照下列步骤处理 Windows 身份验证方式中的登录账号：

1）当用户连接到 Windows 系统上时，客户机打开一个到 SQL Server 系统的委托连接。该委托连接将 Windows 的组和用户账号传送到 SQL Server 系统中。因为客户机打开了一个委托连接，所以 SQL Server 系统知道 Windows 已经确认该用户有效。

2）如果 SQL Server 系统在系统表 syslogins 的 SQL Server 用户清单中找到该用户的 Windows 用户账号或者组账号，就接受这次身份验证连接。这时，SQL Server 系统不需要重新验证口令是否有效，因为 Windows 已经验证用户的口令是有效的。

3）在这种情况下，该用户的 SQL Server 系统登录账号既可以是 Windows 的用户账号，也可以是 Windows 组账号。当然，这些用户账号或者组账号都已定义为 SQL Server 系统登录账号。

4）如果多台 SQL Server 服务器在一个域或者在一组信任域中，那么登录到单个网络域上就可以访问全部的 SQL Server 服务器。

2. 混合模式

混合模式支持由 Windows 和 SQL Server 进行身份验证。用户名和密码保留在 SQL Server 内。

混合模式最适合用于外界用户访问数据库或不能登录到 Windows 域的情况。当使用混合模式时，无论是使用 Windows 身份验证方式的用户，还是使用 SQL Server 身份验证方式的用户，都可以连接到 SQL Server 系统上。也就是说，身份验证模式是对服务器而言，而身份验证方式是对客户端而言。

混合模式的 SQL Server 身份验证方式有下列优点：混合模式允许非 Windows 客户、Internet 客户和混合的客户组连接到 SQL Server 中。SQL Server 按照下列步骤处理自己的登录账号：

1）当一个使用 SQL Server 账号和口令的用户连接 SQL Server 时，SQL Server 验证该用户是否在系统表 syslogins 中，且其口令是否与以前记录的口令匹配。

2）如果在系统表 syslogins 中没有该用户账号，那么这次身份验证失败，系统拒绝该用户的连接。

建议尽可能使用 Windows 身份验证。Windows 身份验证使用一系列加密消息来验证 SQL Server 中的用户。使用 SQL Server 登录时，将跨网络传递 SQL Server 登录名和密码，这样会降低它们的安全性。使用 Windows 身份验证时，用户已登录到 Windows，无须另外登录到 SQL Server，也简化了用户的操作。

12.1.2 身份验证方式设置

在 SQL Server Management Studio 中可以查看和更改数据库系统的身份验证方式。选择"视图"菜单中的"已注册的服务器"选项，如图 12-1 所示。

展开已注册的服务器子窗口，可以看到"本地服务器组"下面有一个 SQL Server 服务器名称，即当前数据库服务器名称。右击该服务器名称，选择快捷菜单中的"属性"选项，如图 12-2 所示。

图 12-1 选择"已注册的服务器"

图 12-2 选择服务器属性

显示"编辑服务器注册属性"对话框，可以查看和改变身份验证方式，如图 12-3 所示。可以通过"身份验证"下拉列表框选择服务器的身份验证登录方式。如果选择"Windows 身份验证"方式，只要可以登录 Windows 操作系统，就可以登录 SQL Server 2012 数据库管理系统，即通过 Windows 登录账号登录 SQL Server 2012。如果选择"SQL Server 身份验证"方式，只能通过 SQL Server 账号，登录 SQL Server 2012 数据库管理系统。

用户也可以通过直接设置服务器的属性来设置 SQL Server 的登录模式和方式。在对象资源管理器子窗口中，右击服务器名，选择快捷菜单中的"属性"选项，如图 12-4 所示。

图 12-3 "编辑服务器注册属性"对话框

图 12-4 选择服务器属性

显示"服务器属性"对话框，如图 12-5 所示，选择"安全性"页，在其中可以查看和设置服务器身份验证模式。

选择"权限"页，在其中可以设置不同登录名或角色，如图 12-6 所示。

图 12-5 "安全性"页

图 12-6 "权限"页

12.2 账号和角色

无论使用哪一种数据库身份验证模式，用户都必须以一种合法的身份登录。用户的合法身份用一个用户标识来表示，也就是账号，也称为登录名。只有合法的账号才能登录 SQL Server 2012，才能使用 SQL Server 2012 数据库管理系统的各种功能。

每个账号都有相应的权限，即角色。SQL Server 2012 通过对账号分配角色来进行授权。

12.2.1 账号

在 SQL Server 2012 中，系统已经自动创建了一些系统内置账号。在对象资源管理器子窗口中，展开"安全性"选项的"登录名"子选项，就可以看到当前数据库服务器中的账号信息，如图 12-7 所示。其中，账号 delll\dell 是 Windows 的组账号，属于这个组的账号都可以作为 SQL Server 2012 的登录账号。其中，账号 sa 是 SQL Server 2012 的数据库管理员账号，是 SQL Server 中的超级账号。

在实际使用过程中，除了系统已创建的系统内置账号，用户经常根据需要添加一些登录账号。用户可以将 Windows 账号添加到 SQL Server 2012 中，也可以新建 SQL Server 账号。

1. 将 Windows 账号添加到 SQL Server 2012 中

在 Windows 中，给 Windows 添加一个账号"cheng"，如图 12-8 所示。

图 12-7 系统内置账号

图 12-8 添加一个 Windows 账号

在对象资源管理器子窗口中展开的"安全性"选项，右击"登录名"，选择快捷菜单中的"新建登录名"选项，如图 12-9 所示。

显示"登录名-新建"对话框，如图 12-10 所示。

图 12-9 "新建登录名"选项

图 12-10 "登录名-新建"对话框

"登录名-新建"对话框初始时，没有登录名信息，需要单击"搜索"按钮。

显示"选择用户或组"对话框，如图 12-11 所示，初始时，对话框中也没有信息。

用户可以选择"立即查找"按钮，"选择用户或组"对话框下半部会出现"搜索结果"列表框，选择需要添加的 Windows 账号"cheng"，如图 12-12 所示。

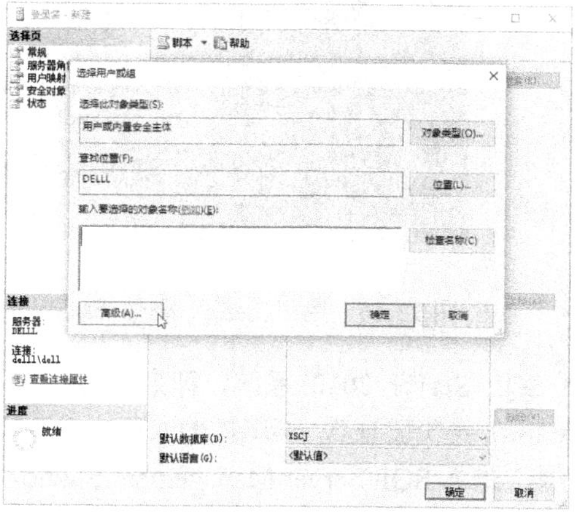

图 12-11 "选择用户或组"对话框

图 12-12 立即查找账号

返回到"选择用户或组"对话框，可以看到已经将账号信息添加到"输入要选择的对象名称"列表中，如图 12-13 所示。

返回"登录名-新建"对话框，可以看到已经将 Windows 账号"DELLL\cheng"添加到登录名中，如图 12-14 所示。

· 259 ·

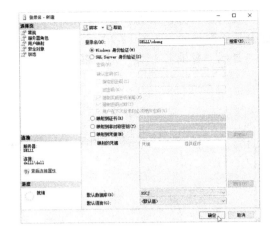

图 12-13　输入要选择的对象名称　　　图 12-14　将 Windows 账号添加到 SQL Server 2012 中

再次展开对象资源管理器子窗口中的"安全性"选项,在"登录名"下可以看到新添了一个"DELLL\cheng"账号,如图 12-15 所示。

如果选择"Windows 身份验证",即用户以 Windows 账号"cheng"成功登录 Windows,如图 12-16 所示。

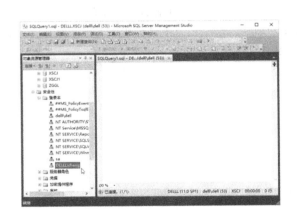

图 12-15　将 Windows 账号添加到 SQL Server 2012 中　　　图 12-16　用"cheng"账号登录 Windows

用户以"Windows 身份验证"方式直接登录 SQL Server 2012 系统,即启动 SQL Server Management Studio,连接服务器时可以使用"Windows 身份验证",不用再输入用户名和密码,就可以与 SQL Server 2012 数据库管理系统成功连接,进入 SQL Server Management Studio,如图 12-17 所示。

在连接登录对话框中,用户名不再是"delll\dell"。在对象资源管理器子窗口中查看数据库服务器名称,显示的是"delll\cheng"如图 12-18 所示。

用户也可以在"编辑服务器注册属性"对话框中查看数据库服务器属性,如图 12-19 所示,在"用户名"中显示的也是"delll\cheng"。

或者在"服务器属性"对话框"常规"页中查看数据库服务器属性,如图 12-20 所示,在"用户名"中显示的同样也是"delll\cheng"。

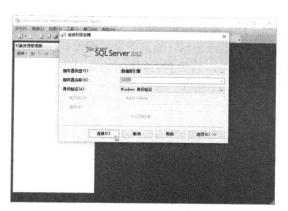

图 12-17 以"Windows 身份验证"方式登录

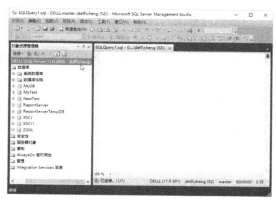

图 12-18 用"cheng"账号登录

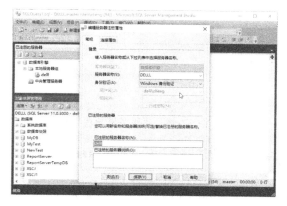

图 12-19 "编辑服务器注册属性"对话框

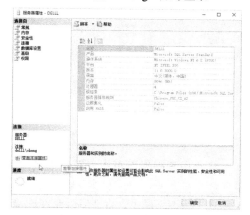

图 12-20 "服务器属性"对话框的"常规"页

或者在"服务器属性"对话框"权限"页中查看"登录名或角色"信息，如图 12-21 所示，在"名称"列表中显示的也是"delll\cheng"。

2. SQL Server 账号

前面 12.2.1 节，在 SQL Server 2012 中，已经有一个的超级 SQL Server 账号"sa"。右击"sa"，在快捷菜单中选择"属性"选项，如图 12-22 所示。

图 12-21 "服务器属性"对话框"权限"页

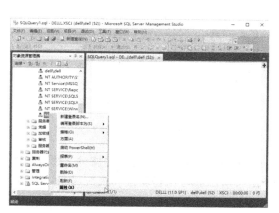

图 12-22 "属性"选项

显示"登录属性"对话框。用户可以在"常规"页中设置 sa 账号的登录密码、默认数据库等。SQL Server 2012 系统出于安全考虑，密码都用黑色圆点表示，而且不管密码设多少位，都显示 15 个黑色圆点。默认数据库通常是系统数据库 master，如图 12-23 所示。

在"服务器角色"页中，可以看到许多服务器角色选项。通常已选择"public"和"sysadmin"角色，如图 12-24 所示。

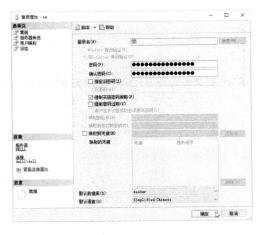

图 12-23 "常规"页　　　　　　　　　　图 12-24 "服务器角色"页

在"用户映射"页中，可以看到映射到此登录的用户能够看到的数据库信息，以及该数据库映射的数据库角色成员身份，如图 12-25 所示。

在"状态"页中，将"是否允许连接到数据库引擎"设置为"授予"，将"登录"设置为"已启用"，如图 12-26 所示。

图 12-25 "用户映射"页　　　　　　　　图 12-26 "状态"页

设置完毕，再查看"服务器属性"对话框的"安全性"页，设置"服务器身份验证"为"SQL Server 和 Windows 身份验证模式"，如图 12-27 所示。

设置完毕，重新启动 SQL Server Management Studio，或者重启操作系统，在"连接到服务器"对话框中选择"身份验证"模式为"SQL Server 身份验证"。在"登录名"文本框中输入"sa"，在"密码"文本框中输入刚才设置的密码，如图 12-28 所示。

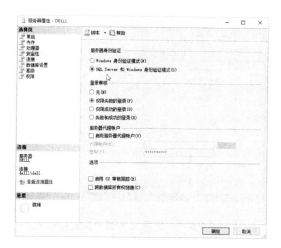
图 12-27　SQL Server 和 Windows 身份验证模式

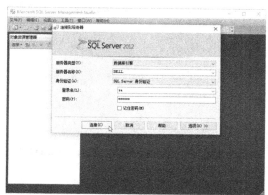
图 12-28　选择服务器身份验证模式

连接成功，用户在显示的对象资源管理器子窗口中看到登录到同样的数据库服务器用的是"sa"账号，如图 12-29 所示。

或者用户可以查看服务器的"连接属性"对话框。在身份验证中"Authentication Method"显示"SQL Server 身份验证"，在"User Name"中显示为"sa"，如图 12-30 所示。

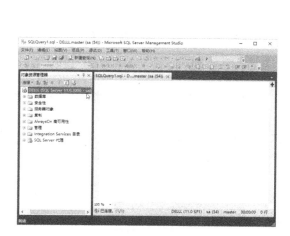
图 12-29　sa 账号连接成功

图 12-30　"连接属性"对话框

或者不重新启动 SQL Server Management Studio，右击当前数据库服务器，选择快捷菜单中的"连接"选项，如图 12-31 所示。

在"连接到服务器"对话框中的设置同前，选择服务器身份验证模式，如图 12-32 所示。

连接成功，用户可以看到，在对象资源管理器子窗口中，出现一个新的数据库服务器，即现在有两个数据库服务器，一个是"delll\dell"，一个是"sa"，如图 12-33 所示。这两个数据库服务器其实是同一个数据库服务器，只不过登录名不同而已。

如果不需要，可以选择"断开连接"选项，如图 12-34 所示。

图 12-31 "连接"选项

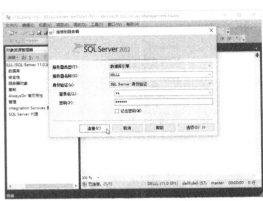
图 12-32 选择服务器身份验证模式

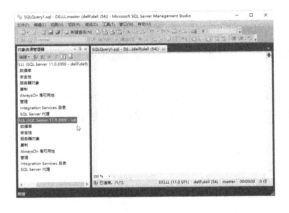
图 12-33 新数据库连接成功

图 12-34 "断开连接"选项

用户也可以根据需要新建 SQL Server 账号。展开"安全性",右击"登录名",选择快捷菜单中的"新建登录名"选项,如图 12-35 所示。

在"登录名-新建"对话框中,在"常规"页中,新建登录名,选择"SQL Server 身份验证"模式,并输入密码,如图 12-36 所示。

图 12-35 "新建登录名"选项

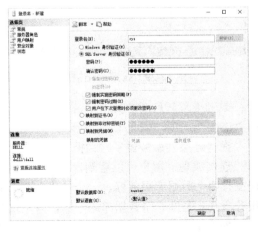
图 12-36 "常规"页

在"服务器角色"页中，可以选择需要的角色，此时除了默认值"pubic"之外，先不要选择其他角色，如图 12-37 所示。

在"用户映射"页中，默认没有选择数据库，此时也先不要选择，如图 12-38 所示。其他两个选项页和刚才设置 sa 账号相同。

图 12-37 "服务器角色"页　　　　　　　　图 12-38 "用户映射"页

新建成功后，在"登录名"中可以看到该账号，如图 12-39 所示。

连接服务器，选择"身份验证"模式为"SQL Server 身份验证"，在"登录名"文本框中输入"cyz"，在"密码"文本框中输入刚才设置的密码，如图 12-40 所示。

图 12-39 新建登录名　　　　　　　　　　图 12-40 cyz 连接服务器

连接成功，用户可以看到，在对象资源管理器子窗口中，出现一个新的数据库服务器，即现在有两个数据库服务器，一个是"delll\dell"，一个是"cyz"，如图 12-41 所示。

如果是重启 SQL Server Management Studio，再连接，在对象资源管理器子窗口中只有一个数据库服务器，即"cyz"。用户也可以查看服务器的"连接属性"对话框。在身份验证中"Authentication Method"显示"SQL Server 身份验证"，"User Name"中显示为"cyz"，如图 12-42 所示。

图 12-41　新数据库服务器　　　　　图 12-42　"当前连接属性"对话框

但是当用户在以账号"cyz"连接的服务器中，试图用鼠标操作 XSCJ 或 ZGGL 数据库时，系统却提示出错对话框，如图 12-43 所示。

或者，在查询编辑器子窗口中执行查询操作，也会提示错误信息，如图 12-44 所示。出错的原因是，在新建账号"cyz"时，没有给这个账号赋予访问这两个数据库的权限，这就涉及了角色的概念。

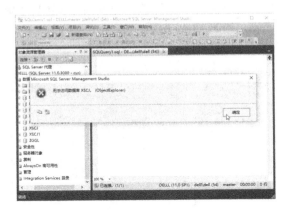

图 12-43　错误提示对话框　　　　　图 12-44　提示错误信息

12.2.2　角色

无论用户以何种方式，以什么账号进入 SQL Server 2012 系统，只能说明该账号有登录权限，并不能说明该账号就可以在服务器中任意操作，还需要对账号赋予权限。权限即操作系统的权利。SQL Server 2012 中最常见的基本权限有 SELECT、INSERT、DELETE、UPDATE 等，说明如下：

1）SELECT 权限允许数据库系统用户在表或视图中检索数据。
2）INSERT 权限允许数据库系统用户在表或视图中插入新的数据。
3）DELETE 权限允许数据库系统用户在表或视图中删除数据。

4）UPDATE 权限允许数据库系统用户在表或视图中修改数据。

当用户新建 1 个表后，就成为该表的所有者，得到了表的所有权限，包括 SELECT、INSERT、DELETE、UPDATE 和其他 DBMS 所支持的任何权限。其他用户开始并不具有新建表的任何权限。表的创建者可以通过授权将权限授予其他用户。

SQL Server 2012 数据库管理系统利用角色设置管理用户的权限。这样只对角色进行权限设置便可以实现对所有用户权限的设置，大大减少了管理员的工作量。

角色的使用与 Windows 组的使用很相似。通过角色，可以将用户集中到一个单元中，然后对这个单元应用权限。对角色授予、拒绝或吊销权限时，将对其中的所有成员生效。

角色的功能之所以如此强大，其中涉及了许多关键的概念。首先，除固定的服务器角色外，其他角色都是在数据库内部实现的。这意味着数据库管理员无须依赖 Windows 管理员来组织用户。第二，角色可以嵌套，嵌套的深度没有限制，但不允许循环嵌套。第三，数据库用户可以同时是多个角色的成员。

因为角色的这些特性，使得数据库管理员可以安排权限的层次结构，以反映使用数据库的组织的管理结构。

在 SQL Server 2012 中，具有 5 个角色。

1. public 角色

public 角色在每个数据库（包括系统数据库 master、msdb、tempdb 和 model）中都存在。public 角色提供数据库中用户的默认权限，不能删除。其功能相当于 Windows 环境中的 Everyone 组。每个数据库用户都自动是此角色的成员，因此，无法在此角色中添加或删除用户。

SQL Server 2012 包括几个预定义的角色，这些角色具有预定义的、不能授予其他用户账户的内在权限。有两种类型的预定义角色：固定服务器角色和固定数据库角色。

2. 固定服务器角色

固定服务器角色的作用域在服务器范围内。它们存在于数据库之外。固定服务器角色的每个成员都能够向该角色中添加其他登录。

展开"安全性"下的"服务器角色"，显示当前系统的所有服务器角色，如图 12-45 所示。

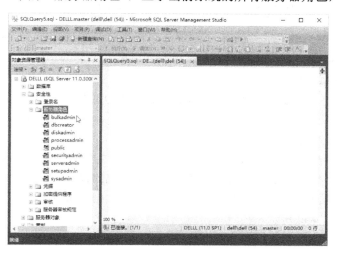

图 12-45 固定服务器角色

表 12-1 列出了各个固定服务器角色及其描述。

表 12-1 固定服务器角色描述

固定服务器角色	描述
bulkadmin	允许非 sysadmin 用户运行 bulkadmin 语句
dbcreator	创建、改变、除去或还原任何数据库
diskadmin	管理磁盘文件
processadmin	终止在 SQL Server 上运行的进程
securityadmin	管理服务器范围内的安全设置（包括链接的服务器）以及 CREATE DATABASE 权限。重置 SQL Server 身份验证登录的密码
serveradmin	配置服务器范围内的配置选项以及关闭服务器
setupadmin	添加和删除链接的服务器以及执行某些系统存储过程（如 sp_serveroption）
sysadmin	执行 SQL Server 中的任何活动

表 12-2 列出了各个固定服务器角色被授予的服务器级权限。

表 12-2 固定服务器角色被授予的权限

固定服务器角色	服务器级权限
bulkadmin	已授予：ADMINISTER BULK OPERATIONS
dbcreator	已授予：CREATE DATABASE
diskadmin	已授予：ALTER RESOURCES
processadmin	已授予：ALTER ANY CONNECTION、ALTER SERVER STATE
securityadmin	已授予：ALTER ANY LOGIN
serveradmin	已授予：ALTER ANY ENDPOINT、ALTER RESOURCES、ALTER SERVER STATE、ALTER SETTINGS、SHUTDOWN、VIEW SERVER STATE
setupadmin	已授予：ALTER ANY LINKED SERVER
sysadmin	已使用 GRANT 选项授予：CONTROL SERVER

3．固定数据库角色

固定数据库角色在数据库级别定义以及每个数据库中都存在。db_owner 和 db_security 管理员角色的成员可以管理固定数据库角色的成员身份。但是，只有 db_owner 角色可以将其他用户添加到 db_owner 固定数据库角色中。

每个数据库用户都属于 public 数据库角色。当尚未对某个用户授予或拒绝对安全对象的特定权限时，则该用户将继承授予该安全对象的 public 角色的权限。

展开 XSCJ 数据库下"安全性"下的"角色"的"数据库角色"，显示 XSCJ 数据库的所有数据库角色，如图 12-46 所示。

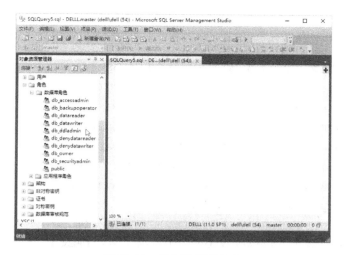

图 12-46　固定数据库角色

表 12-3 列出了各个固定数据库角色及其描述。

表 12-3　固定数据库角色描述

固定数据库角色	描　　述
db_accessadmin	添加或删除 Windows 用户、组和 SQL Server 登录的访问权限
db_backupoperator	备份数据库
db_datareader	读取所有用户表中的所有数据
db_datawriter	添加、删除或更改所有用户表中的数据
db_ddladmin	在数据库中运行任何数据定义语言（DDL）命令
db_denydatareader	无法读取数据库用户表中的任何数据
db_denydatawriter	无法添加、修改或删除任何用户表或视图中的数据
db_owner	执行数据库中的所有维护和配置活动
db_securityadmin	修改角色成员身份并管理权限

表 12-4 列出各个固定数据库角色被授予的数据库级权限和服务器级权限。

表 12-4　固定数据库角色被授予的权限

固定数据库角色	数据库级权限	服务器级权限
db_accessadmin	已授予：ALTER ANY USER、CREATE SCHEMA	已授予：VIEW ANY DATABASE
db_accessadmin	已使用 GRANT 选项授予：CONNECT	已授予：CREATE DATABASE
db_backupoperator	已授予：BACKUP DATABASE、BACKUP LOG、CHECKPOINT	已授予：VIEW ANY DATABASE
db_datareader	已授予：SELECT	已授予：VIEW ANY DATABASE
db_datawriter	已授予：DELETE、INSERT、UPDATE	已授予：VIEW ANY DATABASE

续表

固定数据库角色	数据库级权限	服务器级权限
db_ddladmin	已授予：ALTER ANY ASSEMBLY、ALTER ANY ASYMMETRIC KEY、ALTER ANY CERTIFICATE、ALTER ANY CONTRACT、ALTER ANY DATABASE DDL TRIGGER、ALTER ANY DATABASE EVENT、NOTIFICATION、ALTER ANY DATASPACE、ALTER ANY FULLTEXT CATALOG、ALTER ANY MESSAGE TYPE、ALTER ANY REMOTE SERVICE BINDING、ALTER ANY ROUTE、ALTER ANY SCHEMA、ALTER ANY SERVICE、ALTER ANY SYMMETRIC KEY、CHECKPOINT、CREATE AGGREGATE、CREATE DEFAULT、CREATE FUNCTION、CREATE PROCEDURE、CREATE QUEUE、CREATE RULE、CREATE SYNONYM、CREATE TABLE、CREATE TYPE、CREATE VIEW、CREATE XML SCHEMA COLLECTION、REFERENCES	已授予：VIEW ANY DATABASE
db_denydatareader	已拒绝：SELECT	已授予：VIEW ANY DATABASE
db_denydatawriter	已拒绝：DELETE、INSERT、UPDATE	
db_owner	已使用 GRANT 选项授予：CONTROL	已授予：VIEW ANY DATABASE
db_securityadmin	已授予：ALTER ANY APPLICATION ROLE、ALTER ANY ROLE、CREATE SCHEMA、VIEW DEFINITION	已授予：VIEW ANY DATABASE

4．用户定义的角色

当一组用户执行 SQL Server 中一组指定的活动时，通过用户定义的角色可以轻松地管理数据库中的权限。在没有合适的 Windows 组，或数据库管理员无权管理 Windows 用户账户的情况下，用户定义的角色为数据库管理员提供了与 Windows 组同等的灵活性。

用户定义的角色只适用于数据库级别，并且只对创建时所在的数据库起作用。

5．应用程序角色

应用程序角色使得数据库管理员可以将数据访问权限仅授予使用特定应用程序的那些用户。

下面说明其工作过程。用户通过应用程序连接到数据库。然后，应用程序通过执行 sp_setapprole 存储过程向 SQL Server 证明其身份。该存储过程带有两个参数：应用程序角色名和密码（只有应用程序知道应用程序角色密码）。如果应用程序角色名和密码有效，将激活应用程序角色。此时，当前分配给该用户的所有权限都被除去，并采用应用程序角色的安全上下文。由于只有应用程序（而非用户）知道应用程序角色的密码，因此，只有应用程序可以激活此角色，并访问该角色有权访问的对象。

应用程序角色一旦激活，便不能被停用。用户重新获得其原始安全上下文的唯一方法是断开连接，然后再重新连接到 SQL Server。

与用户定义的角色类似，应用程序角色也只存在于数据库内部。如果应用程序角色试图访问其他数据库，将只授予它该数据库中 guest 账户的特权。如果未明确授予 guest 账户访问数据库的权限，或该账户不存在，应用程序角色将无法访问其中的对象。

下面是使用应用程序角色的一个示例。如果 x 是 ACCOUNTING 组的成员，并且仅允许 ACCOUNTING 组的成员通过记账软件包访问 SQL Server 中的数据，则需要对记账软件创建一个应用程序角色。ACCOUNTING 应用程序角色被授予访问数据的权限，但 Windows 组

ACCOUNTING 将被拒绝访问该数据。因此，当 x 试图访问数据库时，将遭到拒绝；但是如果使用了记账软件，便可以访问数据。

下面的过程概要说明了应用程序使用应用程序角色的步骤。要使用应用程序角色，请执行下列步骤：

1）创建应用程序角色。
2）对该应用程序角色分配权限。
3）确保最终用户通过应用程序连接到服务器。
4）确保客户端应用程序激活该应用程序角色。

12.3 授权的主体

授权的主体是 SQL Server 2012 中进行授权时权限被授予的对象，即授权的账号和角色。"主体"是可以请求 SQL Server 资源的个体、组和过程。主体的影响范围取决于主体定义的范围（Windows、服务器或数据库）以及主体是否不可分或是一个集合。例如，Windows 登录名就是一个不可分主体，而 Windows 组则是一个集合主体。每个主体都有一个唯一的安全标识符（SID），即账号。

Windows 级别的主体有 Windows 域登录名和 Windows 本地登录名；SQL Server 级别的主体有 SQL Server 登录名和服务器角色；数据库级别的主体有数据库用户、数据库角色和应用程序角色。

展开"安全性"下的"登录名"，显示当前数据库服务器的所有登录名，如图 12-47 所示。这些登录名便是授权的主体，包括 sa。

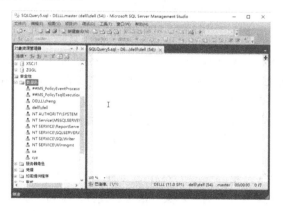

图 12-47　授权的主体显示

12.4 授权的安全对象

授权的安全对象是 SQL Server 2012 中进行授权时授权被操作的对象。本节主要介绍 SQL Server 2012 授权机制中授权的安全对象的概念。

SQL Server 2012 的权限系统基于组成 Windows 权限基础的同一附加模型。如果某用户同时是 sales、marketing 和 research 角色的成员（多重组成员身份），则该用户获得的权限是每个角色的权限总和。例如，如果 sales 对某个表具有 SELECT 权限，marketing 具有 INSERT 权限，而

research 具有 UPDATE 权限，则该用户能够执行 SELECT、INSERT 和 UPDATE 操作。但是，如果使用命令拒绝该用户所属的特定角色拥有特定对象权限（如 SELECT），则该用户没有权限。限制最多的权限（DENY）优先。

SQL Server 2012 Database Engine 管理着可以通过权限进行保护的实体的分层集合称为"安全对象"。在安全对象中，最突出的是服务器和数据库，但可以在更细的级别上设置权限。SQL Server 通过验证主体是否已获得适当的权限来控制主体对安全对象执行的操作。图 12-48 显示了数据库引擎权限层次结构之间的关系。

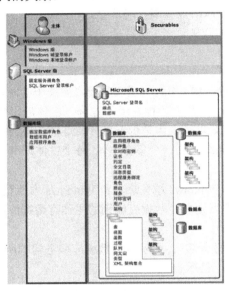

图 12-48　SQL Server 权限结构

安全对象是 SQL Server Database Engine 授权系统控制对其进行访问的资源。通过创建可以为自己设置安全性的名为"范围"的嵌套层次结构，可以将某些安全对象包含在其他安全对象中。安全对象范围有服务器、数据库和架构，其中：

1）服务器包含以下安全对象：端点、登录账户、数据库。

2）数据库包含以下安全对象：用户、角色、应用程序角色、程序集、消息类型、路由、服务等。

3）架构包含以下安全对象：类型、XML 架构集合、对象。

下面是对象类的安全对象：聚合、约束、函数、过程、队列、统计信息、同义词、表、视图。

每个 SQL Server 2012 安全对象都有可以授予主体的关联权限。表 12-5 列出了主要的权限类别以及可应用这些权限的安全对象的种类。

表 12-5　SQL Server 权限

权　　限	适　用　于
SELECT	同义词、表和列、表值函数（T-SQL 和 CLR）和列、视图和列
UPDATE	同义词、表和列、视图和列
REFERENCES	标量函数和聚合函数（T-SQL 和 CLR）、SQL Server 2012 Service Broker 队列、表和列、表值函数（T-SQL 和 CLR）和列、视图和列

续表

权限	适用于
INSERT	同义词、表和列、视图和列
DELETE	同义词、表和列、视图和列
EXECUTE	过程（T-SQL 和 CLR）、标量函数和聚合函数（T-SQL 和 CLR）、同义词
RECEIVE	Service Broker 队列
VIEW DEFINITION	过程（T-SQL 和 CLR）、Service Broker 队列、标量函数和聚合函数（T-SQL 和 CLR）、同义词、表、表值函数（T-SQL 和 CLR）、视图
ALTER	过程（T-SQL 和 CLR）、标量函数和聚合函数（T-SQL 和 CLR）、Service Broker 队列、表、表值函数（T-SQL 和 CLR）、视图
TAKE OWNERSHIP	过程（T-SQL 和 CLR）、标量函数和聚合函数（T-SQL 和 CLR）、同义词、表、表值函数（T-SQL 和 CLR）、视图
CONTROL	过程（T-SQL 和 CLR）、标量函数和聚合函数（T-SQL 和 CLR）、Service Broker 队列、同义词、表、表值函数（T-SQL 和 CLR）、视图

12.5 权限操作

SQL Server 2012 中的权限控制操作可以通过在 SQL Server Management Studio 中，对用户的权限进行设置，也可以使用 T-SQL 提供的 GRANT、REVOKE 和 DENY 语句完成。前提是这个进行权限设置的账号必须拥有这样的权限。所以在设置权限前，原则上用 Windows 用户账号或 sa 账号重新连接登录服务器。

这里特别需要说明，本节所有的授权操作都是在 Windows 账号连接后操作的。

12.5.1 在 SQL Server Management Studio 中设置权限

在 SQL Server Management Studio 中，右击"cyz"账号，选择快捷菜单中的"属性"选项，如图 12-49 所示。

在显示的"用户映射"页中，选择 XSCJ 数据库，并选择"数据库角色成员身份"为"db_owner"，如图 12-50 所示的结果。当该账号设置为 db_owner 角色，就拥有对 XSCJ 数据库进行 SELECT、INSERT、DELETE、UPDATE 等权限，即可以像创建数据库的所有者一样操作数据库。

图 12-49 选择账号属性

图 12-50 选择"数据库角色成员身份"为"db_owner"

修改完毕，以"cyz"账号连接服务器成功后，就可以以 db_owner 角色对数据库 XSCJ 操作了，例如查询、修改等操作。如图 12-51 所示。

如果在"服务器角色"选择页中，选择"sysadmin"角色，如图 12-52 所示。连接服务器成功后，任何数据库都可以操作。

图 12-51　以 db_owner 角色操作数据库　　　　图 12-52　选择"sysadmin"角色

如果该账号没有将"数据库角色成员身份"选择为"db_owner"角色，也没有将"服务器角色"选择为"sysadmin"角色，还可以在 XSCJ 数据库中，展开"安全性"选项下的"用户"，右击"cyz"，选择快捷菜单中的"属性"选项，如图 12-53 所示。

显示"数据库用户"对话框，并选择"安全对象"页，如图 12-54 所示。

 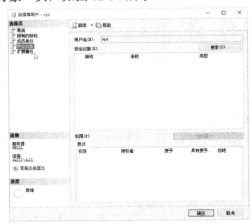

图 12-53　选择"属性"选项　　　　图 12-54　"安全对象"页

接下来选择"搜索"按钮，在弹出的"添加对象"对话框中，选择"特定对象"选项，如图 12-55 所示。

单击"确定"按钮，弹出"选择对象"对话框，如图 12-56 所示。

单击"对象类型"按钮，弹出"选择对象类型"对话框，用户可以选择"数据库"选项，如图 12-57 所示。

退出"选择对象类型"对话框，在"选择对象"对话框中选择"浏览"按钮，添加 XSCJ 数据库，如图 12-58 所示。

图 12-55 "添加对象"对话框

图 12-56 "选择对象"对话框

图 12-57 "选择对象类型"对话框

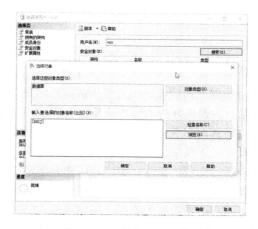

图 12-58 添加 XSCJ 数据库

最后在"安全对象"页中，给 XSCJ 数据库赋予权限，例如在"授予"中选择授予插入、查看定义等权限，如图 12-59 所示。"授予"表示账号拥有的权限，"具有授予权限"表示账号拥有授予权限的权限，"拒绝"表示账号不接受拥有相应的权限。

设置完毕，当用户操作插入数据时，系统将允许操作，如图 12-60 所示。

图 12-59 选择权限

图 12-60 允许插入操作

当用户操作查询数据时，系统将提示出错，如图 12-61 所示。

图 12-61　提示出错信息

12.5.2　T-SQL 语句授权

数据库内的权限始终授予数据库用户、角色和 Windows 用户或组，但从不授予 SQL Server 登录。为数据库内的用户或角色设置适当权限的方法有：授予权限、拒绝权限和吊销权限。

计算与对象关联的权限时，第一步就是检查 DENY 权限。如果权限被拒绝，则停止计算，并且不授予权限。如果不存在 DENY，则下一步是将与对象关联的权限和调用方用户或进程的权限进行比较，在这一步中，可能会出现 GRANT（授予）权限或 REVOKE（吊销）权限。如果权限被授予，则停止计算并授予权限。如果权限被吊销，则删除先前 GRANT 或 DENY 的权限。因此，吊销权限不同于拒绝权限。REVOKE 权限删除先前 GRANT 或 DENY 的权限。而 DENY 权限是禁止访问。因为明确的 DENY 权限优先于其他所有权限，所以，即使已被授予访问权限，DENY 权限也将禁止访问。

T-SQL 语句的授权操作都比较复杂，限于本书篇幅有限，这里只简单介绍相关语句的语法和一些权限的操作。

1．CREATE LOGIN 和 CREATE USER 语句

CREATE LOGIN 语句为 SQL Server 创建数据库引擎登录名。CREATE USER 语句用于创建数据库用户，即将数据库引擎登录名设置成数据库中的用户。

【例 12-1】　新建一个名字为"cheng"的账号，密码是"123456"。

  CREATE LOGIN cheng WITH PASSWORD = '123456'
  GO

运行结果如图 12-62 所示。刷新"登录名"后可以看到新建的账号。

【例 12-2】　把账号"cheng"授予数据库 ZGGL，成为该数据库用户。

  USE ZGGL
  GO
  CREATE USER cheng FOR LOGIN cheng
  GO

运行后，重新以"cheng"账号连接登录服务器，可以看 ZGGL 数据库，但看不到该数据库中的表，更不能对其进行其他操作。如图 12-63 所示。

如果数据库引擎登录名需要修改，使用 ALTER LOGIN 语句。删除登录名，使用 DROP

LOGIN 语句。

如果数据库用户需要修改，使用 ALTER USER 语句。删除用户，使用 DROP USER 语句。

图 12-62　新建账号

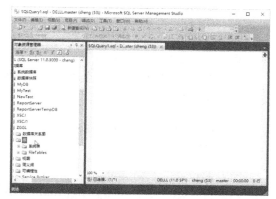

图 12-63　"cheng"账号连接服务器

2. GRANT 语句

GRANT 将安全对象的权限授予主体。其语法格式如下：

```
GRANT { ALL [ PRIVILEGES ] }
    | permission [ ( column [ ,...n ] ) ] [ ,...n ]
    [ ON [ class :: ] securable ] TO principal [ ,...n ]
    [ WITH GRANT OPTION ] [ AS principal ]
```

说明：

1）数据库级权限在指定的数据库范围内授予。如果用户需要另一个数据库中的对象的权限，请在该数据库中创建用户账户，或者授权用户账户访问该数据库以及当前数据库。

2）ALL 选项并不能授予全部可能的权限。如果安全对象为数据库，则"ALL"表示 BACKUP DATABASE、BACKUP LOG、CREATE DATABASE、CREATE DEFAULT、CREATE FUNCTION、CREATE PROCEDURE、CREATE RULE、CREATE TABLE 和 CREATE VIEW；如果安全对象为标量函数，则"ALL"表示 EXECUTE 和 REFERENCES；如果安全对象为表值函数，则"ALL"表示 DELETE、INSERT、REFERENCES、SELECT 和 UPDATE；如果安全对象为存储过程，则"ALL"表示 DELETE、EXECUTE、INSERT、SELECT 和 UPDATE；如果安全对象为表，则"ALL"表示 DELETE、INSERT、REFERENCES、SELECT 和 UPDATE；如果安全对象为视图，则"ALL"表示 DELETE、INSERT、REFERENCES、SELECT 和 UPDATE。

3）PRIVILEGES 包含此参数以符合 SQL-92 标准。

4）Permission 是权限的名称。

5）column 指定表中将授予其权限的列的名称。需要使用括号"()"。

6）class 指定将授予其权限的安全对象的类。需要范围限定符"::"。

7）securable 指定将授予其权限的安全对象。

8）TO principal 是主体的名称。可为其授予安全对象权限的主体随安全对象而异。有关有效的组合，请参阅下面列出的子主题。

9）GRANT OPTION 指示被授权者在获得指定权限的同时，还可以将指定权限授予其他主体。

10）AS principal 指定一个主体，执行该查询的主体从该主体获得授予该权限的权利。

【例12-3】 把 SELECT 操作 zg 表权限授给账号 cheng。
    USE ZGGL
    GRANT SELECT
    ON zg
    TO cheng
运行后，在"表"对象中，可以看到 zg 表，但也只能进行 SELECT 操作，如图 12-64 所示。

【例12-4】 把对 zg 表的全部操作权限授予账号 cheng。
    USE ZGGL
    GO
    GRANT ALL PRIVILEGES
    ON zg
    TO cheng
    GO
运行后，对 zg 表可以进行 SELECT、INSERT、UPDATE 等操作，如图 12-65 所示。

图 12-64　zg 表查询操作

图 12-65　zg 表修改操作

【例12-5】 把对 zg 表的 INSERT 权限授予 cyz 账号，并允许将此权限再授予其他用户。
    GRANT INSERT
    ON zg
    TO cyz WITH GRANT OPTION
运行结果，cyz 不仅拥有对教师表的 INSERT 权限，还可以传播此权限，即由 cyz 用户使用上述 GRANT 命令给其他用户授权。例如，cyz 可以将此权限授予账号 wang：
    GRANT INSERT
    ON zg
    TO wang WITH GRANT OPTION
在 SQL Server Management Studio 中，界面操作和命令行操作效果相同。界面操作能够进行，命令行也可以。界面操作不能够进行，命令行也不可以。

3．REVOKE 语句

用户可使用 REVOKE 语句撤销对 SQL Server 2012 安装的特定数据库对象的权限。其语法格式如下：
    REVOKE [GRANT OPTION FOR]
        {
        [ALL [PRIVILEGES]]

```
                    |
                        permission [ ( column [ ,...n ] ) ] [ ,...n ]
            }
            [ ON [ class :: ] securable ]
            { TO | FROM } principal [ ,...n ]
            [ CASCADE] [ AS principal ]
```

说明：

1）在撤销通过指定 GRANT OPTION 为其赋予权限的主体的权限时，如果未指定 CASCADE，则将无法成功地执行 REVOKE 语句。

2）GRANT OPTION FOR 指示将撤销授予指定权限的能力。在使用 CASCADE 参数时，需要具备该功能。

3）TO｜FROM principal 是主体的名称。可撤销其对安全对象的权限的主体随安全对象而异。

4）CASCADE 指示当前正在撤销的权限也将从其他被该主体授权的主体中撤销。使用 CASCADE 参数时，还必须同时指定 GRANT OPTION FOR 参数。

【例 12-6】 把账号 cheng 修改 zg 表 zgh 列的权限收回。
```
REVOKE UPDATE(zgh)
ON zg
FROM cheng
```
【例 12-7】 把账号 cheng 对 zg 表的 INSERT 权限收回。
```
REVOKE INSERT
ON zg
FROM cheng CASCADE
```
【例 12-8】 收回所有账号对 zg 表的查询权限。
```
REVOKE SELECT
ON zg
FROM PUBLIC
```

4．DENY 语句

用户可使用 DENY 语句拒绝对 SQL Server 2012 安装的特定数据库对象的权限，防止主体通过其组或角色成员身份继承权限。其语法格式如下：
```
DENY { ALL [ PRIVILEGES ] }
        | permission [ ( column [ ,...n ] ) ] [ ,...n ]
        [ ON [ class :: ] securable ] TO principal [ ,...n ]
        [ CASCADE] [ AS principal ]
```

说明：如果某主体的该权限是通过指定 GRANT OPTIONDENY 获得的，那么，在撤销该权限时，如果未指定 CASCADE，则 DENY 将失败。

【例 12-9】 拒绝账号 cheng 对 Author 表的 SELECT 权限。
```
DENY SELECT ON zg TO cheng
```

5．服务器角色设置

用户可调用系统存储过程 sp_addsrvrolemember 来对账号添加服务器角色。

【例 12-10】 将账号 cheng 添加到固定服务器角色 sysadmin 中。
```
EXE sp_addsrvrolemember 'cheng','sysadmin'
```
用户还可调用系统存储过程 sp_dropsrvrolemember 来对账号删除服务器角色。

6．数据库角色设置

用户可调用系统存储过程 sp_addrolemember 来对数据库用户添加数据库角色。

【例 12-11】 将数据库用户 cheng 添加到数据库角色 db_datareader 中。
　　　　　　EXE sp_addrolemember 'db_datareader','cheng'
用户还可调用系统存储过程 sp_droprolemember 来对数据库用户删除数据库角色。

12.6　习题

1. SQL Server 2012 的身份验证模式有哪两种？它们有什么不同？
2. 在 SQL Server 2012 中进行授权时，角色的作用是什么？
3. 在 SQL Server 2012 中，什么是授权的主体？
4. 关于权限控制的 SQL 语句常用的有哪些？它们的作用是什么？
5. 在 Windows 中新建一个账号，设置不同的登录模式，实验登录 SQL Server 2012 的情况。
6. 在 SQL Server 2012 中新建一个账号，设置不同的登录模式，实验登录 SQL Server 2012 的情况。
7. 赋予账号不同的"数据库角色成员身份"，实验对数据库的操作情况。

第 13 章 事务、批、锁和作业

事务是一个逻辑工作单元，SQL Server 2012 提供了多种自动的可以通过编程来完成的机制，包括事务日志、SQL 事务控制语句，以及事务处理运行过程中通过锁定保证数据完整性的机制。到目前为止，数据库都是在只有一个用户在使用。但在现实中，特别是在网络环境下，数据库通常都是由许多用户使用。当多个用户对数据库并发访问时，为了确保事务完整性和数据库一致性，需要使用锁定。事务和锁是两个紧密联系的概念。

通过事务、批和锁的使用，还可以监测系统，以及优化物理数据库。

作业是一种多步执行的任务。

本章主要介绍 SQL Server 2012 数据库系统的事务和锁的基本概念，事务、批、锁的创建和使用，通过事务、批、锁监测系统和优化物理数据库的操作，以及作业的设置。

13.1 事务

事务和存储过程类似，由一系列 T-SQL 语句组成，是 SQL Server 2012 系统的执行单元。

13.1.1 事务概述

关系型数据库有 4 个显著的特征，即安全性、完整性、监测性和并发性。数据库的安全性就是要保证数据库中数据的安全，防止未授权用户随意修改数据库中的数据，确保数据的安全。完整性是数据库的一个重要特征，也是保证数据库中的数据切实有效、防止错误、实现商业规则的一种重要机制。在数据库中，区别所保存的数据是无用的垃圾还是有价值的信息，主要是依据数据库的完整性是否健全，即实体完整性、域完整性和参考完整性。对任何系统都可以这样说，没有监测，就没有优化。只有通过对数据库进行全面的性能监测，才能发现影响系统性能的因素和瓶颈，才能针对瓶颈因素，采取切合实际的策略，解决问题，提高系统的性能。并发性是用来解决多个用户对同一数据进行操作时的问题。特别是对于网络数据库来说，这个特点更加突出。提高数据库的处理速度，单单依靠提高计算机的物理速度是不够的，还必须充分考虑数据库的并发性问题，提高数据库并发性的效率。

那么如何保证并发性呢？在 SQL Server 2012 中，通过使用事务和锁机制，可以解决数据库的并发性问题。

在 SQL Server 2012 中，事务要求处理时必须满足 ACID 原则，即原子性（A）、一致性（C）、隔离性（I）和持久性（D）。

1．原子性

原子性也称为自动性，是指事务必须执行一个完整的工作，要么执行全部数据的操作，要么全部不执行。

2．一致性

一致性是指当事务完成时，必须使所有的数据具有一致的状态。

3. 隔离性

隔离性也称为独立性，是指并行事务的修改必须与其他并行事务的修改相互独立。一个事务处理的数据，要么是其他事务执行之前的状态，要么是其他事务执行之后的状态。但不能处理其他事务正在处理的数据。

4. 持久性

持久性是指当一个事务完成之后，将影响永久性地存于系统中，即事务的操作将写入数据库中。

事务的这种机制保证了一个事务或者提交后成功执行，或者提交后失败回滚，二者必居其一，因此，事务对数据的修改具有可恢复性，即当事务失败时，它对数据的修改都会恢复到该事务执行前的状态。而使用一般的批处理，则有可能出现有的语句被执行，而另外一些语句没有被执行的情况，从而有可能造成数据不一致。事务的工作原理如图 13-1 所示。

事务开始之后，事务所有的操作都陆续写到事务日志中。这些任务操作在事务日志中记录一个标志，用于表示执行了这种操作。当取消这种事务时，系统自动执行这种操作的反操作，保证系统的一致性。系统自动生成一个检查点机制，这个检查点周期地发生。检查点的周期是系统根据用户定义的时间间隔和系统活动的频度由系统自动计算出来的时间间隔。检查点周期地检查事务日志，如果在事务日志中，事务全部完成，那么检查点将事务日志中的事务提交到数据库中，并且在事务日志中做一个检查点提交标记。如果在事务日志中，事务没有完成，那么检查点将事务日志中的事务不提交到数据库中，并且在事务日志中做一个检查点未提交标记。事务的恢复以及检查点保护系统的完整和可恢复，可以使用图 13-2 所示的示例说明。

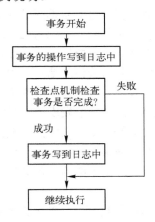

图 13-1 事务的工作原理

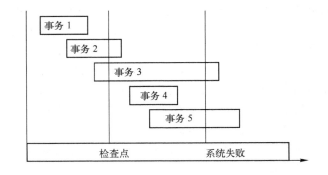

图 13-2 事务恢复和检查点

13.1.2 事务的类型

根据事务的设置、用途的不同，SQL Server 2012 将事务分为多种类型。

1. 根据系统的设置分类

根据系统的设置，SQL Server 2012 将事务分为两种类型：系统提供的事务和用户定义的事务，分别简称为系统事务和用户定义事务。

（1）系统事务

系统提供的事务是指在执行某些语句时，一条语句就是一个事务。但这时要明确，一条语句的对象既可能是表中的一行数据,也可能是表中的多行数据,甚至是表中的全部数据。因此,只有一条语句构成的事务也可能包含了多行数据的处理。

系统提供的事务语句如下:

ALTER TABLE、CREATE、DELETE、DROP、FETCH、GRANT、INSERT、OPEN、REVOKE、SELECT、UPDATE、TRUNCATE TABLE

这些语句本身就构成了一个事务。

【例 13-1】 使用 CREATE TABLE 创建一个表。

```
CREATE TABLE xs2
(
    xh CHAR(10),
    xm CHAR(6),
    xb CHAR(2)
)
```

这条语句本身就构成了一个事务。这条语句由于没有使用条件限制,那么这条语句就是创建包含 3 个列的表。要么创建全部成功,要么全部失败。

(2) 用户定义事务

在实际应用中,大多数的事务处理采用了用户定义的事务来处理。在开发应用程序时,可以使用 BEGIN TRANSACTION 语句来定义明确的用户定义的事务。在使用用户定义的事务时,一定要注意事务必须有明确的结束语句来结束。如果不使用明确的结束语句来结束,那么系统可能把从事务开始到用户关闭连接之间的全部操作都作为一个事务来对待。事务的明确结束可以使用两个语句中的一个:COMMIT 语句和 ROLLBACK 语句。COMMIT 语句是提交语句,将全部完成的语句明确地提交到数据库中。ROLLBACK 语句是取消语句,该语句将事务的操作全部取消,即表示事务操作失败。

还有一种特殊的用户定义事务,这就是分布式事务。例 13-1 的事务是在一个服务器上的操作,其保证的数据完整性和一致性是指一个服务器上的完整性和一致性。如果在一个比较复杂的环境中可能有多台服务器,那么要保证在多服务器环境中事务的完整性和一致性,就必须定义一个分布式事务。在这个分布式事务中,所有的操作都可以涉及对多个服务器的操作,当这些操作都成功时,就全部提交到相应服务器的数据库中,如果这些操作中有一条操作失败,那么这个分布式事务中的全部操作都将被取消。

2. 根据运行模式分类

根据运行模式,SQL Server 2012 将事务分为 4 种类型:自动提交事务、显式事务、隐式事务和批处理级事务。

(1) 自动提交事务

自动提交事务是指每条单独的语句都是一个事务。

(2) 显式事务

显式事务指每个事务均以 BEGIN TRANSACTION 语句显式开始,以 COMMIT 或 ROLLBACK 语句显式结束。

(3) 隐式事务

隐式事务指在前一个事务完成时新事务隐式启动,但每个事务仍以 COMMIT 或 ROLLBACK 语句显式完成。

（4）批处理级事务

该事务只能应用于多个活动结果集（MARS），在 MARS 会话中启动的 T-SQL 显式或隐式事务变为批处理级事务。当批处理完成时，没有提交或回滚的批处理级事务自动由 SQL Server 进行回滚。

13.1.3 事务处理语句

所有的 T-SQL 语句都是内在的事务。SQL Server 还包括事务处理语句，将 SQL Server 语句集合分组后形成单个的逻辑工作单元。事务处理语句包括：

- BEGIN TRANSACTION 语句。
- COMMIT TRANSACTION 语句。
- ROLLBACK TRANSACTION 语句。
- SAVE TRANSACTION 语句。

1. BEGIN TRANSACTION 语句

BEGIN TRANSACTION 语句定义一个显式本地事务的起始点，即事务的开始。其语法格式为：

```
BEGIN { TRAN | TRANSACTION }
[ { transaction_name | @tran_name_variable }
[ WITH MARK [ 'description' ] ]
]
[ ;]
```

说明：

1）TRANSACTION 关键字可以缩写为 TRAN。

2）transaction_name 是事务名，@tran_name_variable 是用户定义的、含有效事务名称的变量，该变量必须是字符数据类型。

3）WITH MARK 指定在日志中标记事务，description 是描述该标记的字符串。

2. COMMIT TRANSACTION 语句

COMMIT TRANSACTION 语句标志一个成功的隐式事务或显式事务的结束。其语法格式为：

```
COMMIT { TRAN | TRANSACTION } [ transaction_name | @tran_name_variable ][ ; ]
```

这里需要强调的是，仅当事务被引用的所有数据的逻辑都正确时，才应发出 COMMIT TRANSACTION 命令。当在嵌套事务中使用时，内部事务的提交并不释放资源或使其修改成为永久修改。只有在提交了外部事务时，数据修改才具有永久性，而且资源才会被释放。当@@TRANCOUNT 大于 1 时，每发出一个 COMMIT TRANSACTION 命令只会使@@TRANCOUNT 按 1 递减。当@@TRANCOUNT 最终递减为 0 时，将提交整个外部事务。

3. ROLLBACK TRANSACTION 语句

ROLLBACK TRANSACTION 语句将显式事务或隐式事务回滚到事务的起点或事务内的某个保存点，它也标志一个事务的结束，也称为撤销事务。其语法格式如下：

```
ROLLBACK { TRAN | TRANSACTION }
[ transaction_name | @tran_name_variable
| savepoint_name | @savepoint_variable ]
[ ;]
```

ROLLBACK TRANSACTION 清除自事务的起点或到某个保存点所做的所有数据修改，它还释放由事务控制的资源。savepoint_name 是 SAVE TRANSACTION 语句中的 savepoint_name。

当回滚应只影响事务的一部分时，可使用 savepoint_name。@savepoint_variable 是用户定义的、包含有效保存点名称的变量的名称，必须是字符数据类型。

4．SAVE TRANSACTION 语句

SAVE TRANSACTION 语句在事务内设置保存点。其语法格式为：

SAVE { TRAN | TRANSACTION } { savepoint_name | @savepoint_variable }[;]

用户可以在事务内设置保存点或标记。保存点可以定义在按条件取消某个事务的一部分后，该事务可以返回的一个位置。如果将事务回滚到保存点，则根据需要必须完成其他剩余的 T-SQL 语句和 COMMIT TRANSACTION 语句，或者必须通过将事务回滚到起始点完全取消事务。若要取消整个事务，请使用 ROLLBACK TRANSACTION transaction_name 语句。这将撤销事务的所有语句和过程。savepoint_name 是分配给保存点的名称。@savepoint_variable 是包含有效保存点名称的用户定义变量的名称。

【例 13-2】 定义一个事务，将所有 3 学分的课程都增加 1 学分，并提交该事务。

```
USE XSCJ
GO
DECLARE @a_xf NCHAR(10)
SET @a_xf='add_xf'
BEGIN TRANSACTION @a_xf
UPDATE kc
SET xf=xf+1
WHERE xf=3
COMMIT TRANSACTION @a_xf
GO
```

运行结果如图 13-3 所示。本例使用 BEGIN TRANSACTION 定义了一个事务名为 add_xf 的事务，之后使用 COMMIT TRANSACTION 提交，即执行该事务，将所有满足条件的课程的学分加 1。

图 13-3　定义事务并提交

【例 13-3】 定义一个事务，向 xy 表中添加一条记录，并设置保存点。然后再删除该记录，并回滚到事务的保存点，提交该事务。

```
USE XSCJ
GO
BEGIN TRANSACTION
INSERT INTO xy
VALUES('10','外语学院')
```

```
SAVE TRANSACTION savetype
DELETE FROM xy
WHERE xyh ='10'
ROLLBACK TRANSACTION savetype
COMMIT TRANSACTION
GO
```

运行结果如图 13-4 所示，该操作对 xy 表影响两次。本例使用 BEGIN TRANSACTION 定义了一个事务，向表添加一条记录，并设置保存点 savetype。

之后再删除该记录，并回滚到事务的保存点 savetype 处，使用 COMMIT TRANSACTION 提交。打开表记录，结果该记录没有被删除，如图 13-5 所示。

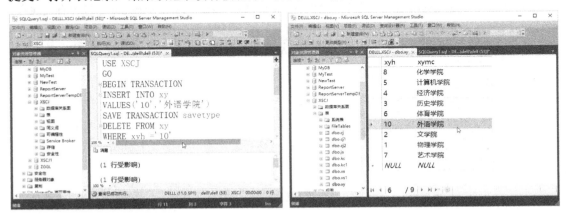

图 13-4 定义事务保存点　　　　　　　图 13-5 添加的记录没有删除

【例 13-4】 定义一个事务，向 kc 表中添加记录。如果添加成功，则将 822 号课程的课程名改为"古代文学"。否则不操作。

```
USE XSCJ
GO
BEGIN TRAN
INSERT INTO kc
VALUES('823','外国文学',4)
IF @@error=0
  BEGIN
    PRINT '添加成功！'
    UPDATE kc
    SET kcm='古代文学'
    WHERE kcm='古代汉语'
    COMMIT TRAN
  END
ELSE
  BEGIN
    PRINT '添加失败！'
    ROLLBACK TRAN
  END
GO
```

运行结果如图 13-6 所示，该操作对 kc 表影响两次。本例使用 BEGIN TRANSACTION 定义了一个事务，向表添加一条记录，如果成功，提示"添加成功"。

修改后的数据，如图13-7所示。

如果不成功，打印一行提示"添加失败"，则事务回滚到初始状态。如果读者有兴趣，可以实验添加失败的操作。

图13-6 定义事务保存点

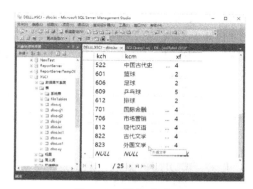
图13-7 添加成功

13.1.4 事务和批

如果用户希望或者整个操作完成，或者什么都不做，这时解决问题的办法就是将整个操作组织成一个简单的事务处理，称为批处理或批。

【例13-5】 将多个操作定义为一个事务。

```
USE XSCJ
GO
BEGIN TRANSACTION
UPDATE kc
SET xf=xf-2
WHERE kch=5
INSERT INTO kc
VALUES('532','C#编程',4)
SELECT xm,xb
FROM xs
WHERE xm LIKE '张%'
COMMIT TRANSACTION
GO
```

运行结果如图13-8所示。将多个SQL操作定义为一个事务，这时就形成了一个批处理，要么全部执行，要么都不执行。

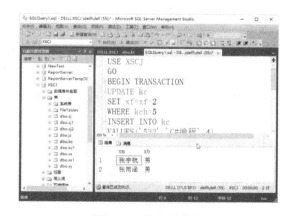
图13-8 批处理事务

13.1.5 事务隔离级

每个事务都是一个所谓的隔离级，它定义了用户彼此之间隔离和交互的程度。事务型关系型数据库管理系统的一个重要属性就是，它可以隔离在服务器上正在处理的不同会话。在单用户的环境中，这个属性无关紧要。但在多用户环境下，能够隔离事务就显得非常重要。这样它们之间既不互相影响，还能保证数据库性能不受影响。

如果没有事务的隔离性，不同的SELECT语句将会在同一事务的环境中查询到不同的结果，因为在查询期间，数据可能会被其他事务修改，这将导致不一致性。用户不能确定本次查询结果是否正确，以及结果能否作为其他操作的基础。因此隔离性可以强制对事务进行某种程度的隔离，保证其他操作和应用在事务中看到的数据是一致的。较低级别的隔离性可以增加并发，代价是降低数据的正确性。反之，较高的隔离性可以确保数据库的正确性，但可能会降低并发，影响系统的执行效率。

SQL Server 2012 提供了 5 种隔离级：未提交读（READ UNCOMMITTED）、提交读（READ COMMITTED）、可重复读（REPEATABLE READ）、快照（SNAPSHOT）和序列化（SERIALIZABLE）。

在 SQL Server 中，使用 SET TRANSACTION ISOLATION LEVEL 语句定事务的隔离级别。例如，在查询窗口中输入以下 T-SQL 语句并执行：

```
USE XSCJ
GO
BEGIN TRAN
UPDATE Course
SET CourseName='足球'
WHERE CourseID=131
```

运行结果如图 13-9 所示。

再打开另一个查询窗口输入以下 T-SQL 语句并执行：

```
USE XSCJ
GO
SELECT *
FROM Course
GO
```

运行结果如图 13-10 所示。由于在前一段 T-SQL 语句中创建了一个事务，但没有 COMMIT 语句，即该事务没有结束或被撤销，所以后一段 T-SQL 语句执行后，"查询编辑器"窗口下边的状态栏显示"正在执行查询"信息，而不显示查询结果。

图 13-9　正在执行事务　　　　　　　　图 13-10　隔离其他事务

这时候的 XSCJ 数据库的默认隔离级别是未提交读，如果一个事务更新了数据，但事务尚未结束，这时就会发生脏读的情况。在第一个查询窗口中使用 ROLLBACK 语句回滚以上操作，或直接关闭查询窗口终止事务。这时使用 SET 语句设置事务的隔离级别为 READ UNCOMMITTED，执行如下语句：

SET TRANSACTION ISOLATION LEVEL READ UNCOMMITTED

再重复刚才的查询操作，就可以看到查询结果，因为此时系统被设置了 READ UNCOMMITTED，允许可以进行脏读。

要结束事务，用户可以强行关闭该查询窗口。系统会提示有未提交的事务，在关闭窗口之前是否提交事务，运行结果如图 13-11 所示。

关闭查询窗口后，下一个事务立刻执行，即查询结果马上显示出来，如图 13-12 所示。

图 13-11　关闭查询窗口终止事务

图 13-12　执行查询事务

13.2　锁

锁就是防止其他事务访问指定资源的手段。锁是实现并发控制的主要方法，是多个用户能够同时操纵同一个数据库中的数据而不发生数据不一致现象的重要保障。SQL Server 系统中的锁，大多数情况下都是系统自动设置生成的，用户通常不需要特别设置，所以本书只简单地介绍其概念和简单处理。

13.2.1　锁概述

一般来说，锁可以防止脏读、不可重复读和幻觉读。脏读就是指当一个事务正在访问数据，并且对数据进行了修改，而这种修改还没有提交到数据库中，这时，另外一个事务也访问这个数据，然后使用了这个数据。因为这个数据是还没有提交的数据，那么另外一个事务读到的这个数据就是脏数据，依据脏数据所做的操作可能是不正确的。不可重复读是指在一个事务内，多次读同一数据。在这个事务还没有结束时，另外一个事务也访问该数据。那么，在第一个事务中的两次读数据之间，由于第二个事务的修改，两次读到的数据可能是不一样的。这就发生了在一个事务内两次读到的数据是不一样的，因此，称为不可重复读。幻觉读是指当事务不是独立执行时发生的一种现象，例如第一个事务对一个表中的数据进行了修改，这种修改涉及表中的全部数据行。同时，第二个事务也修改这个表中的数据，这种修改是向表中插入一行新数据。那么，以后就会发生操作第一个事务的用户发现表中还有没有修改的数据行，就好像发生了幻觉一样。

锁是防止其他事务访问指定的资源控制、实现并发控制的一种主要手段。为了提高系统性能、加快事务处理速度、缩短事务等待时间，应该使锁定的资源最小化。为了控制锁定的资源，应该首先了解系统的空间管理。在 SQL Server 2012 中，最小的空间管理单位是页，一个页有 8KB。所有的数据、日志、索引都存放在页上。使用页有一个限制，表中的一行数据必须在同一个页上，不能跨页。页上面的空间管理单位是簇，一个簇是 8 个连续的页。表和索引的最小占用单位是簇。数据库是由一个或者多个表或者索引组成，即由多个簇组成。SQL Server

2012 系统的空间管理结构示意图，如图 13-13 所示。

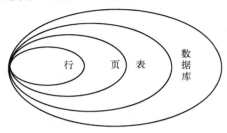

图 13-13　SQL Server 空间管理

13.2.2　锁的模式

数据库引擎使用不同的锁模式锁定资源，这些锁模式确定了并发事务访问资源的方式。

根据锁定资源方式的不同，SQL Server 2012 提供了 4 种锁模式：共享锁、排他锁、更新锁、意向锁。

1．共享锁

共享锁也称为 S 锁，允许并行事务读取同一种资源，这时的事务不能修改访问的数据。当使用共享锁锁定资源时，不允许修改数据的事务访问数据。当读取数据的事务读完数据之后，立即释放所占用的资源。一般当使用 SELECT 语句访问数据时，系统自动对所访问的数据使用共享锁锁定。

2．排他锁

对于修改数据的事务，例如，使用 INSERT、UPDATE 和 DELETE 语句的事务，系统自动在所修改的事务上放置排他锁。排他锁也称为 X 锁，就是在同一时间内只允许一个事务访问一种资源，其他事务都不能在有排他锁的资源上访问。在有排他锁的资源上，不能放置共享锁，也就是说，不允许可以产生共享锁的事务访问这些资源。只有当产生排他锁的事务结束之后，解除锁定的资源才能被其他事务使用。

3．更新锁

更新锁也称为 U 锁，可以防止常见的死锁。在可重复读或可序列化事务中，一个事务读取数据，获取资源的共享锁，然后修改数据。此操作要求锁转换为排他锁。如果两个事务获得了资源上的共享锁，然后试图同时更新数据，则一个事务尝试将锁转换为排他锁。共享锁到排他锁的转换必须等待一段时间，因为一个事务的排他锁与其他事务的共享锁不兼容，会发生锁等待。第二个事务也试图获取排他锁以进行更新。由于两个事务都要转换为排他锁，并且每个事务都等待另一个事务释放共享锁，因此发生死锁。

避免潜在的死锁问题，应使用更新锁。一次只有一个事务可以获得资源的更新锁。如果事务修改资源，则更新锁转换为排他锁。

4．意向锁

数据库引擎使用意向锁来保护共享锁或排他锁，并把它放置在锁层次结构的底层资源上。之所以命名为意向锁，是因为在较低级别锁前可获取它们，因此，会通知意向将锁放置在较低级别上。意向锁有两种用途：

1) 防止其他事务以会使较低级别的锁无效的方式来修改较高级别资源。

2) 提高数据库引擎在较高的粒度级别检测锁冲突的效率。

意向锁又分为意向共享锁（IS）、意向排他锁（IX）以及意向排他共享锁（SIX）。意向共享锁表示读低层次资源的事务的意向,把共享锁放在这些单个的资源上。意向排他锁表示修改低层次的事务的意向,把排他锁放在这些单个资源上。意向排他锁包括意向共享锁,它是意向共享锁的超集。使用意向排他的共享锁表示允许并行读取顶层资源事务的意向,并且修改一些低层次的资源,把意向排他锁放在这些单个资源上。例如,表上的一个使用意向排他的共享锁把共享锁放在表上,允许并行读取,并且把意向排他锁放在将要修改的页上,把排他锁放在修改的行上。每一个表一次只能有一个使用意向排他的共享锁,因为表级共享锁阻止对表的任何修改。意向排他的共享锁是共享锁和意向排他锁的组合。

13.2.3 锁的信息

锁兼容性控制多个事务能否同时获取同一资源上的锁。如果资源已被另一事务锁定,则仅当请求锁的模式与现有锁的模式兼容时,才会授予新的锁请求。如果请求锁的模式与现有锁的模式不兼容,则请求新锁的事务将等待释放现有锁或等待锁超时的间隔过期。例如,没有与排他锁兼容的锁模式。如果具有排他锁,则在释放排他锁之前,其他事务均无法获取该资源的任何类型(共享、更新或排他)的锁。另一种情况是,如果共享锁已应用到资源,则即使第一个事务尚未完成,其他事务也可以获取该项的共享锁或更新锁。但是,在释放共享锁之前,其他事务无法获取排他锁。表 13-1 列出了各种锁之间的兼容性。

表 13-1 各种锁之间的兼容性

锁 模 式	IS	S	U	IX	SIX	X
IS	兼容	兼容	兼容	兼容	兼容	不兼容
S	兼容	兼容	兼容	不兼容	不兼容	不兼容
U	兼容	兼容	不兼容	不兼容	不兼容	不兼容
IX	兼容	不兼容	不兼容	兼容	不兼容	不兼容
SIX	兼容	不兼容	不兼容	不兼容	不兼容	不兼容
X	不兼容	不兼容	不兼容	不兼容	不兼容	不兼容

用户可以使用 SQL Server 2012 的性能工具 SQL Server Profiler,指定用来捕获有关跟踪锁事件的信息和锁事件类别。还可以在系统监视器中,从锁对象指定计数器来监视数据库引擎实例中的锁级别。

启动 SQL Server Profiler,可以选择 SQL Server Management Studio 菜单"工具"中的"SQL Server Profiler"选项,如图 13-14 所示。

也可以选择系统开始菜单中的 SQL Server Profile,如图 13-15 所示。

图 13-14 选择"SQL Server Profiler"选项

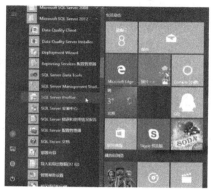

图 13-15 选择 SQL Server Profiler 性能工具

运行 SQL Server Profiler，如图 13-16 所示。

选择系统菜单"文件"中的"新建跟踪"选项，新建一个跟踪事件，如图 13-17 所示。

 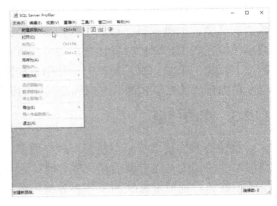

图 13-16　SQL Server Profiler 主界面　　　　　图 13-17　新建跟踪

单击"连接"按钮连接到服务器，如图 13-18 所示。

连接成功，显示"跟踪属性"对话框。在"常规"选项卡中，可以设置跟踪名称、使用模板，以及启用跟踪停止时间和将跟踪存储到指定文件等，如图 13-19 所示。

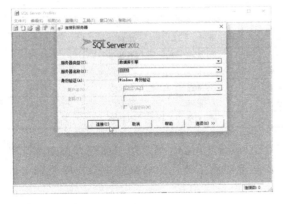

图 13-18　连接到服务器　　　　　图 13-19　"常规"选项卡

例如选择"保存到表"选项，可以将跟踪结果存储到 master 系统数据库的 tracks 表中，如图 13-20 所示。

"跟踪属性"对话框的"事件选择"选项卡中，用户可以检查选定要跟踪的事件，在图 13-21 所示。

在"跟踪属性"对话框的"事件选择"选项卡中，用户可以检查选定要跟踪的事件。选择"运行"，在 SQL Server Profiler 主窗口中新建一个跟踪窗口。当操作 SQL Server 2012 时，跟踪窗口会显示用户的每步操作，以及 SQL Server 2012 每一刻的运行情况，如图 13-22 所示。

同时，在 master 系统数据库中新建一个 tracks 表。打开该表，显示用户设置跟踪的事件以及事件的列，如图 13-23 所示。

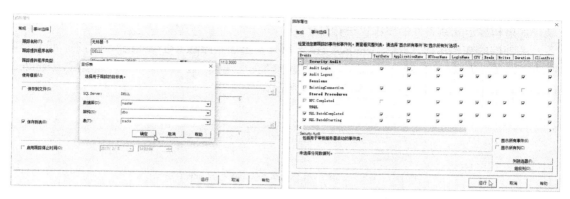

图 13-20 保存到表　　　　　　图 13-21 "事件选择"选项卡

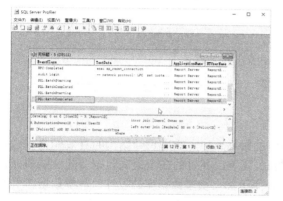

图 13-22 跟踪窗口

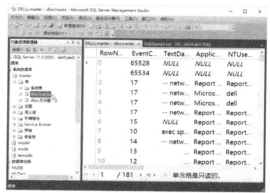

图 13-23 跟踪事件存储表

13.2.4 死锁及处理

在事务和锁的使用过程中,死锁是一个不可避免的现象。在下列两种情况下,可能发生死锁。

第一种情况是,当两个事务分别锁定了两个单独的对象,这时每一个事务都要求在另外一个事务锁定的对象上获得一个锁,因此每一个事务都必须等待另外一个事务释放占有的锁,这时,就发生了死锁。这种死锁是最典型的死锁形式。

第二种情况是,当在一个数据库中,有若干个长时间运行的事务执行并行的操作,当查询分析器处理一种非常复杂的查询例如连接查询时,由于不能控制处理的顺序,有可能发生死锁现象。

当发生死锁现象时,除非某个外部进程断开死锁,否则死锁中的两个事务都将无限期等待下去。SQL Server 2012 的 SQL Server Database Engine 自动检测 SQL Server 中的死锁循环。数据库引擎选择一个会话作为死锁牺牲品,然后终止当前事务(出现错误)来打断死锁。如果监视器检测到循环依赖关系,通过自动取消其中一个事务来结束死锁。在发生死锁的两个事务中,根据事务处理时间的长短作为规则来确定其优先级。处理时间长的事务具有较高的优先级,处理时间较短的事务具有较低的优先级。在发生冲突时,保留优先级高的事务,取消优先级低的事务。

用户可以使用 SQL Server Profiler 确定死锁的原因。当 SQL Server 中某组资源的两个或多个线程或进程之间存在循环的依赖关系时,将会发生死锁。使用 SQL Server Profiler,可以创建记录、重播和显示死锁事件的跟踪以进行分析。

若要跟踪死锁事件，请将 Deadlock graph 事件类添加到跟踪。可以在配置跟踪时，设置"事件提取设置"选择页。请注意，只有在"事件选择"页上选择"显示所有事件"选项后，Deadlock graph 事件，才会出现此选择页，如图 13-24 所示。

图 13-24 选择 Deadlock graph 事件

13.3 数据库优化

一个数据库系统的性能依赖于组成这些系统的数据库中，物理设计结构的有效配置。这些物理设计结构包括索引、聚集索引、索引视图和分区等，其目的在于提高数据库的性能和可管理性。SQL Server 2012 提供了一套综合的工具，用于优化物理数据库的设计，其中数据库引擎优化顾问是分析一个或多个数据库上工作负荷（对要优化的数据库执行的一组 T-SQL 语句）性能效果的工具。

13.3.1 数据库引擎优化顾问概述

数据库引擎优化顾问是一种工具，用于分析在一个或多个数据库中运行的工作负荷的性能效果。工作负荷是对要优化的数据库执行的一组 T-SQL 语句。分析数据库的工作负荷效果后，数据库引擎优化顾问会提供在 SQL Server 2012 数据库中添加、删除或修改物理设计结构的建议。这些物理性能结构包括聚集索引、非聚集索引、索引视图和分区。实现这些结构之后，数据库引擎优化顾问使查询处理器能够用最短的时间执行工作负荷任务。

13.3.2 数据库引擎优化顾问的使用

数据库引擎优化顾问提供了两种使用方式：
- 图形界面。用于优化数据库、查看优化建议和报告的工具。
- 命令行实用工具程序 dta.exe。用于实现数据库引擎优化顾问在软件程序和脚本方面的功能。

本节只介绍图形界面优化数据库。

启动"数据库引擎优化顾问"，可以选择 SQL Server Management Studio 菜单"工具"的"数据库引擎优化顾问"选项，如图 13-25 所示。

也可以选择系统开始菜单中的 SQL Server Profile，如图 13-26 所示。

图 13-25 "数据库引擎优化顾问"选项

图 13-26 数据库引擎优化顾问

连接到服务器,如图 13-27 所示。连接成功,出现数据库引擎优化顾问窗口,该窗口有多个窗格,在右边窗格中的"常规"选项卡中,可以设置要优化的文件或表等。

例如选择表,选择系统数据库,如图 13-28 所示。

图 13-27 连接到服务器

图 13-28 "常规"选项卡

在"优化选项"选项卡中,用户可以选择限制优化时间、在数据库使用物理设计结构等,如图 13-29 所示。

选择系统菜单"操作"中的"开始分析"选项,系统自动对数据库进行优化分析操作。优化分析结束,在"会话框"中多出了三个选项卡:进度、建议和报告。显示优化分析的进度信息,建议信息和优化报告信息。然后单击工具栏中的"开始分析"按钮 ▶ 开始分析,如图 13-30 所示,系统自动对数据库进行优化分析操作。

图 13-29 "优化选项"选项卡

图 13-30 开始分析

优化分析结束，在"会话框"中多出了三个选项卡：进度、建议和报告。"进度"选项卡显示分析的详细结果，如图 13-31 所示。

"建议"选项卡一般为空。"报告"选项卡给出优化摘要和优化报告，特别是优化报告，用户可以选择下拉列表框选项查看报告，如图 13-32 所示。

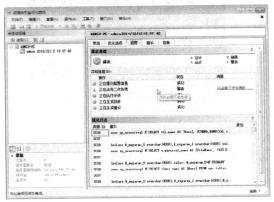

图 13-31 "进度"选项卡

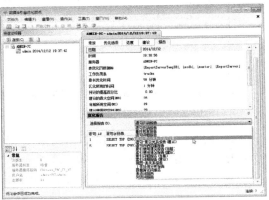

图 13-32 "报告"选项卡

13.4 作业

作业是指被定义的多步执行任务，每步都可能执行的 T-SQL 语句代表一个任务。作业是典型的规划任务和自动执行任务，像数据库的备份和还原、数据的复制、数据的导入和导出等都可以被定义为作业，然后在规划的时间内由 T-SQL 代理来自动完成。在此主要介绍作业的设置。

在创建作业之前，首先必须启动"SQL Server 代理"。在默认情况下，SQL Server 2012 系统的"SQL Server 代理"服务处于停止状态。用户必须启动"SQL Server 代理"。选择快捷菜单中的"启动"选项，如图 13-33 所示。

系统提示是否确实需要启动，如图 13-34 所示。

图 13-33 启动代理服务

图 13-34 确认启动

启动成功后，在"SQL Server 代理"下出现一些选项，其中就有"作业"选项，如图 13-35 所示。

选择"作业"选项，新建一个作业，然后进入"新建作业"对话框，如图 13-36 所示。

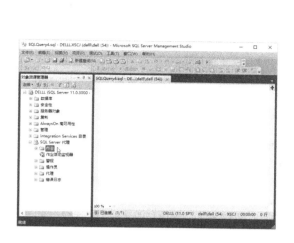

图 13-35　出现"作业"等选项

图 13-36　"新建作业"对话框

在"常规"选择页中,用户可以输入作业名称,选择类别等选项,如图 13-37 所示。
在"步骤"选择页中,用户需要新建作业步骤,如图 13-38 所示。

图 13-37　"常规"选择页

图 13-38　"步骤"选择页

选择"新建",弹出一个"新建作业步骤"对话框,创建作业详细步骤,如图 13-39 所示。

用户在该页中输入步骤名称、选择数据库,并输入 T-SQL 语句,单击"确定"按钮关闭对话框。在"计划"选择页中,新建作业计划,设置作业的调度,如图 13-40 所示。

在"新建作业计划"对话框中还可以设置作业的警报、通知、目标等。最后单击"确定"按钮,即可创建成功。当满足作业的条件时,系统自动启动作业。

图 13-39 "新建作业步骤"对话框　　　　图 13-40 "新建作业计划"对话框

13.5 习题

1. 简述事务、锁的概念。
2. 根据运行模式，SQL Server 2012 将事务分为哪些类型？
3. T-SQL 提供的事务处理语句包括哪些？
4. 创建一个事务，将所有低于 60 分的分数都加 2 分，并提交。
5. 创建一个事务，先向 xs 表中添加一条新记录，并设置保存点。再将姓名为"孙意民"的学生姓名改为"孙益民"，并回滚到保存点。
6. 简述锁的用途和模式。

第14章　数据库的备份还原与导入/导出

随着计算机技术的不断发展，硬件和软件系统的可靠性都有了很大改善。但即使是最可靠的软件和硬件，也可能会出现系统故障和产品故障。一旦出现故障，将会对数据库造成不利影响，影响数据的正确性和完整性。因此，SQL Server 2012 提供了完善的数据库备份和还原功能。用户可以将 SQL Server 2012 数据库中的数据导出到其他数据库系统中，也可以将其他数据库系统中的数据导入到 SQL Server 2012 中。第 5 章在介绍数据库的分离、附加和移动时，已经涉及数据库备份还原的概念和操作。

本章主要介绍如何使用 SQL Server 2012 进行备份还原和数据导入/导出操作。

14.1　数据库的备份还原

尽管在 SQL Server 2012 中采取了许多措施来保证数据库的安全性和完整性，但故障仍不可避免。同时，还存在其他一些可能造成数据丢失的因素，例如用户的操作失误、蓄意破坏、病毒攻击和自然界不可抗力等。因此，SQL Server 2012 指定了一个良好的备份还原策略，定期将数据库进行备份以保护数据库，以便在事故发生后还原数据库。

14.1.1　备份还原概述

SQL Server 2012 的备份和还原组件提供了重要的保护手段，以保护存储在 SQL Server 2012 数据库中的关键数据。实施计划妥善的备份和还原策略，可以避免由于各种故障造成的损坏而丢失数据。为了最大限度地降低灾难性数据丢失的风险，用户需要定期备份数据库以保留对数据所做的修改。

备份是数据的副本，用于在系统发生故障后还原和恢复数据。备份使用户能够在发生故障后还原数据。通过适当的备份，可以从多种故障中恢复，包括：

● 系统故障。
● 用户错误（例如，误删除了某个表、某些数据）。
● 硬件故障（例如，磁盘驱动器损坏）。
● 自然灾难。

SQL Server 2012 将备份创建在备份设备上，如磁盘或磁带媒体。使用 SQL Server 2012 可以决定如何在备份设备上创建备份。例如，可以覆盖过时的备份，也可以将新备份追加到备份媒体。执行备份操作对运行中的事务影响很小，因此可以在正常操作过程中执行备份操作。SQL Server 2012 提供了多种备份方法，用户可以根据具体的应用状况选择合适的备份方法备份数据库。

数据库备份并不是简单地将表中的数据复制，而是将数据库中的所有信息，包括表数据库、视图、索引、约束条件，甚至是数据库文件的路径、大小、增长方式等信息全部备份。

还原是指从一个或多个备份中还原数据，并在还原最后一个备份后恢复数据库。数据库支持的还原方案取决于其恢复模式。

创建备份的目的是恢复已损坏的数据库。但是，备份和还原数据需要在特定的环境中进行，并且必须使用一定的资源。因此，可靠地使用备份和还原以实现恢复需要有一个备份和还原策略。

设计有效的备份和还原策略需要仔细计划、实现和测试。需要考虑以下因素：
1）一个组织对数据库的生产目标，尤其是对可用性和防止数据丢失的要求。
2）每个数据库的特性，包括其大小、使用模式、内容特性及数据要求等。
3）对资源的约束。例如，硬件、人员、存储备份媒体的空间以及存储媒体的物理安全性等。

14.1.2 恢复模式

备份和还原操作是在"恢复模式"下进行的。恢复模式是一个数据库属性，它用于控制数据库备份和还原操作的基本行为。例如，恢复模式控制了将事务记录在日志中的方式、事务日志是否需要备份以及可用的还原操作。

1．恢复模式的优点

使用恢复模式具有下列优点：
1）简化了恢复计划。
2）简化了备份和恢复过程。
3）明确了系统操作要求之间的权衡。
4）明确了可用性和恢复要求之间的权衡。

2．恢复模式的分类

在 SQL Server 2012 数据库管理系统中，可以选择的三种恢复模式包括：简单恢复模式、完整恢复模式和大容量日志恢复模式。

（1）简单恢复模式

此模式简略地记录大多数事务，所记录的信息只是为了确保在系统崩溃或还原数据备份之后数据库的一致性。由于旧的事务已提交，不再需要其日志，因而日志将被截断。截断日志将删除备份和还原事务日志，这种简化在灾难事件中存在丢失数据的可能。没有日志备份，数据库只可恢复到最近的数据备份时间。此外，该模式不支持还原单个数据页。简单恢复模式并不适合重要的企业级数据库系统，因为对企业级数据库而言，丢失最新的更改是无法接受的。在这种情况下，建议使用完整恢复模式。

（2）完整恢复模式

此模式完整地记录了所有的事务，并保留所有的事务日志记录，直到将它们备份。完整恢复模式能使数据库恢复到故障时间点（假定在故障发生之后备份了日志尾部）。

（3）大容量日志恢复模式

此模式简略地记录大多数大容量操作（例如，索引创建和大容量加载），完整地记录其他事务。大容量日志恢复模式提高了大容量操作的性能，常用作完整恢复模式的补充。

在"对象资源管理器"子窗口中，选择 XSCJ 数据库，打开"数据库属性"对话框，单击"选项"选择页。在"恢复模式"列表框中，可以选择完整、大容量日志或简单模式来更改恢复模式，如图 14-1 所示。

3．恢复模式的选择

为了给数据库选择最佳策略，需要考虑多个方面，包括数据库特征、数据库的恢复目标和要求。无论数据库大小或文件组结构如何，都可以选择简单或完整（大容量日志）恢复模式。最佳选择模式取决于用户的恢复目标和要求。

（1）简单恢复模式

如果系统符合下列所有要求，则使用简单恢复模式：

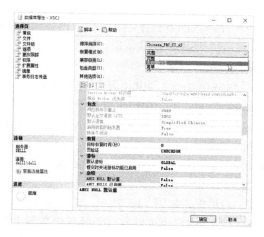

图 14-1 "数据库属性"对话框的"选项"页

1) 丢失日志中的一些数据无关紧要。
2) 无论何时还原主文件组，用户都希望始终还原读写辅助文件组（假设有辅助文件组）。
3) 是否备份事务日志无所谓，只需要完整差异备份。
4) 不在乎无法恢复到故障点以及丢失从上次备份到发生故障时之间的任何更新。

（2）完整恢复模式

如果系统符合下列任何要求，则使用完整恢复模式（可以选择使用大容量日志恢复模式）：
1) 用户必须能够恢复所有数据。
2) 数据库包含多个文件组，并且希望逐段还原读写辅助文件组以及只读文件组。
3) 必须能够恢复到故障点。

14.1.3 数据库备份

数据库备份包括完整备份和完整差异备份。数据库备份易于使用，并且适用于所有数据库，与恢复模式无关。完整备份包含数据库中的所有数据，完整差异备份仅记录自前一完整备份后发生更改的数据扩展盘区数。

1. 完整备份

完整备份（以前称为数据库备份）将备份整个数据库，包括事务日志部分（以便可以恢复整个备份）。完整备份代表备份完成时的数据库。通过包含在完整备份中的事务日志，可以使用备份恢复到备份完成时的数据库。创建完整备份是单一操作，通常会安排该操作定期发生。

完整备份使用的存储空间比其他差异备份使用的存储空间要大。因此，完成完整备份需要更多的时间，创建完整备份的频率通常要比创建差异备份的频率低。

通过还原数据库，只用一步即可从完整备份重新创建整个数据库。如果还原目标中已经存在数据库，还原操作将会覆盖现有的数据库；如果该位置不存在数据库，还原操作将会创建数据库。还原的数据库将与备份完成时的数据库状态相符，但不包含任何未提交的事务。恢复数据库后，将回滚未提交的事务。

2. 完整差异备份

完整差异备份仅记录自上次完整备份后更改过的数据。完整差异备份比完整备份更小、更快，可以简化频繁的备份操作，减少数据丢失的风险。完整差异备份基于完整备份，因此，这样的完整备份称为"基准备份"。差异备份仅记录自基准备份后更改过的数据。完整差异备份比完整备份更小、更快，可以简化频繁的备份操作，减少数据丢失的风险。

在还原差异备份之前，必须先还原其基准备份。如果按给定基准进行一系列完整差异备份，则在还原时只需还原基准和最近的差异备份。

3. 使用 SQL Server Management Studio 进行完整备份

在 SQL Server Management Studio 中，用户可以通过向导在图形界面环境下备份数据库。

下面以备份 XSCJ 数据库为例，说明在 SQL Server Management Studio 中使用向导备份数据库的过程。进行完整备份的步骤如下：

1）右击对象资源管理器子窗口中的 XSCJ 数据库对象，选择快捷菜单中"任务"选项的"备份"子选项，如图 14-2 所示。

2）显示"备份数据库"对话框，如图 14-3 所示，选择备份类型为"完整"；在备份的目标中，指定备份到磁盘的文件位置，用户也可以自行选择备份数据库或数据文件，以及备份集的有效期等。

图 14-2　选择"备份"选项

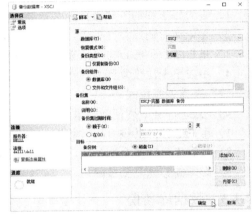
图 14-3　"备份数据库"对话框

3）备份操作完成后，弹出提示框表示备份成功完成，如图 14-4 所示。这时，在备份的文件位置可以找到备份文件，如图 14-5 所示。通常数据库备份文件名都以".bak"为后缀。

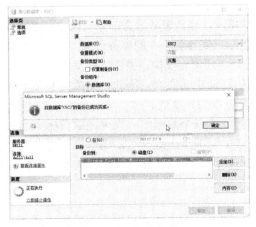
图 14-4　备份完成

图 14-5　备份数据库文件

4. 使用 SQL Server Management Studio 进行完整差异备份

在 SQL Server Management Studio 中，进行完整差异备份的步骤如下：

1）由于完整差异备份仅记录自上次完整备份后更改过的数据，因此首先要对数据库中的数据进行修改。例如在数据库的 Student 表中增加一个新的学生记录。

2）显示"备份数据库"对话框。选择备份类型为"差异"。在备份的目标中，指定备份到的磁盘文件位置，如图 14-6 所示。

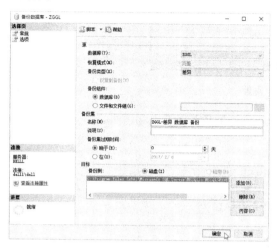

图 14-6 "备份数据库"对话框

5. 使用 BACKUP DATABASE 命令进行备份

T-SQL 提供了 BACKUP DATABASE 语句对数据库进行备份。其语法格式为：

BACKUP DATABASE { database_name | @database_name_var }
TO < backup_device > [,...n]
[[MIRROR TO < backup_device > [,...n]] [...next-mirror]]
[WITH
    [BLOCKSIZE = { blocksize | @blocksize_variable }]
    [[,] { CHECKSUM | NO_CHECKSUM }]
    [[,] { STOP_ON_ERROR | CONTINUE_AFTER_ERROR }]
    [[,] DESCRIPTION = { 'text' | @text_variable }]
    [[,] DIFFERENTIAL]
    [[,] EXPIREDATE = { date | @date_var }
]

【例 14-1】 将整个 XSCJ 数据库完整备份到磁盘上，并创建一个新的媒体集。

```
USE XSCJ
GO
BACKUP DATABASE XSCJ
TO DISK = 'D:\xscj.Bak'
    WITH FORMAT,
    NAME = '学生成绩数据库的完整备份'
GO
```

执行结果如图 14-7 所示。

在 D 盘下，可以看到备份文件"xscj.Bak"，如图 14-8 所示。

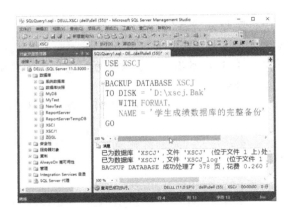
图 14-7 备份文件

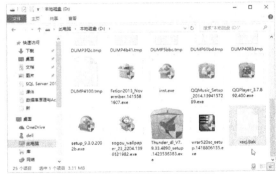
图 14-8 完整备份

【例 14-2】 创建 XSCJ 数据库的差异备份。
USE XSCJ
GO
BACKUP DATABASE XSCJ
TO DISK = 'C:\pub1.bak'
    WITH DIFFERENTIAL
GO

执行结果如图 14-9 所示。

在指定的路径下,可以看到差异备份文件,如图 14-10 所示。比较两个文件,差异备份文件比完整备份文件小得多,原因是差异备份只备份在上次备份后发生变化的数据内容。

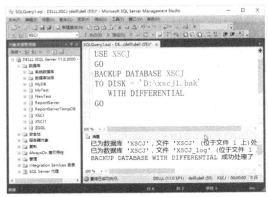
图 14-9 备份文件

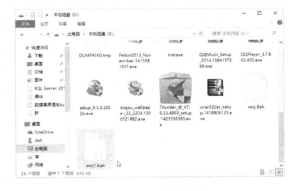
图 14-10 差异备份

14.1.4 数据库还原

还原方案从一个或多个备份中还原数据,并在还原最后一个备份后恢复数据库。支持的还原方案取决于恢复模式。通过还原方案,可以按下列级别之一还原数据:数据库和数据文件。每个级别的影响如下:

1)数据库级别。还原和恢复整个数据库,并且数据库在还原和恢复操作期间处于离线状态。

2)数据文件级别。还原和恢复一个数据文件或一组文件。在文件还原过程中,包含相应文件的文件组在还原过程中自动变为离线状态。访问离线文件组的任何尝试都会导致错误。

3）数据页级别。可以对任何数据库进行页面还原，而不管文件组数为多少。

简单恢复模式支持的还原方案，见表 14-1。

表 14-1　简单恢复模式支持的还原方案

方　案	说　　明
数据库完整还原	这是基本的还原策略。在简单恢复模式下，数据库完整还原可能涉及简单还原和恢复完整备份。另外，数据库完整还原也可能涉及还原完整备份并接着还原和恢复差异备份
文件还原	还原损坏的只读文件，但不还原整个数据库。仅在数据库至少有一个只读文件组时才可以进行文件还原
段落还原	按文件组级别并从主文件组和所有读写辅助文件组开始，分阶段还原和恢复数据库
仅恢复	适用于从备份复制的数据已经与数据库一致而只需使其可用的情况

完整日志恢复模式和大容量日志恢复模式支持的还原方案，见表 14-2。

表 14-2　完整日志恢复模式和大容量日志恢复模式支持的还原方案

方　案	说　　明
数据库完整还原	这是基本的还原策略。在完整/大容量日志恢复模式下，数据库完整还原涉及还原完整备份和（可选）差异备份（如果存在），然后还原所有后续日志备份（按顺序）。通过恢复并还原上一次日志备份完成数据库完整还原
文件还原	还原一个或多个文件，而不还原整个数据库。可以在数据库处于离线状态或数据库保持在线状态（对于某些版本）时执行文件还原。在文件还原过程中，包含正在还原的文件的文件组一直处于离线状态。必须具有完整的日志备份链（包含当前日志文件），并且必须应用所有这些日志备份以使文件与当前日志文件保持一致
页面还原	还原损坏的页面。可以在数据库处于离线状态或数据库保持在线状态（对于某些版本）时执行页面还原。在页面还原过程中，包含正在还原的页面的文件一直处于离线状态。必须具有完整的日志备份链（包含当前日志文件），并且必须应用所有这些日志备份以使页面与当前日志文件保持一致
段落还原	按文件组级别并从主文件组开始，分阶段还原和恢复数据库

1．还原完整备份示例

这里以还原 XSCJ 数据库为例，介绍还原完整备份的方法，具体步骤如下：

1）右击对象资源管理器子窗口中的 XSCJ 数据库，选择快捷菜单中"任务"选项的"还原"子选项的"数据库"子选项，如图 14-11 所示。

2）在"还原数据库"对话框中，在"常规"选择页中，选择还原的数据库或设备，选择用于还原的备份集为在备份操作中备份的完整数据集等，如图 14-12 所示。

3）在"文件"选择页中，可以选择文件还原位置等，如图 14-13 所示。

4）在"选项"选择页中，可以选择"覆盖现有数据库"复选框等，如图 14-14 所示。

5）最后还原操作成功，如图 14-15 所示。

图 14-11　还原数据库菜单选项　　　图 14-12　"还原数据库"对话框的"常规"选择页

图 14-13　"文件"选择页　　　　　　图 14-14　"选项"选择页

图 14-15　成功还原数据库

2. 还原完整差异备份示例

还原完整差异备份的操作步骤和还原完整备份相似。只是在选择用于还原的备份集时选择备份操作中备份的差异数据集。选中差异数据集后，完整数据集会自动被选中，因为在还原差异备份之前，必须先还原其基准备份。

3. 使用 Restore 命令进行还原

T-SQL 提供了 RESTORE 命令对备份数据库进行恢复。其语法格式为：

```
RESTORE DATABASE { database_name | @database_name_var }
[ FROM <backup_device> [ ,...n ] ]
[ WITH
    [ { CHECKSUM | NO_CHECKSUM } ]
    [ [ , ] { CONTINUE_AFTER_ERROR | STOP_ON_ERROR } ]
    [ [ , ] FILE = { file_number | @file_number } ]
    [ [ , ] KEEP_REPLICATION ]
    [ [ , ] MEDIANAME = { media_name | @media_name_variable } ]
    [ [ , ] MEDIAPASSWORD = { mediapassword |
                    @mediapassword_variable } ]
    [ [ , ] MOVE 'logical_file_name' TO 'operating_system_file_name' ]
            [ ,...n ]
    [ [ , ] PASSWORD = { password | @password_variable } ]
    [ [ , ] { RECOVERY | NORECOVERY | STANDBY =
            {standby_file_name | @standby_file_name_var }
    } ]
]
```

【例 14-3】 先将 XSCJ 数据库完整备份，再进行完整还原。

```
RESTORE DATABASE XSCJ
FROM DISK = 'E:\XSCJ2.Bak'
```

【例 14-4】 先将 XSCJ 数据库差异备份，再进行完整差异备份还原。

```
BACKUP DATABASE XSCJ
FROM DISK = ' E:\ XSCJ3.Bak'
RECOVERY
```

由于备份时会将数据库的所有信息都备份，所以对备份数据库还原时，一定要符合还原条件，特别是还原时一定要将数据库文件还原到备份时的路径下。这里的文件路径是指文件在 Windows 操作系统中的绝对路径，即完整的路径名。

14.2 数据库的导入/导出

通过导入和导出操作可以在 SQL Server 2012 和其他异类数据源（例如 Excel 或 Oracle 数据库）之间轻松移动数据。例如，可以将数据从 Excel 应用程序导出到数据文件，然后将数据大容量导入到 SQL Server 表。"导出"是指将数据从 SQL Server 表复制到数据文件。"导入"是指将数据从数据文件加载到 SQL Server 表。

SQL Server 2012 数据库的导入/导出可以通过图形界面工具 SQL Server Management Studio 等操作，也可以使用命令行方式，例如 bcp 实用工具等。限于本书篇幅，这里只介绍 SQL Server Management Studio 操作。

14.2.1 数据库表数据导出

在 SQL Server 2012 中，可以在 SQL Server Management Studio 中将数据库表数据导出。

1. 数据导出到 Excel 文件中

这里以导出 XSCJ 数据库数据到 F 盘的 Excel 文件 "xscj.xlsx" 中为例，介绍数据库的导出方法，具体步骤如下：

1）右击 XSCJ 数据库对象，选择快捷菜单中"任务"选项的"导出数据"子选项，显示 SQL Server 导入和导出向导，如图 14-16 所示。单击"下一步"按钮。

2）首先是"选择数据源"页面。现在是导出数据，所以需要选择数据源、服务器名称、数据库等，如图 14-7 所示。单击"下一步"按钮。

图 14-16　SQL Server 导入和导出向导

图 14-17　"选择数据源"页面

3）显示"选择目标"页面。现在是导出数据，所以需要目标、服务器名称、身份验证、数据库等。首先选择目标为"Microsoft Excel"，然后选择"Excel 文件路径"为 D 盘的"xscj.xlsx"文件，最后选择 Excel 版本，如图 14-18 所示。单击"下一步"按钮。

4）显示"指定表复制或查询"页面，如图 14-19 所示。单击"下一步"按钮。

图 14-18　"选择目标"页面

图 14-19　"指定表复制或查询"页面

如果选择"复制一个或多个表或视图的数据"选项，则会显示"选择源表和源视图"页面，用户可以选择要导出数据的表，如图 14-20 所示。单击"下一步"按钮。

5）选择完表后，下一个显示的是"保存并运行包"页面，如图 14-21 所示。

图 14-20　"选择源表和源视图"页面　　　　图 14-21　"保存并运行包"页面

6）然后是"完成该向导"页面，如图 14-22 所示。
7）最后是"执行成功"页面，如图 14-23 所示。

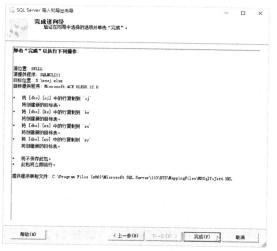 

图 14-22　"完成该向导"页面　　　　图 14-23　"执行成功"页面

8）打开"xscj.xlsx"文件，可以看到从 XSCJ 数据库中导出的 4 个表，包括表头（属性列）和表记录，如图 14-24 所示。

2．数据导出到文本文件中

如果需要将 XSCJ 数据库数据导出到 D 盘的"xscj.txt"文本文件中，只需在"选择目标"页面中，选择"平面文件目标"选项即可，如图 14-25 所示。

· 309 ·

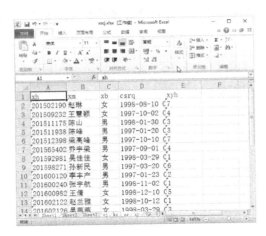

图 14-24　xscj.xlsx 文件的内容　　　　　图 14-25　选择"平面文件目标"选项

1）如果想要导出的数据不是某个表，而是要将查询结果导出到文本文件中，则在"指定表复制或查询"页面中选择"编写查询以指定要传输的数据"选项即可，如图 14-26 所示。

2）然后在"提供源查询"页面中的"SQL 语句"列表框中，输入 T-SQL 查询语句，如图 14-27 所示。

图 14-26　选择"编写查询以指定要传输的数据"选项　　　图 14-27　输入 T-SQL 查询语句

3）紧接着在"配置平面文件目标"页面中，指定导出数据的分隔符等，如图 14-28 所示。

4）最后是"保存并运行包"、"完成该向导"和"执行成功"页面。打开"xscj.txt"文件，可以看到从 XSCJ 数据库中导出的查询结果，如图 14-29 所示。

最后提醒一下，导出数据时，接收数据的文件必须事先存在，SQL Server 2012 不能在导出数据的同时生成新文件。

图 14-28 "配置平面文件目标"页面

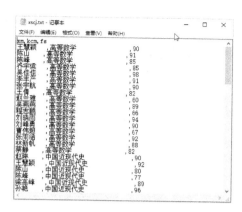

图 14-29 查询结果

14.2.2 数据库表数据导入

在 SQL Server 2012 中,也可以在 SQL Server Management Studio 中将数据导入到数据库表中。为了演示数据的导入操作,将导出到 Excel 表中的数据导入到 XSCJ 数据库中。

1)右击 XSCJ 数据库,选择快捷菜单中"任务"选项的"导入数据"子选项,显示 SQL Server 导入和导出向导,如图 14-30 所示。单击"下一步"按钮。

2)首先显示"选择数据源"页面。现在是导入数据,所以需要选择数据源、文件路径等,如图 14-31 所示。单击"下一步"按钮。

图 14-30 SQL Server 导入和导出向导

图 14-31 "选择数据源"页面

3)然后显示"选择目标"页面。现在是导入数据,所以需要目标、服务器名称、身份验证、数据库等。设置"数据库"为"XSCJ",其他选项通常按照默认值操作,如图 14-32 所示。单击"下一步"按钮。

4)接下来显示"指定表复制或查询"页面,如图 14-33 所示,选择"复制一个或多个表或视图的数据"选项。单击"下一步"按钮。

图 14-32 "选择目标"页面

图 14-33 "指定表复制或查询"页面

5)显示"选择源表和源视图"页面。用户可以选择要导入数据的表,如图 14-34 所示。单击"下一步"按钮。

6)选择完源表后,下一个显示的是"保存并运行包"页面,如图 14-35 所示。单击"下一步"按钮。

图 14-34 "选择源表和源视图"页面

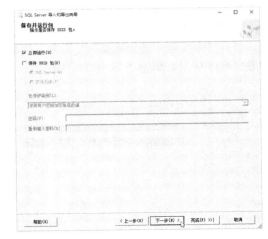
图 14-35 "保存并运行包"页面

7)最后显示的是"执行成功"页面,如图 14-36 所示。

8)展开 XSCJ 数据库的表对象,里面新生成了一个新表"kc$"。打开表,表中的数据和导出的表数据相同,如图 14-37 所示。

在进行有些数据库的导入/导出操作时,如果将其他异类数据源数据导入 SQL Server 2012 中可能会出现数据不兼容的情况。例如,在 Access 数据库中,有超链接数据类型,而 SQL Server 2012 中没有,此时,SQL Server 2012 数据库管理系统会自动进行数据转换,自动对不能识别的数据类型进行转换,转换为在 SQL Server 2012 中比较相近的数据类型。如果数据取值不能识别,则赋以空值 NULL。

图 14-36 "执行成功"页面　　　　图 14-37 查看表数据

14.3 习题

1. 数据库备份和还原的概念与作用是什么？
2. SQL Server 2012 中具有哪几种恢复模式？
3. 描述 SQL Server 2012 中进行备份和还原的方法。
4. 数据库数据导入和导出的概念与作用是什么？
5. 在何种情况下，应使用数据库的备份和还原？何种情况下使用数据库的数据导入和导出？
6. 分析数据库的备份还原与附加数据库的不同。

第 15 章　VB 2015/SQL Server 2012 开发

SQL Server 2012 作为一个数据库管理系统，最终要向应用程序提供数据，供用户使用。所以数据库的开发是数据库系统必不可少的内容。在众多的数据库开发语言中，VB 2015 是 Visual Studio 2015 集成开发平台最常用也最简单的一种语言。从 VB（Visual Basic 的简称）到 VB 2015，这种语言一直作为访问数据库的强大工具，所以开发基于 Windows 的数据库应用程序时，VB 2015 是首选。

本章主要介绍 VB 2015 开发数据库常用的 ADO.NET 技术，以及简单的 Windows 应用程序开发实例。

15.1　ADO.NET 技术概述

ADO.NET 是一组向.NET Framework 程序员公开数据访问服务的类。ADO.NET 为创建分布式数据共享应用程序提供了一套丰富的组件。它提供了对关系数据、XML 和应用程序数据的访问，因此是.NET Framework 中不可缺少的一部分。ADO.NET 支持多种开发需求，包括创建由应用程序、工具、语言或 Internet 浏览器使用的前端数据库客户端和中间层业务对象。

15.1.1　ADO.NET 模型

ADO.NET 是对 Microsoft ActiveX Data Objects（ADO）的跨时代改进，它们之间有很大的差别。最主要表现在 ADO.NET 可在"断开连接模式"下访问数据库，即用户访问数据库中的数据时，首先要建立与数据库的连接，从数据库中下载需要的数据到本地缓冲区，之后断开与数据库的连接。此时用户对数据的操作（添加、修改、删除等）都是在本地进行的，只有需要更新数据库中的数据时，才再次与数据库连接，在发送修改后的数据到数据库后关闭连接。这样大大减少了因连接过多（访问量较大时）对数据库服务器资源的大量占用。

ADO.NET 也支持在连接模式下的数据访问方法，该方法主要通过 DataReader 对象实现。该对象表示一个向前的、只读的数据集合，其访问速度非常快，效率极高，但其功能有限。

此外，由于 ADO.NET 传送的数据都是 XML 格式的，因此任何能够读取 XML 格式的应用程序都可以使用 ADO.NET 进行数据处理。事实上，接收数据的组件不一定要是 ADO.NET 组件，它可以是一个基于 Microsoft Visual Studio 的解决方案，也可以是任何运行在其他平台上的应用程序。

在.NET 框架的 System.Data 命名空间及其子空间中有一些类，这些类被统称为 ADO.NET。使用 ADO.NET 可以方便地从 Microsoft Access、Microsoft SQL Server 或其他数据库中检索、处理数据，并能更新数据库中的数据表。

通俗地说，ADO.NET 设计了一系列中间层组件，开发人员利用这些组件可以方便地对各种数据进行存取操作。其编程接口如图 15-1 所示。

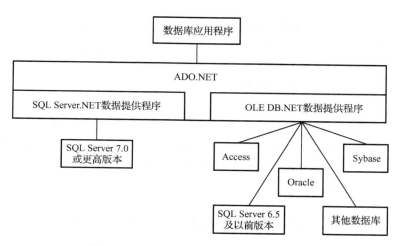

图 15-1　ADO.NET 访问数据库的接口模型

15.1.2　ADO.NET 结构

ADO.NET 对象模型的两个核心组件是.NET 数据提供程序和 DataSet 对象,其结构如图 15-2 所示。

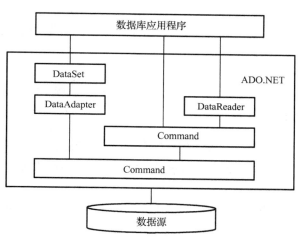

图 15-2　ADO.NET 结构

其中,DataSet 对象是 ADO.NET 的核心组件,它用于多种不同的数据源和 XML 数据,或用于管理应用程序本地的数据。DataSet 包含一个或多个表(Data Table)对象,表对象由数据行(DataRow)和数据列(DataColumn)组成,表可以有主键,表之间可以建立关系(DataRelation)。

.NET 数据提供程序是数据库的访问接口,负责建立连接和数据操作。它包括 Connection、Command、DataReader 和 DataAdapter 等对象。作为 DataSet 对象与数据源之间的桥梁,.NET 数据提供程序负责将数据源中的数据取出后置入 DataSet 对象中,或将数据存回数据源。

15.1.3　数据控件

在 Visual Studio 2015 中,VB 2015 提供了可视化的数据控件,使得用户可以像使用控件一样使用数据对象模型。通过设置属性和方法很容易达到数据访问、数据管理的目的。在 VB 2015 的"工具箱"控件列表中,显示有一组数据控件,包括 DataSet、BindingSource、BindingNavigator 等,如图 15-3 所示。如果用户需要其他控件,可以自行设置添加,也可以通过编程实现数据库的操作。

15.2 ADO.NET 数据访问操作

使用 ADO.NET 对象进行常规数据库操作时(例如查询、添加、修改和删除等),要涉及 Connection、Command 和 DataAdapter 等对象。在 VB 2015 应用程序中,实现数据库访问可以使用数据源配置向导,也可以自行添加设置数据控件进行数据源配置。

15.2.1 数据源配置向导

用户启动 Visual Studio 2015,显示 Visual Studio 起始页,如图 15-4 所示,选择"新建项目"选项。

图 15-3 "工具箱"中的数据控件

图 15-4 Visual Studio 2015 起始页

打开"新建项目"对话框,选择"模板"中"Visual Basic"选项的"Windows"子选项,再选择对话框右边的"Windows 窗体应用程序"选项,并命名该新建项目,如图 15-5 所示,单击"确定"按钮。

显示项目设计窗口,如图 15-6 所示。选择项目设计窗口左下方数据源子窗口中的"添加新数据源"选项。

图 15-5 "新建项目"对话框

图 15-6 项目设计窗口

显示数据源配置向导，如图 15-7 所示。首先选择"数据库"选项，单击"下一步"按钮。选择"数据集"选项，如图 15-8 所示，单击"下一步"按钮。

图 15-7　选择"数据库"选项　　　　　　　图 15-8　选择"数据集"选项

显示"添加连接"对话框，在其中可以设置数据源、服务器名、身份验证，以及连接到数据库的名称等，如图 15-9 所示。单击"确定"按钮。

返回数据源配置向导，在"应用程序连接数据库时应使用哪个数据连接"下拉列表中，新建一个名为"dell.XSCJ.dbo"的连接。还可以展开"将保存到应用程序中的连接字符串"选项，查看详细信息，如图 15-10 所示。单击"下一步"按钮。

图 15-9　"添加连接"对话框　　　　　　　图 15-10　新建数据连接

系统将连接字符串保存到应用程序配置文件中，如图 15-11 所示。单击"下一步"按钮。
选择数据库对象，用户可以选择表、视图、存储过程和函数等，并生成一个数据集，如图 15-12 所示。单击"完成"按钮，完成数据源配置向导。

在数据源子窗口中新建一个数据集对象，如图 15-13 所示，用户可以用鼠标将任何一个表拖到 Form1 窗体中。

自动在窗体上按照系统模板生成相应数据控件对象，如图 15-14 所示。

· 317 ·

图 15-11 将连接字符串保存到应用程序配置文件中

图 15-12 选择数据库对象

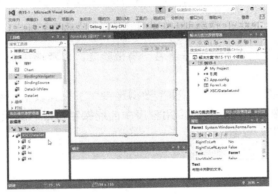

图 15-13 新建一个数据集

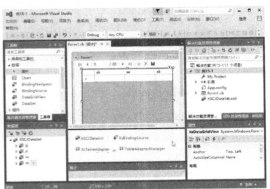

图 15-14 将表拖到 Form1 窗体中

启动该项目，生成一个 Windows 应用程序，显示表数据，用户可以在窗体上通过选择不同功能按钮，对表进行查询、添加、删除等操作，如图 15-15 所示。用户在设置数据源配置向导的同时，Visual Studio 也同时生成对应的 VB 程序代码。

用户可以选择"查看代码"选项，如图 15-16 所示。

图 15-15 Windows 应用程序

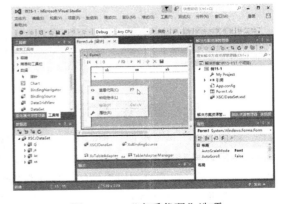

图 15-16 "查看代码"选项

进入代码窗口查看向导自动生成的 VB 程序代码，如图 15-17 所示。

15.2.2 用户设置数据控件

除了使用数据源配置向导，用户也可以自己通过添加控件设计应用程序与数据库的连接。
先向窗体中添加 BindingSource 控件对象，如图 15-18 所示。

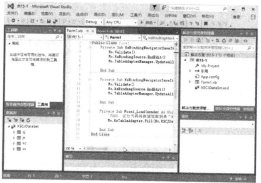

图 15-17　代码窗口　　　　　　　　　图 15-18　添加 BindingSource 控件

设置 BindingSource1 对象的 DataSource 属性，添加项目数据源，生成一个 DataSet 对象。同时设置 DataMember 属性，添加表，生成一个 TableAdapter 对象，如图 15-19 所示。

再向窗体添加 DataGridView 控件对象，同时设置其数据源为 BindingSource1，如图 15-20、图 15-21 所示。启动该项目，生成一个 Windows 应用程序，如图 15-22 所示。

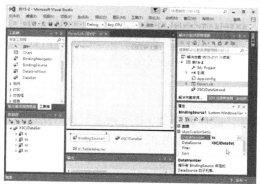

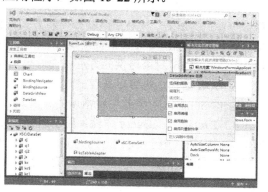

图 15-19　添加项目数据源　　　　　　图 15-20　添加 DataGridView 控件

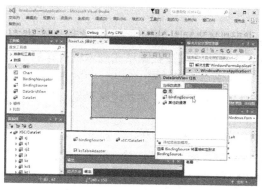

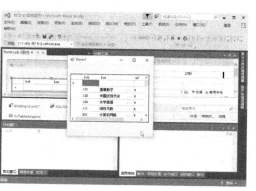

图 15-21　设置其数据源　　　　　　　图 15-22　应用程序

15.2.3 程序设计访问数据库

除了使用 Visual Studio 提供的可视化图形界面方式，以及使用工具箱中的控件对象对数据库进行访问之外，用户也可以通过编程对数据库访问。虽然编程方式相对复杂，但其功能强大，使用灵活，是应用程序访问数据库最常用的方法。通常，在 Visual Studio 应用程序设计过程中，用户混用可视化图形界面方式和编程方式。

为了方便应用程序访问 SQL Server 数据库，ADO.NET 提供了多种对象模型，比较典型的对象有 SqlConnection、SqlCommand、SqlDataAdapter、DataTable、DataSet、SqlDataReader、SqlParameter 和 SqlTransaction 等。这些对象提供了对 SQL Server 数据源的各种不同的访问功能，全部归类在 System.Data.SqlClient 命名空间下。

1．SqlConnection 对象

要与数据库打交道，首先必须建立与数据库服务器的连接。ADO.NET 使用 SqlConnection 对象与 SQL Server 进行连接。在 SqlConnection 对象中，用户需要给出一个连接字符串。连接字符串的一种常用形式如下：

  Data Source=服务器名;Initial Catalog=数据库名; Integrated Security=SSPI

另一种如下：

  server=服务器名;database=数据库名;uid=登录名;pwd=登录密码

服务器如果是本机，可以写成"localhost"或"."，其他情况下可以用 IP 地址或域名。

2．SqlCommand 对象

与数据库建立连接后，就可以对数据库中的表数据进行操作。在 ADO.NET 中，有两种操作数据库的方式，一种是采用断开连接方式将数据库数据读取到本机的 DataSet 或 DataTable 中，另一种是在保持连接方式下直接执行 SQL 语句完成需要的功能。不论采取哪种方式，都可以通过 SqlCommand 对象提供的方法传递对数据库操作的命令，并返回命令执行的结果，操作命令可以是 SQL 语句，也可以是存储过程。

SqlCommand 对象有三种常用的方法。

1）ExecuteNonQuery 方法：用于执行 SQL 语句，但不返回命令执行的表数据，仅返回操作所影响的行数。用于 SQL 语句为 INSERT、UPDATE 或 DELETE 的场合。

2）ExecuteReader 方法：用于顺序读取数据库中的数据，该方法根据提供的 SELECT 语句，返回一个 SqlDataReader 对象，用户可以使用该对象的 Read 方法依次读取每个记录中各个字段的内容。

3）ExecuteScaler 方法：用于查询结果为一个值的情况，用于聚合函数等。

3．SqlDataAdapter 对象

在数据处理所用时间比较长的场合，最好用 SqlDataAdapter 对象通过断开连接方式完成数据库和本机 DataSet 之间的交互。该对象通过 Fill 方法将数据库数据填充到本机内存的 DataSet 或 DataTable 中，填充完成后与数据库的连接就自动断开。当用户对 DataSet 中的表处理完成后，如果需要更新数据库，再利用 Update 方法把 DataSet 或 DataTable 中的处理结果更新到数据库中。

4．DataTable 对象

ADO.NET 一个非常突出的特点是可以在与数据库断开连接的状态下通过 DataTable 对象或 DataSet 对象进行数据处理。当需要更新数据时才重新与数据源进行连接，并更新数据。DataTable 对象表示保存在本机内存中的表，它提供了对表中数据进行各种操作的属性和方法。

5. DataSet 对象

与数据库中的数据库结构类似，DataSet 也由表、关系和约束的集合组成。就像可以将多个表保存到一个数据库中进行管理一样，也可将多个表保存到一个 DataSet 中进行管理，此时 DataSet 中的每个表都是一个 DataTable 对象。当多个表之间具有约束关系，或者需要同时对多个表进行处理时，DataSet 对象就显得非常重要。

15.3 数据库应用程序设计实例

【例 15-1】 使用程序设计方式，查询 ZGGL 数据库的 zg 表数据，并将结果显示在窗体上的数据表格中。

向窗体中添加控件对象：1 个 DataGridView 控件对象和 1 个 Button 控件对象，如图 15-23 所示。

图 15-23　添加控件

在代码窗口中输入以下程序代码：

```
Public Class Form1
    '继承命名空间
    Inherits System.Windows.Forms.Form
    '声明字符串变量,并给字符串变量赋值,连接数据库
    Dim strconn As String = "Data Source=localhost;Initial Catalog=ZGGL;User ID=sa;
                Password=123456;"
    '声明 DataSet 变量
    Dim objds As New Data.DataSet
    '声明 SqlDataAdapter 变量
    Dim objda As SqlClient.SqlDataAdapter
    '声明字符串变量,用来存储 SQL 语句
    Dim strsql As String
    '命令按钮对象事件
    Private Sub Button1_Click(sender As Object, e As EventArgs) Handles Button1.Click
        '清空 DataSet
        objds.Clear()
        '赋值 SQL 语句
        strsql = "select * from zg"
```

```
'将 SQL 语句引入 SqlDataAdapter 对象中
objda = New SqlClient.SqlDataAdapter(strsql, strconn)
'SqlDataAdapter 对象调用 Fill 方法
objda.Fill(objds, "zg")
'指定 DataGridView 对象的数据源
DataGridView1.DataSource = objds.Tables("zg")
    End Sub
End Class
```

启动该项目，单击命令按钮，结果如图 15-24 所示。

【例 15-2】 使用程序设计方式，查询 ZGGL 数据库的 zg 表数据，并将结果显示在窗体上的数据表格中。

创建项目，在窗体中添加需要的各种控件对象，例如标签、文本框、命令按钮等，如图 15-25 所示。

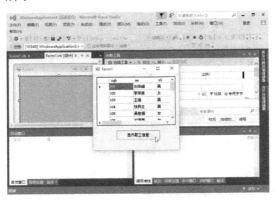 

图 15-24　启动应用程序　　　　　　　　图 15-25　设计窗体

在代码窗口中输入以下程序代码：

```
Public Class Form1
    Inherits System.Windows.Forms.Form
    Dim strconn As String = "Data Source=localhost;Initial Catalog=ZGGL;User ID=sa;
                             Password=123456;"
    Dim objds As New Data.DataSet
    Dim objda As SqlClient.SqlDataAdapter
    Dim bingpage As BindingManagerBase
    Dim strsql As String
    ' 窗体加载事件，将数据绑定到指定的对象
    Private Sub Form1_Load(sender As Object, e As EventArgs) Handles MyBase.Load
        strsql = "select * from zg"
        objda = New SqlClient.SqlDataAdapter(strsql, strconn)
        objda.Fill(objds, "zg")
        TextBox1.DataBindings.Add(New Binding("text", objds, "zg.zgh"))
        TextBox2.DataBindings.Add(New Binding("text", objds, "zg.xm"))
        TextBox3.DataBindings.Add(New Binding("text", objds, "zg.xb"))
        TextBox4.DataBindings.Add(New Binding("text", objds, "zg.csrq"))
        TextBox5.DataBindings.Add(New Binding("text", objds, "zg.ksh"))
        bingpage = BindingContext(objds, "zg")
```

```vb
        End Sub
    ' 首记录命令按钮事件
    Private Sub Button1_Click(sender As Object, e As EventArgs) Handles Button1.Click
        bingpage.Position = 0
        Button1.Enabled = False
        Button2.Enabled = False
        Button3.Enabled = True
        Button4.Enabled = True
    End Sub
    ' 下一条记录命令按钮事件
    Private Sub Button2_Click(sender As Object, e As EventArgs) Handles Button2.Click
        bingpage.Position = bingpage.Position - 1
        If bingpage.Position <> 1 Then
            Button1.Enabled = True
            Button2.Enabled = True
            Button3.Enabled = True
            Button4.Enabled = True
        Else
            Button1.Enabled = False
            Button2.Enabled = False
            Button3.Enabled = True
            Button4.Enabled = True
        End If
    End Sub
    ' 上一条记录命令按钮事件
    Private Sub Button3_Click(sender As Object, e As EventArgs) Handles Button3.Click
        bingpage.Position = bingpage.Position + 1
        If bingpage.Position <> bingpage.Count - 1 Then
            Button1.Enabled = True
            Button2.Enabled = True
            Button3.Enabled = True
            Button4.Enabled = True
        Else
            Button1.Enabled = True
            Button2.Enabled = True
            Button3.Enabled = False
            Button4.Enabled = False
        End If
    End Sub
    ' 末记录命令按钮事件
    Private Sub Button4_Click(sender As Object, e As EventArgs) Handles Button4.Click
        bingpage.Position = bingpage.Count - 1
        Button1.Enabled = True
        Button2.Enabled = True
        Button3.Enabled = False
        Button4.Enabled = False
    End Sub
End Class
```

启动该项目，单击命令按钮，结果如图 15-26 所示。

【例 15-3】 使用程序设计方式，查询 XSCJ 数据库的 xs 表数据，用户可以选择查询条件，可以根据查询条件将结果显示在窗体上的数据表格中。

创建项目，在窗体中添加需要的各种控件对象，例如标签、文本框、下拉列表框、命令按钮、数据视图等，如图 15-27 所示。

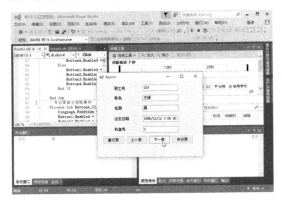 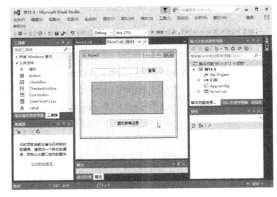

图 15-26　启动应用程序　　　　　　　　图 15-27　设计窗体

在代码窗口中输入以下程序代码：

```
Public Class Form1
    Inherits System.Windows.Forms.Form
    Dim strconn As String = "Data Source=localhost;Initial Catalog=XSCJ;User ID=sa;
                             Password=123456;"
    Dim objds As New Data.DataSet
    Dim objda As SqlClient.SqlDataAdapter
    Dim bingpage As BindingManagerBase
    Dim strsql As String
    '给下拉列表框添加选项
    Private Sub Form1_Load(sender As Object, e As EventArgs) Handles MyBase.Load
        ComboBox1.Items.Add("学号")
        ComboBox1.Items.Add("姓名")
    End Sub
    '查询命令按钮代码
    Private Sub Button1_Click(sender As Object, e As EventArgs) Handles Button1.Click
        Dim x As String
        objds.Clear()
        If ComboBox1.Text = "学号" Then
            x = "xh"
        Else
            x = "xm"
        End If
        strsql = "select * from xs where " & Trim(x) & "=" & "'" & Trim(TextBox1.Text) & "'"
        objda = New SqlClient.SqlDataAdapter(strsql, strconn)
        objda.Fill(objds, "xs")
        DataGridView1.DataSource = objds.Tables("xs")
```

```
        End Sub
    '查询所有记录命令按钮代码
    Private Sub Button2_Click(sender As Object, e As EventArgs) Handles Button2.Click
        objds.Clear()
        strsql = "select * from xs"
        objda = New SqlClient.SqlDataAdapter(strsql, strconn)
        objda.Fill(objds, "xs")
        DataGridView1.DataSource = objds.Tables("xs")
    End Sub
End Class
```

启动该项目，单击"查询"按钮，结果如图 15-28 所示。

单击"显示所有记录"按钮，结果如图 15-29 所示。

图 15-28　启动应用程序

图 15-29　启动应用程序

15.4　习题

1. 简述 ADO.NET 的基本概念。
2. 练习使用 VB 2015 创建一个 Windows 应用程序，查询、修改 kc 表数据。

第 16 章　C# 2015/SQL Server 2012 开发

C# 2015 语言是 Visual Studio 2015 集成开发平台的第一语言，也是目前程序员使用最广泛的开发工具。使用 C#语言开发数据库应用程序是软件开发人员最有必要了解的技术之一。

本章主要介绍 C# 2015 开发数据库常用的 ADO.NET 技术，以及简单的 Windows 应用程序开发实例。

16.1　C#语言简介

C#语言是微软公司针对.NET 平台推出的一门新语言，是一种简单、现代、优雅、面向对象、类型安全、平台独立的新型组件编程语言。其语法风格源自 C/C++家族，并融合了 Visual Basic 的高效性和 C/C++的灵活性，以及强大的底层控制能力，是 Microsoft.NET 的主流语言。C#语言标准目前已由微软提交欧洲计算机制造商协会（ECMA），经过标准化后的 C#语言将可由任何厂商在任何平台上实现其开发工具及支持软件，这为 C#的发展提供了强大的驱动力。作为.NET 平台的第一语言，它几乎集中了所有关于软件开发和软件工程研究的最新成果。

16.2　C#数据库访问

C# 2015 的数据库访问主要使用 ADO.NET 技术。无论是数据控件，还是程序设计，就连设计窗体及操作，例如数据配置向导的操作，C# 2015 几乎都与 VB 2015 相同，不同的是两种语言的语法。这里不再重复讲解 C# 2015 使用 ADO.NET 技术进行数据库访问。

16.3　数据库应用程序设计实例

【例 16-1】　使用 C# 2015 程序设计方式，查询 XSCJ 数据库，并将结果显示在窗体上的数据表格中。

向窗体中添加控件对象：1 个 DataGridView 控件对象，1 个 DataSet 控件对象，1 个 BindingNavigator 控件对象，3 个 Button 控件对象，1 个 ListBox 控件对象，2 个 GroupBox 控件对象。

同时添加数据源，使用数据源配置向导，将 XSCJ 数据库添加到当前项目中，如图 16-1 所示。

图 16-1　项目设计窗口

在代码窗口中输入以下程序代码：
```csharp
using System;
using System.Collections.Generic;
using System.ComponentModel;
using System.Data;
using System.Data.SqlClient;
using System.Drawing;
using System.Linq;
using System.Text;
using System.Threading.Tasks;
using System.Windows.Forms;
namespace 例16_1
{
    public partial class Form1 : Form
    {
        SqlDataAdapter adapter;
        DataTable selectedTable;
        public Form1()
        {
            InitializeComponent();
        }
        //窗体事件，加载数据源
        private void Form1_Load(object sender, EventArgs e)
        {
            bindingNavigator1.BindingSource = bindingSource1;
            //将 XSCJ 数据库中的表名添加到 ListBox1 对象中
            for (int i = 0; i < XSCJDataSet.Tables.Count; i++)
            {
                listBox1.Items.Add(XSCJDataSet.Tables[i].TableName);
            }
            listBox1.SelectedIndex = 0;
            //不允许用户直接在最下面的行添加数据
            dataGridView1.AllowUserToAddRows = false;
            //不允许用户直接按 Delete 键删除数据
            dataGridView1.AllowUserToDeleteRows = false;
        }
        //列表框事件代码，显示 XSCJ 数据库中的表名，并执行用户的操作
        private void listBox1_SelectedIndexChanged(object sender, EventArgs e)
        {
            int index = listBox1.SelectedIndex;
            selectedTable = XSCJDataSet.Tables[index];
            string querystring = "SELECT * FROM " + selectedTable.TableName;
            adapter = new SqlDataAdapter(querystring,
                    Properties.Settings.Default.XSCJConnectionString);
            SqlCommandBuilder builder = new SqlCommandBuilder(adapter);
            adapter.InsertCommand = builder.GetInsertCommand();
            adapter.DeleteCommand = builder.GetDeleteCommand();
```

```csharp
    adapter.UpdateCommand = builder.GetUpdateCommand();
    adapter.Fill(selectedTable);
    bindingSource1.DataSource = selectedTable;
    dataGridView1.DataSource = bindingSource1;
}
//添加记录命令按钮事件代码
private void button1_Click(object sender, EventArgs e)
{
    try
    {
        bindingSource1.AddNew();
    }
    catch(Exception err)
    {
        MessageBox.Show(err.Message);
    }
}
//删除记录命令按钮事件代码
private void button2_Click(object sender, EventArgs e)
{
    if (dataGridView1.SelectedRows.Count == 0)
    {
        MessageBox.Show("请单击要删除的记录行,可以按住<Ctrl>同时选择多行");
    }
    else
    {
        if (MessageBox.Show("确认删除选定行吗? ", "", MessageBoxButtons.YesNo,
        MessageBoxIcon.Warning) == DialogResult.Yes)
        {for (int i = dataGridView1.SelectedRows.Count - 1; i >= 0; i--)
            {
                bindingSource1.RemoveAt(dataGridView1.SelectedRows[i].Index);
            }
        }
    }
}
//保存命令按钮事件代码
private void button3_Click(object sender, EventArgs e)
{
    try
    {
        this.Validate();
        bindingSource1.EndEdit();
        adapter.Update(XSCJDataSet.Tables[listBox1.SelectedIndex]);
        MessageBox.Show("保存成功");

    }
    catch(Exception ex)
```

```
            {
                MessageBox.Show(ex.Message,"保存失败");
            }
        }
    }
}
```
启动该项目，结果如图 16-2 所示。

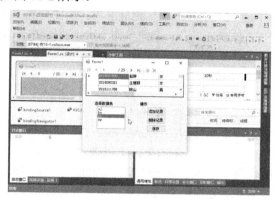

图 16-2　运行程序

16.4　习题

1. 简述 C# 2015 的特点。
2. 练习使用 C# 2015 创建一个 Windows 应用程序，使用各种数据控件操作 zg 表数据。

第 17 章 ASP.NET/SQL Server 2012 开发

ASP.NET 是 Microsoft Web 开发史上的一个重要里程碑。使用 ASP.NET 开发网站和 Web 应用程序并维持其运行，与之前的其他技术相比更加简单，功能更加强大。

本章主要介绍 ASP.NET 技术，以及一个简单的 Web 应用程序开发实例。

17.1 ASP.NET 简介

ASP.NET 是一个统一的 Web 开发模型，包括使用尽可能少的代码生成企业级 Web 应用程序所必需的各种服务。ASP.NET 作为.NET Framework 的一部分提供。编写 ASP.NET 应用程序的代码时，可以访问.NET Framework 中的类。可以使用与公共语言运行库（CLR）兼容的任何语言来编写应用程序的代码，这些语言包括 Visual Basic、C#、JScript.NET 和 J#。使用这些语言，可以开发利用公共语言运行库、类型安全、继承等方面的优点的 ASP.NET 应用程序。ASP.NET 是一个 Web 平台，可提供构建基于企业级服务器的 Web 应用程序所必需的所有服务。ASP.NET 是在.NET Framework 的基础上构建的，因此所有.NET Framework 功能都适用于 ASP.NET 应用程序。可使用与公共语言运行时兼容的任何语言（包括 Visual Basic 和 C#）编写应用程序。

ASP.NET 包括如下内容。

1．页和控件框架

ASP.NET 页和控件框架是一种编程框架，在 Web 服务器上运行，可以动态地生成和呈现 ASP.NET 网页。可以从任何浏览器或客户端设备请求 ASP.NET 网页，ASP.NET 会向发出请求的浏览器呈现标记（例如 HTML）。ASP.NET 网页是完全面向对象的。在 ASP.NET 网页中，可以使用属性、方法和事件来处理 HTML 元素。ASP.NET 页框架为响应在服务器上运行的代码中的客户端事件提供统一的模型。ASP.NET 页和控件框架还提供各种功能，以便可以通过主题和外观来控制网站的整体形象。可以先定义主题和外观，然后在页面级或控件级应用这些主题和外观。除了主题外，还可以定义母版页，以使应用程序中的页具有一致的布局。

2．ASP.NET 编译器

所有 ASP.NET 代码都经过了编译，可提供强类型、性能优化和早期绑定以及其他优点。代码一经编译，公共语言运行库会进一步将 ASP.NET 编译为本机代码，从而提供增强的性能。

3．安全基础结构

除了.NET 的安全功能外，ASP.NET 还提供高级的安全基础结构，以便对用户进行身份验证和授权，并执行其他与安全相关的功能。可以使用由 IIS 提供的 Windows 身份验证对用户进行身份验证，也可以通过用户数据库使用 ASP.NET Forms 身份验证和 ASP.NET 成员资格来管理身份验证。此外，可以使用 Windows 组或自定义角色数据库（使用 ASP.NET 角色）来管理 Web 应用程序的功能和信息方面的授权。

4．状态管理功能

ASP.NET 提供了内部状态管理功能，它能够存储页请求期间的信息，可以保存和管理应用程序特定、会话特定、页特定、用户特定和开发人员定义的信息。此信息可以独立于页上的任何控件。

5. 应用程序配置

通过 ASP.NET 应用程序使用的配置系统，可以定义 Web 服务器、网站或单个应用程序的配置设置。可以在部署 ASP.NET 应用程序时定义配置设置，并且随时添加或修订配置设置，对运行的 Web 应用程序和服务器具有最小的影响。ASP.NET 配置设置存储在基于 XML 的文件中。由于这些 XML 文件是 ASCII 文本文件，因此对 Web 应用程序进行配置和更改比较简单。

6. 运行状况监视和性能功能

ASP.NET 包括可监视 ASP.NET 应用程序的运行状况和性能的功能。使用 ASP.NET 运行状况监视可以报告关键事件，这些关键事件提供有关应用程序的运行状况和错误情况的信息。这些事件显示诊断和监视特征的组合，并在记录哪些事件以及如何记录事件等方面提供高度的灵活性。

7. 调试支持

ASP.NET 利用运行库调试基础结构来提供跨语言和跨计算机调试支持。可以调试托管和非托管对象，以及公共语言运行库和脚本语言支持的所有语言。

8. XML Web services 框架

ASP.NET 支持 XML Web services。XML Web services 是包含业务功能的组件，利用该业务功能，应用程序可以使用 HTTP 和 XML 消息等标准跨越防火墙交换信息。XML Web services 不用依靠特定的组件技术或对象调用约定。因此，用任何语言编写、使用任何组件模型并在任何操作系统上运行的程序，都可以访问 XML Web services。

9. 可扩展的宿主环境和应用程序生命周期管理

ASP.NET 包括一个可扩展的宿主环境，该环境控制应用程序的生命周期，即从用户首次访问此应用程序中的资源（例如页）到应用程序关闭这一期间。虽然 ASP.NET 依赖作为应用程序宿主的 Web 服务器（IIS），但 ASP.NET 自身也提供了许多宿主功能。通过 ASP.NET 的基础结构，可以响应应用程序事件并创建自定义 HTTP 处理程序和 HTTP 模块。

10. 可扩展的设计器环境

ASP.NET 中提供了对创建 Web 服务器控件设计器（用于可视化设计工具，例如 Visual Studio）的增强支持。使用设计器可以为控件生成设计时的用户界面，以便开发人员可以在可视化设计工具中配置控件的属性和内容。

17.2 数据库应用程序设计实例

【例 17-1】 使用 ASP.NET，创建 Web 应用程序，并将结果显示在 Web 页面中。

选择系统菜单"新建"中的"网站"子选项，如图 17-1 所示。

在显示的"新建网站"对话框中，选择"ASP.NET Web 窗体网站"选项，如图 17-2 所示。

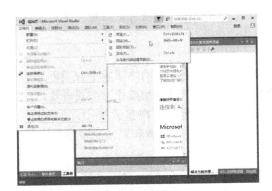
图 17-1 新建网站

图 17-2 "新建网站"对话框

系统将新建一个 Web 窗体网站模板,如图 17-3 所示。
添加数据源,连接数据库服务器,如图 17-4 所示。

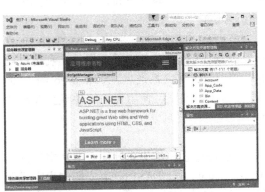
图 17-3 Web 窗体网站模板　　　　　图 17-4 连接数据库

将数据连接中的表拖到 Web 页面中,如图 17-5 所示。
启动 Web 应用程序,如图 17-6 所示。

图 17-5 将数据连接中的表拖到 Web 页面

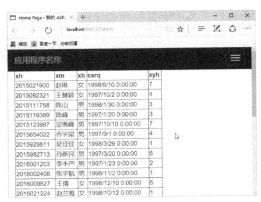
图 17-6 Web 应用程序

【例 17-2】 使用 ASP.NET，创建一个 Web 应用程序查询和显示课程信息。
选择系统菜单"新建"中的"网站"子选项，并向 Web 页面添加控件对象，如图 17-7 所示。

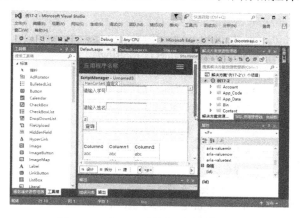

图 17-7 向 Web 页面添加控件对象

在代码窗口中输入以下程序代码：

```
using System;
using System.Collections.Generic;
using System.Linq;
using System.Web;
using System.Web.UI;
using System.Web.UI.WebControls;
using System.ComponentModel;
using System.Data;
using System.Data.SqlClient;
public partial class _Default : Page
{
    protected void Button1_Click(object sender, EventArgs e)
    {
        // 设置数据库连接串
        string myConnStr = "Data Source=.;Initial Catalog=XSCJ;User ID=sa;Password=123456";
        // 设置要执行的 SQL 命令
        SqlConnection myConn = new SqlConnection(myConnStr);
        string sql = "select * from xs where xh like '%" + this.TextBox1.Text + "%' and " + "xm like
              '%" + this.TextBox2.Text + "%'";
        SqlCommand myComm = new SqlCommand(sql, myConn);
        myConn.Open();
        SqlDataReader myReader = myComm.ExecuteReader();
        //设置返回查询结果的表变量
        DataTable dt = new DataTable();
        dt.Columns.Add(new DataColumn("学号", typeof(string)));
        dt.Columns.Add(new DataColumn("姓名", typeof(string)));
        dt.Columns.Add(new DataColumn("性别", typeof(string)));
        dt.Columns.Add(new DataColumn("出生日期", typeof(string)));
        dt.Columns.Add(new DataColumn("学院编号", typeof(string)));
```

```
            //读查询的结果并放入表中
            while (myReader.Read())
            {
                DataRow dr = dt.NewRow();
                dr[0] = myReader.GetValue(0).ToString();
                dr[1] = myReader.GetValue(1).ToString();
                dr[2] = myReader.GetValue(2).ToString();
                dr[3] = myReader.GetValue(3).ToString();
                dr[4] = myReader.GetValue(4).ToString();
                dt.Rows.Add(dr);
            }
            //关闭数据库连接
            myConn.Close();
            //将查询结果显示到表格控件
            this.GridView1.DataSource = new DataView(dt);
            this.GridView1.DataBind();

        }
    }
```

启动 Web 应用程序，结果如图 17-8 所示。

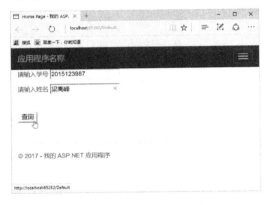

图 17-8　Web 应用程序

17.3　习题

1. ASP.NET 是什么？ASP.NET 由哪些部分组成？
2. 练习使用 ASP.NET 创建一个 Web 应用程序，操作自己创建的数据库的表数据。

第 18 章 LINQ/SQL Server 2012 开发

LINQ（Language Integrated Query），即语言集成查询，是一种创新性的查询技术，是 Visual Studio 2008 中引入的一组功能。

本章主要介绍 LINQ 技术，以及简单的 LINQ 应用程序开发实例。

18.1 LINQ 简介

LINQ 是.NET 中一项具有突破性的创新，是一种统一的查询模式，可为 C#和 Visual Basic 提供强大的查询功能，它在对象领域和数据领域之间架起了一座桥梁。LINQ 引入了标准、易学的数据查询和更新模式，该技术可以扩展为几乎支持任何类型的数据存储。Visual Studio 包含 LINQ 提供程序的程序集，借助这些程序集，LINQ 不仅可以查询外部数据，还可以查询内存中的数据。LINQ 可以用于.NET Framework 集合、SQL Server 数据库、ADO.NET 数据集和 XML 文档。此外，LINQ 还提供语法检查、丰富的元数据、智能感知、静态类型等强类型语言的优点。

传统上，针对数据的查询都以简单的字符串表示，而没有编译时类型检查或 IntelliSense 支持。此外，还必须针对以下各种数据源学习一种不同的查询语言：SQL 数据库、XML 文档、各种 Web 服务等。LINQ 使查询成为 C#和 Visual Basic 中的一流语言构造。用户可以使用语言关键字和熟悉的运算符针对强类型化对象集合编写查询。使用 LINQ 模仿 SQL 语句的形式进行查询，可极大地降低开发难度。

LINQ 查询既可在新项目中使用，也可在现有项目中与非 LINQ 查询一起使用。唯一的要求是项目应面向.NET Framework 3.5 或更高版本。

18.2 LINQ 的组件及命名空间

LINQ 提供了 4 个组件：LINQ to SQL、LINQ to XML、LINQ to Objects 和 LINQ to DataSet，如表 18-1 所示。

表 18-1 LINQ 的 4 个组件

组 件 名	作 用
LINQ to SQL	访问并操作关系数据库
LINQ to XML	访问并操作 XML 文档
LINQ to Objects	访问并操作内存中集合类型的数据对象
LINQ to DataSet	访问并操作 DataSet 对象类型的数据对象

表 18-1 中，LINQ to SQL 实现将查询转换为 SQL 语句，然后该 SQL 语句被发送到数据库执行一般的操作。访问数据库的代码简单了许多。

使用 LINQ 技术时，常用的命名空间有以下 6 种。

- System.Data.Linq：包含与 LINQ to SQL 应用程序中的关系数据库进行交互的类。

- System.Data.Linq.Mapping：包含用于生成表达关系数据库的结构和内容的 LINQ to SQL 对象模型的类。
- System.Data.Linq.SqlClient：包含与 SQL Server 进行通信的提供程序类，以及查询帮助器方法的类。
- System.Linq：提供支持使用 LINQ 进行查询的类和接口。
- System.Linq.Expression：包含一些类、接口和枚举，它们使语言级别的代码表达式表示为树形式的对象。
- System.XML.Linq：包含 LINQ to XML 的类。

18.3 LINQ 的查询表达式

使用 LINQ 的关键主要有两点：一个是查询表达式，另一个是对象关系设计器（O/R 设计器），其形式有些类似于数据集设计器。掌握了这两个关键技术，其他 LINQ 技术均可迎刃而解。

所有的 LINQ 查询操作都由以下三部分组成：
1）获取数据源。
2）创建查询，定义查询表达式，并将查询表达式保存在某个查询变量中。
3）利用查询变量执行查询。

显示查询结果的方法主要有三种：
1）调用查询变量的属性或方法获取进一步的结果。
2）在 foreach 语句中，通过遍历查询变量得到所有查询结果。
3）用数据绑定显示查询结果，即将 BindingSource 绑定到查询变量上，再将控件绑定到 BindingSource 上，然后在窗体中显示结果。

18.4 LINQ 查询数组

下面用一个简单的 C#程序例子，介绍如何使用 LINQ 编写代码实现查询数组操作。
首先，创建查询数组。

```
//创建数据源
int[] scores = new int[] { 56, 32, 89, 70,90 };
//定义查询表达式
var query =
    from score in scores
    where score > 75
    select score;
//执行查询
Console.WriteLine("显示查询结果：");
foreach (int i in query)
{
    Console.Write(i + ",");
}
Console.WriteLine("最大值:{0},最小值：{1}", query.Max(), query.Min());
Console.WriteLine("求平均值:{0},求和：{1}", query.Average(), query.Sum());
```

启动该项目，输出查询结果在输出子窗口中显示，如图 18-1 所示。

图 18-1　在输出子窗口中显示数组查询结果

18.5　LINQ 查询数据库

LINQ to SQL 就是用 LINQ 查询表达式访问关系数据库，进行查询、修改、添加和删除等操作，就如同访问内存中的集合一样。主要目的是在数据库和它们进行交互的编程逻辑间提供一致性。

使用 LINQ to SQL 编程时，不需要使用 SqlConnection、SqlCommand、SqlDataAdapter 等常见的 ADO.NET 对象。通过 LINQ 查询表达式和定义的实体类、DataContext 类型，用户可以进行数据库的创建、获取、更新和删除操作，定义事务性上下文，创建新数据库，调用存储过程以及其他以数据库为中心的活动。

18.5.1　DataContext 类和实体对象

DataContext 类位于 System.Data.Linq 命名空间下，是一个用于操作数据库的类，其功能如下：
- 把查询语句转换成 SQL 语句。
- 从数据库中查询数据。
- 将数据的修改写入数据库。
- 以日志的形式记录生成的 SQL 语句。
- 实体对象的识别。

实现 LINQ to SQL 需要以下两步：
（1）必须根据现有数据库的数据创建对象模型，可以使用对象关系设计器或直接编写代码。
（2）请求和操作数据库。

选择系统菜单"新建"中的"网站"子选项。在打开的"新建网站"对话框中，选择"ASP.NET Web 窗体网站"选项，如图 18-2 所示。

再选择系统菜单"网站"中的"添加新项"选项，如图 18-3 所示。

图 18-2 新建网站

图 18-3 选择"添加新项"选项

在"添加新项"对话框中,选择"LINQ to SQL 类"选项,将其命名为"xsClasses.dbml",如图 18-4 所示,并将其存放到 App_Code 文件夹中,如图 18-5 所示。

图 18-4 选择"LINQ to SQL 类"选项

图 18-5 将其存放到 App_Code 文件夹中

然后进行数据链接,如图 18-6 所示。

将需要操作的表拖入 xsClasses.dbml 文件中,如图 18-7 所示。

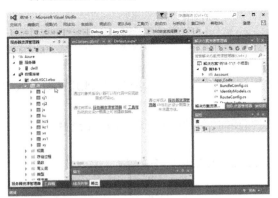

图 18-6 数据链接

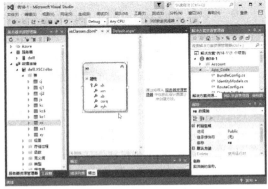

图 18-7 将表拖入 xsClasses.dbml 文件中

18.5.2 LINQ 查询数据

LINQ 查询包含三个不同的、独立的步骤：
1）获取数据源。
2）创建查询。
3）执行查询。

【例 18-1】 使用 LINQ to SQL，创建 Web 应用程序，并将查询结果显示在 Web 页面中。

在刚才创建的 Web 页面中添加 1 个 GridView 控件。选择系统菜单"网站"中的"添加引用"选项，如图 18-8 所示。

在"引用管理器"对话框中，选择"System.Data.Linq"选项并添加，如图 18-9 所示。

图 18-8　选择"添加引用"选项　　　　图 18-9　选择"System.Data.Linq"选项

在代码窗口中首先输入以下引用：
　　using System.Data.Linq;
在代码窗口中输入以下完整的程序代码：
　　using System;
　　using System.Collections.Generic;
　　using System.Linq;
　　using System.Data.Linq;
　　using System.Web;
　　using System.Web.UI;
　　using System.Web.UI.WebControls;
　　public partial class _Default : Page
　　{
　　　　protected void Page_Load(object sender, EventArgs e)
　　　　{
　　　　　　xsClassesDataContext db = new xsClassesDataContext();
　　　　　　var xsout = from xs in db.xs select xs;
　　　　　　GridView1.DataSource = xsout;
　　　　　　GridView1.DataBind();
　　　　}
　　}
启动该项目，查询结果如图 18-10 所示。

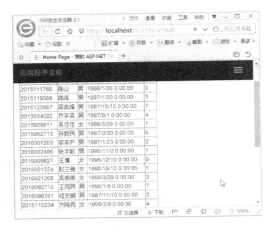

图 18-10 查询结果

18.5.3 LINQ 添加数据

LINQ 添加数据的操作步骤如下：
1）创建一个要提交到数据库的新对象。
2）将这个新对象添加到与数据库中目标数据表关联的 LINQ to SQL Table 集合。
3）将添加数据提交给数据库。

【例 18-2】 使用 LINQ to SQL，创建 Web 应用程序，向表中添加数据。

在创建的 Web 页面中添加 1 个 GridView 控件，1 个 Button 控件，3 个 Label 控件，3 个 TextBox 控件，如图 18-11 所示。

选择"LINQ to SQL 类"选项，并将其命名为 kcClasses.dbml。

然后进行数据链接，将 kc 表拖入 kcClasses.dbml 文件中，如图 18-12 所示。之后添加引用"System.Data.Linq"选项。

图 18-11　Web 页面设计　　　　图 18-12　将 kc 表拖入 kcClasses.dbml 文件中

在代码窗口中输入以下完整的程序代码：

```
using System;
using System.Collections.Generic;
using System.Linq;
using System.Data.Linq;
using System.Web;
using System.Web.UI;
```

```csharp
using System.Web.UI.WebControls;
public partial class _Default : Page
{
    protected void Page_Load(object sender, EventArgs e)
    {
        kcPro();
    }
//用户自定义过程，加载数据源
    protected void kcPro()
    {
        kcClassesDataContext db = new kcClassesDataContext();
        var kcout = from kc in db.kc select kc;
        GridView1.DataSource = kcout;
        GridView1.DataBind();
    }
    protected void Button1_Click(object sender, EventArgs e)
    {
        kcClassesDataContext db = new kcClassesDataContext();
        kc k = new kc();
        k.kch = TextBox1.Text;
        k.kcm = TextBox2.Text;
        k.xf = int.Parse(TextBox3.Text);
        db.kc.InsertOnSubmit(k);
        db.SubmitChanges();
        kcPro();
    }
}
```

启动该项目，如图 18-13 所示。

在文本框中输入信息，单击"添加"按钮，查询结果如图 18-14 所示。

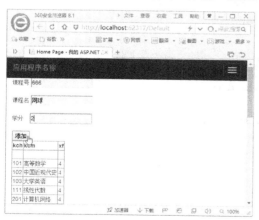

图 18-13 输入信息

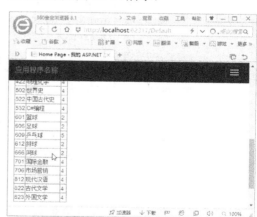

图 18-14 数据添加成功

18.5.4 LINQ 修改数据

LINQ 修改数据的操作步骤如下：
1）查询数据库中要修改的数据行。
2）修改 LINQ to SQL 对象中的成员值。
3）将修改数据提交给数据库。

【例 18-3】 使用 LINQ to SQL，创建 Web 应用程序，修改表中的数据。

在创建的 Web 页面中添加 1 个 GridView 控件，1 个 Button 控件，3 个 Label 控件，3 个 TextBox 控件，如图 18-15 所示。然后选择 "LINQ to SQL 类" 选项，并将其命名为 "kcClasses.dbml"。再后进行数据链接，将 kc 表拖入 kcClasses.dbml 文件中，之后添加引用 "System.Data.Linq" 选项。

在代码窗口中输入以下完整的程序代码：

```
using System;
using System.Collections.Generic;
using System.Linq;
using System.Data.Linq;
using System.Web;
using System.Web.UI;
using System.Web.UI.WebControls;
public partial class _Default : Page
public partial class _Default : Page
{
    protected void Page_Load(object sender, EventArgs e)
    {
        kcPro();
    }
    protected void kcPro()
    {
        kcClassesDataContext db = new kcClassesDataContext();
        var kcout = from kc in db.kc select kc;
        GridView1.DataSource = kcout;
        GridView1.DataBind();
    }
    protected void Button1_Click(object sender, EventArgs e)
    {
        kcClassesDataContext db = new kcClassesDataContext();
        var linqquery = from kc in db.kc where kc.kch == TextBox1.Text select kc;
        foreach (kc k in linqquery)
        {
            k.xf = int.Parse(TextBox3.Text);
        }
        db.SubmitChanges();
        kcPro();
    }
}
```

启动该项目，用户在文本框中输入信息，单击 "修改" 按钮，查询结果如图 18-16 所示。

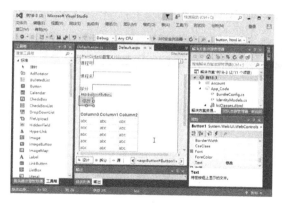
图 18-15 Web 页面设计

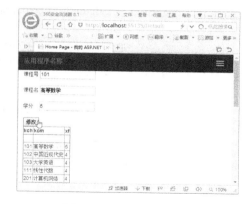
图 18-16 数据修改成功

18.5.5 LINQ 删除数据

LINQ 修改数据的操作步骤如下：
1) 查询数据库中要删除的数据行。
2) 删除调用 DeleteOnSubmit 方法。
3) 将删除后的数据提交给数据库。

【例 18-4】 使用 LINQ to SQL，创建 Web 应用程序，删除表中的数据。

在创建的 Web 页面中添加 1 个 GridView 控件，1 个 Button 控件，3 个 Label 控件，3 个 TextBox 控件，如图 18-17 所示。然后选择"LINQ to SQL 类"选项，并将其命名为"kcClasses.dbml"。再后进行数据链接，将 kc 表拖入 kcClasses.dbml 文件中，之后添加引用"System.Data.Linq"选项。

在代码窗口中输入以下完整程序代码：

```
using System;
using System.Collections.Generic;
using System.Linq;
using System.Data.Linq;
using System.Web;
using System.Web.UI;
using System.Web.UI.WebControls;

public partial class _Default : Page
{
    protected void Page_Load(object sender, EventArgs e)
    {
        kcPro();
    }
    protected void kcPro()
    {
        kcClassesDataContext db = new kcClassesDataContext();
        var kcout = from kc in db.kc select kc;
        GridView1.DataSource = kcout;
        GridView1.DataBind();
    }
```

```
protected void Button1_Click(object sender, EventArgs e)
{
    kcClassesDataContext db = new kcClassesDataContext();
    var linqdel = from kc in db.kc where kc.kch == TextBox1.Text select kc;
    foreach (kc k in linqdel)
    {
        db.kc.DeleteOnSubmit(k);
    }
    db.SubmitChanges();
    kcPro();
}
```

启动该项目,用户在文本框中输入信息,单击"修改"按钮,查询结果如图 18-18 所示。

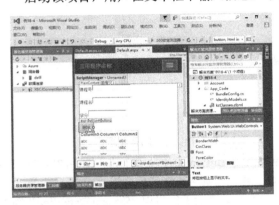
图 18-17　Web 页面设计

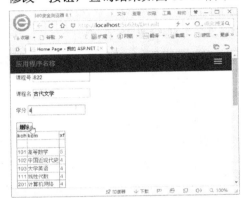
图 18-18　数据修改成功

18.5.6　LINQDataSource 控件

LINQDataSource 控件可以使用 LINQ 技术查询应用程序中的数据对象。它与 SqlDataSource 等其他数据源控件的使用方法类似。它可以从数据库中查询数据,还可以进行修改、添加和删除操作等。

【例 18-5】　使用 LINQDataSource 控件,创建 Web 应用程序。

用户新建网站,选择"LINQ to SQL 类"选项,并将其命名为"zgglClasses.dbml"。然后进行数据链接,将 zg 表拖入 zgglClasses.dbml 文件中,如图 18-19 所示。之后添加引用"System.Data.Linq"选项。

在 Web 页面中添加 1 个 GridView 控件,1 个 LINQDataSource 控件。然后将 GridView1 控件对象的选择数据源设置为"LINQDataSource1",如图 18-20 所示。

右击 LINQDataSource1 控件对象,从快捷菜单中选择"配置数据源"选项,打开"配置数据源"对话框。在该对话框中,首先选择上下文对象。选择"仅显示 DataContext 对象"选项,同时选择刚添加的 zgglClassesDataContext 对象,如图 18-21 所示。单击"下一步"按钮。

配置数据选择,用户可以选择表及查询条件,如图 18-22 所示。

单击"完成"按钮即完成配置。启动该项目,查询结果如图 18-23 所示。

图 18-19　将 zg 表拖入 zgglClasses.dbml 文件

图 18-20　设置选择数据源

图 18-21　选择上下文对象

图 18-22　配置数据选择

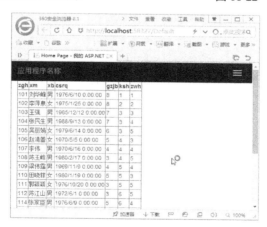

图 18-23　运行结果

18.6　习题

1. 简述 LINQ 技术。
2. 练习使用 LINQ 创建一个 Web 应用程序，操作自己创建的数据库的表数据。

参 考 文 献

[1] 郑阿奇，刘启芬，顾韵华. SQL Server 2012 数据库教程（第 3 版）. 北京：电子工业出版社，2015.

[2] 董志鹏，侯艳书. SQL Server 2012 中文版数据库管理、应用与开发实践教程. 北京：清华大学出版社，2016.

[3] Itzik Ben Gan.SQL Server 2012 T-SQL 基础教程. 张洪举等译. 北京：人民邮电出版社，2013.

[4] 刘玉红，郭广新. SQL Server 2012 数据库应用案例课堂. 北京：人民邮电出版社，2015.

[5] 陈会安. SQL Server 2012 数据库设计与开发实务. 北京：清华大学出版社，2013.

[6] 陈良臣等. 数据库原理与技术：基于 SQL Server 2012. 北京：清华大学出版社，2015.

[7] 郑阿奇. SQL Server 实用教程（第 3 版）. 北京：电子工业出版社，2011.

[8] 朱景德，余蝶琼. SQL Server 2012 数据库实训教程. 湖北：武汉大学出版社，2016.

[9] 程舰等. SQL Server 2012 实用教程. 北京：清华大学出版社，2015.

[10] 鲁宁等. SQL Server 2012 数据库原理与应用. 北京：人民邮电出版社，2016.